日本の労働市場開放の現況と課題

農業における外国人技能実習生の重み

堀口 健治 編

筑波書房

まえがき

堀口健治

　日本社会への外国人受入れは極めて重要な課題である。速いスピードで進む少子化傾向の下で社会経済の仕組みを一定の水準に維持しようとするならば、外国人労働力の導入を避けることはできない。人に代わる機械化を進め、女性や高齢者の就業率を高める方策を維持しながらも、必要な人的資源を確保するには、他の先進国と同様、労働市場を海外に開くことが求められる。ただ、それは一直線の移民導入ではなく、日本社会に順応する形での外国人受入れであろう。

　もともと戦後の日本社会は外国人の参入が難しい社会であったが、他の国を追って専門人材等に就労ビザを出すようになった。そして高度人材にはポイント制や一定の条件を踏まえた上で、いつでも来日し滞在できる永住ビザも出すようになり、家族を含め彼らの日本社会への受入れがテンポは遅いものの進み始めた。

　しかし労働市場に直接的な影響をもたらす単純労働力・非専門人材の受入れは、多くの国と同様に、日本も慎重な姿勢を取ってきた。その状況の中で、先ずは日系人の受入れに踏み切り、さらに対象の産業・職種や受け入れ人数を制限し管理する形で単身者型短期労働力を受け入れる方向に日本も動いた。そしてその形が技能実習制度なのである。

　単純労働力の受け入れであるものの、日本は技能実習の仕組みにしている。すなわち途上国への技能移転に貢献する形の人材受入れであり、技能実習生は仕事をしながら熟練や仕事の段取り等を学ぶ短期滞在者である。この制度は日本独特の仕組みだといってよい。そして実習生は、日本の雇用者の指揮に従う労働者でもあり、最低賃金以上適用で、労働基準法が適用される日本の労働者と同じ条件に実習生もあるという位置付けを日本はしている。彼らから見ると、実習生であると同時に、多くの所得を得て国に持ち帰りたい「出稼ぎ労働者」という２重の性格を有することになる。

　もっとも技能実習・技能移転の趣旨を充たすため、日本側が多く負担することで日本語学習や来日の準備等を支援し、行き来する運賃等を日本側が払う仕組み

なので、単に外国人を単純労働力として雇用し賃金を支払うだけの関係ではない。このため海外に出ることが容易ではない途上国の若者にとって、この仕組みは先進国日本で仕事に就きながら熟練を獲得し語学も学ぶよい機会であり、帰国後の就業や起業を有利にしてくれる。本人にとってキャリアアップに直結するのである。

　他方、実習生が仕事をしながら仕事の内容に習熟し熟練を獲得できるよう、日本の雇用者は計画を立て作業内容を仕組まなければならない。そしてこうした制度の趣旨を実現するためには、雇用者は受け入れ団体・送り出し団体との緊密な協力が必要なことも強調しておきたい。

　技能実習生は技能や仕事への取り組み方等を身に付け、同時に意味ある大きさの所得を得て帰国するが、他方、日本側にとっては、３年間の契約で事業所の近くに住み働き続ける技能実習生は、途中でやめることのない、年間の経営計画を可能にする重要な人的資源である。農業の現場を見ると、彼らのおかげで農業規模を拡大できた事例は多く、日本での雇用型経営の広範な立ち上がりに技能実習生は貢献している。また家族経営にとっても、農業に従事する家族員の代替・補充としても彼らの役割は大きく、家族経営の再生産にとって必須の労働力になっている。

　このように双方にとってウインウインの関係に技能実習制度はあると言ってよい。まだまだ改善すべき課題はあるものの、日本のこの制度が果たす社会的役割は正確に評価されてよい。本書で実状を把握し、その上で今後の日本の労働市場について海外への開放の仕方を議論すべきだと思われる。他国では見られない制度だからとして批判するのではなく、制度がどのような機能を双方に果たしているのか、先ずは正確に理解することが必要であろう。

　本研究は現場に出る機会が多く、農業経営者や関係団体等、農業に携わる方の協力を広くいただくことで実状を明らかに出来た。技能実習生にも直接話を聞き取ることが出来た。また送り出し国を訪問し、関係機関、訪日前の準備をしている技能実習生や帰国した実習生にも話を聞くことが出来た。協力いただいたすべての人に心から感謝する。

本研究は文科省の科学研究費が大きな支えになっている（2013 ～ 2015年度基盤研究B・代表者・堀口健治）。さらにサントリー文化財団（2016年度及び2017年度・代表者・安藤光義）、早稲田大学重点領域研究機構（農と食の部門・2016年度・代表者・天野正博）からの支援も研究をまとめるのに力になった。記して謝意を表したい。

　なお本書の基礎になった科研費３年分の詳細な報告書は早稲田大学リポジトリで検索し読むことができる。またサイトで見ることが出来る参考文献が多いが、引用が多い月刊誌『農村と都市をむすぶ』も、外国人労働力特集号の2014年２月号、2017年３月号を含め、検索し読むことが出来る。参考にしてほしい。

vii

目　次

まえがき ……………………………………………………………………………… iii

第1部　総論

第1章　日本の労働市場における外国人労働力の大きさ
　　　　　―短期労働者の国際間移動と日本の位置― ……………[堀口 健治] …… 2
　1．国際人口移動と外国人労働力―大きさと動向……………………………… 2
　2．単純労働力を受け入れる韓国の雇用許可制度と米国の就労ビザ ……… 5
　3．特定産業に集中する外国人労働力と技能実習制度
　　　―日本における単純労働力受け入れの仕組み………………………………… 8

第2部　日本

第2章　農業に見る技能実習生の役割とその拡大―熟練を獲得しながら
　　　　　経営の質的充実に貢献する外国人労働力― …………[堀口 健治] …… 14
　1．農業と技能実習制度 ……………………………………………………………… 14
　2．技能実習制度の内容と農業への実習生受入れの実態 …………………… 15
　3．農業で雇用される技能実習生の増加傾向とその位置 ………………… 19
　4．技能実習法の制定と外国人戦略特区の動き ……………………………… 23
　5．今後の課題 …………………………………………………………………………… 27

第3章　タイプ別地域別にみた外国人技能実習生の受入れと農業との結合
　　　　　……………………………………………………………[軍司 聖詞] … 31
　1．序論 …………………………………………………………………………………… 31
　2．受入農家（経営規模・形態）の違い ……………………………………… 36
　3．監理団体の違い ……………………………………………………………………… 45
　4．気候・実習期間の違い ………………………………………………………… 50
　5．結論および展望……………………………………………………………………… 53

第4章　技能実習生導入による農業構造の変化―国内最大規模の技能実習生が
　　　働く茨城県八千代町の動き― ………………………………[安藤 光義]…… 63
　1．はじめに ………………………………………………………………………… 63
　2．構造変動が進む八千代町農業―出作と常雇導入による規模拡大― ……… 64
　3．規模拡大の実際―10年間の変化― …………………………………………… 66
　4．外国人技能実習生導入の現状と農家の意向 ………………………………… 70
　5．おわりに ………………………………………………………………………… 77

第5章　農業法人における雇用と技能実習生の位置 ………………[神山 安雄]…… 80
　1．はじめに（本稿の課題） ……………………………………………………… 80
　2．農業法人における外国人実習生の現状 ……………………………………… 81
　3．外国人技能実習生制度をめぐる課題 ………………………………………… 87
　4．まとめにかえて ………………………………………………………………… 90

第6章　製造業における技能実習生雇用の変化
　　　―中小企業から大企業への展開― …………………………[上林 千恵子]…… 93
　1．はじめに ………………………………………………………………………… 93
　2．中小製造業における技能実習制度と縫製業 ………………………………… 93
　3．鋳造業での技能実習生受け入れ ……………………………………………… 98
　4．日系人から技能実習生への雇用シフト ………………………………………105
　5．おわりに …………………………………………………………………………110

第7章　漁船漁業における技能実習生の役割と熟練の獲得―マルシップ等で
　　　外国人導入を先行させた海上労働― ……………………[三輪 千年]……114
　1．はじめに …………………………………………………………………………114
　2．漁業労働の戦後における展開過程―外国人労働力の導入との関係で― …116
　3．品質重視を重んじる実習生の労働 ……………………………………………118
　4．実習生の技能の位置づけ ………………………………………………………120
　5．労働組合の組合員である実習生―実習生を見守る労働組合の役割― ……122
　6．実習生の賃金と経営者負担 ……………………………………………………124
　7．課題と方向性 ……………………………………………………………………127

目　次　　ix

第3部　海外—送り出し国の実状と短期労働者が期待するもの

第8章　技能実習生・研修生の最多送出し国から急減した中国
　　　　—中国の海外労働者派遣の仕組みと日本—
　　　　　　　　　　　　　　…………………[大島 一二・金子 あき子・西野 真由]…… 136
　　1．課題の設定 ……………………………………………………… 136
　　2．調査対象企業の概要 …………………………………………… 138
　　3．中国および派遣企業の海外労働力派遣の現状 …………… 140
　　4．派遣会社の経営構造と制度規制 …………………………… 143
　　5．研修・実習生の見込み所得の減少と派遣希望者の減少 … 145
　　6．まとめにかえて ………………………………………………… 146

第9章　帰国した実習生と日系企業
　　　　—中国側の日本の制度に対する評価と実際— ……… [佐藤 敦信] …… 150
　　1．はじめに ………………………………………………………… 150
　　2．事例対象の概況 ………………………………………………… 151
　　3．帰国技能実習生に対するヒアリング調査の結果 ………… 156
　　4．就職実態からみる帰国技能実習生の課題 ………………… 161
　　5．おわりに ………………………………………………………… 162

第10章　技能実習制度に新たな意義を付与したタイ
　　　　—受け入れ国でもあるタイの特徴— ……………… [長谷川 量平] …… 166
　　1．序論 ……………………………………………………………… 166
　　2．タイの職業教育と日本の技能実習制度 …………………… 169
　　3．実習候補生・修了者の意識調査 …………………………… 172
　　4．まとめ …………………………………………………………… 176

第11章　日本との協力による事前講習が強化されるカンボジア
　　　　　　　　　　　　　　　　　　　　　　　……………… [軍司 聖詞] …… 177
　　1．序論 ……………………………………………………………… 177
　　2．カンボジアの海外労働力派遣と日本のカンボジア人実習生受入れの概要 … 178

x

　　3．カンボジアの実習生送出し事例 ……………………………… 180

　　4．日本のカンボジア人実習生受入れ事例 ……………………… 185

　　5．結論 …………………………………………………………… 186

第12章　政府の規制強化が効果を上げるフィリピン―トラブルの少ない
　　　　フィリピン実習生とその背景― ……………………… ［堀口 健治］…… 191

　　1．フィリピンでの調査 …………………………………………… 192

　　2．酪農経営1戸のための1名選考とその面接 ………………… 192

　　3．技能実習生の仕事を終え帰国した9人のアンケート結果…… 195

　　4．出発前研修中の116名・技能実習生候補者へのアンケート結果 …… 197

　　5．送り出し団体U社と受け入れ監理団体S社の特徴 ………… 199

第13章　派遣労働者を急増させるベトナム―中国に代わるベトナム・急増の
　　　　背景と受入れの実際― ………………………………… ［軍司 聖詞］…… 204

　　1．序論………………………………………………………………… 204

　　2．ベトナムの海外出稼ぎ労働力と日本のベトナム人実習生受入れの概要 … 206

　　3．ベトナム人実習生斡旋監理の事例 …………………………… 209

　　4．ベトナム人実習生送出し機関の事例 ………………………… 216

　　5．結論と展望 …………………………………………………… 218

第4部　海外―受け入れ国における短期外国人労働者の実状と意義

第14章　違法滞在とH-2Aビザが支える米国カリフォルニア農業
　　　　　　　　　　　　　　　　　　　　　　　　　 ［堀口 健治］…… 226

　　1．越境して来る人を先ず受け止める「回転ドア」のカリフォルニア農業 … 226

　　2．最近の農業における違法者の大きさとH-2Aビザの労働者の数 ………… 228

第15章　英国の外国人短期農業労働者受け入れ制度の評価と展望
　　　　　　　　　　　　　　　　　　　　　　　　 ［内山 智裕］…… 231

　　1．はじめに ……………………………………………………… 231

　　2．イギリスにおける農業雇用 ………………………………… 231

3．SAWSの歴史 ……………………………………………… 232

　　4．SAWSの充足状況 ……………………………………… 234

　　5．廃止前の計画の概要 …………………………………… 234

　　6．SAWS労働者の特質 …………………………………… 238

　　7．SAWSに対する利用者の評価 ………………………… 238

　　8．SAWSの制度変化 ……………………………………… 239

　　9．SAWS実施団体の事例分析 …………………………… 240

　10．おわりに ………………………………………………… 243

第16章　雇用許可制を導入した韓国の状況と課題 ……………[金 泰坤] …… 245

　　1．はじめに ………………………………………………… 245

　　2．雇用許可制の問題と改善 ……………………………… 246

　　3．外国人労働者の受入れの現況と特徴 ………………… 251

　　4．季節勤労者制度の導入と拡大 ………………………… 255

　　5．結論と課題 ……………………………………………… 258

第17章　結婚移民を主とする台湾農業分野の外国人労働者

　　　　　…………………………………………………[長谷美 貴広] …… 263

　　1．はじめに ………………………………………………… 263

　　2．南投縣農業と事例農家の概況 ………………………… 264

　　3．労働調達方法と臨時雇用の実態 ……………………… 269

　　4．雇用賃金の動向 ………………………………………… 274

　　5．結論 ……………………………………………………… 278

第1部　総論

第1章
日本の労働市場における外国人労働力の大きさ
―短期労働者の国際間移動と日本の位置―

堀口 健治

１．国際人口移動と外国人労働力―大きさと動向

　国連の報告（International Migration Report 2015）や統計は、国際間の移動者数が増加傾向にあることを述べている。

　「移動してその国に留まる人口のストック」が国際人口移動者数として国連統計では表示され、観光客は含まないが移民や出稼ぎ者、難民も含む合計が載っている。その国を誕生地としない住民をストックとして数え上げているのである。

　1990年では1.53億人・世界人口の2.9％もの人が移動した結果として表示されている。しかし既開発国への移動だけではない。先進国である既開発国へはその内の0.82億人、発展途上国には0.70億人移動していることが示されている。フローではない、このストックとしての国際人口移動者数は、2000年では1.73億人、10年には2.22億人と増加を続け、15年は2.44億人、世界人口の3.3％を占めるに至っている。2.44億人の中には、前年の14年に統計として把握された0.195億人の難民の多くが含まれている。また2.44億人を分けると、既開発国へ1.40億人、発展途上国へ1.03億人であり、途上国への移動が相当あることが分かる。

　なお移動先の発展途上国は15年1.03億人だが、うちアジアの0.75億人が大きい。アジアの中ではサウジアラビア等の西アジアが0.38億人（うちサウジ0.10億）、南アジア0.14億人（うちインド0.05億）、東南アジア0.10億人（うちタイ0.04億）であり、サウジを含む西アジアへの移動に加え、アジア内での近隣諸国間移動も多い。就業機会や少しでも高い所得を求めて近隣諸国へ移動する数も多いことをここでは確認しておきたい。なお難民は既開発国に向かっているが、近隣のトルコ・

パキスタン、レバノン、イラン、エチオピア、ヨルダンなどが難民の3分の1を受け止めている。

　国連統計は、上記のように、人口の移動先が既開発国のみに限らないことを明らかにしただけではない。2015年の2.44億人の内訳をみると、男1.26億人、女1.18億人となっており、それほどの男女差は見られない。女性も男性と同様に移動している。国連統計が明らかにした事実である。

　なお2010年国連統計の国際人口移動者数は上記のように2.22億人だが、下記で利用・検討するOECD（先進国が多く加わる経済協力開発機構）の統計によると加盟国の移動人口ストック数は1.15億人にのぼる。そして職を得ているものは男性75％、女性57％であり、この比率はその国に生まれた人の就職率に近い比率となっている。働き盛りの人が多い移動者としては高い就職率ではないが、仕事と所得を目指した人々の移動の特徴を示しているといえよう。

　移動人口ストックに占める労働者数を**表1-1**（独立行政法人「労働政策研究・研修機構」データブック国際労働比較2016から転載）で見てみよう。こうした数値は国連統計では見ることが出来ないので、OECDの統計に依存せざるを得ない。表に載っている国の、日本からシンガポールまでの外国人労働者の合計（なお韓国は不法滞在者を含む数字を取った）は、00年2,548.0万人、05年3,077.6万人、08年3,486.6万人、09年3,408.4万人と増加傾向にある。

　注目すべきは表の下段にあるその国の労働力総数に占める外国人労働力の割合であり、その割合が徐々に増えている国が多いことが分かる。表に載っているのは限られた国ではあるが、各国ともその割合が高まっていることを確認しておきたい。国際間労働力移動が増え、プッシュ要因、プル要因、ともに機能し、人が仕事を求め国境を超える流れが着実に進んでいると見られる。

　この流れが今後どう進むか、特に多くの先進国が移入制限をかけている単純労働力の動きに着目し、検討したい。また1％前後と労働力人口に占める外国人労働力の割合が既開発国としては低い日本での動向を取り上げ、特に農業を主たる対象として見ることにしよう。

4   第1部　総論

表1-1　外国人労働力人口（ストック）

（単位：千人）

	2000年	2005	2008	2009	2010	2011	2012	2013	2014
日本[1]	516	723	486	563	650	686	682	718	788
ドイツ[2]	3,546	3,823	3,893	3,289	―	―	―	―	―
フランス[3]	1,578	1,392	1,561	1,540	―	―	―	―	―
イギリス[4]	1,107	1,504	2,278	2,280	2,393	2,558	2,557	2,652	2,875
アメリカ[5]	18,029	22,422	25,086	24,815	―	―	―	―	―
韓国[6]	17	129	495	504	507	540	463	479	547
（違法滞在を含む）	(18)	(199)	(550)	(553)	(558)	(595)	(530)	(549)	(617)
シンガポール[7]	686	713	1,012	1,044	1,089	1,157	1,242	1,305	1,346

労働力人口総数に占める外国人労働力人口の割合

（単位：％）

	2000年	2005	2008	2009	2010	2011	2012	2013	2014
日本	0.8	1.1	0.7	0.8	1.0	1.0	1.0	1.1	1.2
ドイツ	8.8	9.3	9.4	9.4	―	―	―	―	―
フランス	6.0	5.2	5.6	5.8	―	―	―	―	―
イギリス	4.0	5.0	7.3	7.3	7.6	8.0	8.0	8.2	8.8
アメリカ	12.9	15.2	16.4	16.2	―	―	―	―	―
韓国	0.1	0.5	2.0	2.1	2.0	2.2	1.8	1.8	2.1
（違法滞在を含む）	(0.1)	(0.8)	(2.3)	(2.3)	(2.3)	(2.4)	(2.1)	(2.1)	(2.3)
シンガポール	29.4	27.5	34.4	34.5	34.7	35.7	37.0	37.9	38.1

資料出所：各国注を参照。

注：1）2005年以前は就労目的の在留資格を有する者のほか、身分に基づき在留する者で就労
　　　する者、技能実習生、留学生のアルバイト等を含めた総労働者数（厚生労働省推計値）。
　　　2008年以降は各年10月末現在の外国人雇用届出状況（特別永住者及び在留資格「外
　　　交」「公用」を除く）。なお、2015年10月末現在の外国人労働者数は907,896人。

　　2）資料出所：連邦統計局。

　　3）INSEEによる労働力調査に基づくOECDの推計値。なお、2003年以降は、OECDにお
　　　いて推計方法が変更されたため、それ以前のデータと統計上の断絶がある。

　　4）Office for National Statisticsによる各年の労働力調査に基づく推計値。推計に使用され
　　　た労働力調査は、2004年以降、新たな加重システムを使用してデータを測定している
　　　ため、それ以前のデータと統計上の断絶がある。なお、2015年の外国人労働者数は
　　　316万人。

　　5）外国人労働力人口が公表されていないため、参考値として「外国生まれの労働力人口」
　　　（在外自国民として出生した者を除く外国生まれの労働力人口）を掲載。外国人労働
　　　力人口割合の欄には、「外国生まれ労働力人口割合」を掲載。米国の労働力人口を基に
　　　OECDにて推計。

　　6）登録外国人労働者数（就労査証所持者の計）。2000年は短期在留者を除く。（　）内の
　　　数値は、不法残留者を含む。資料出所：韓国法務部「出入国統計年報」。

　　7）外国人労働力人口は、永住権保有者を除く。2000年の欄は2001年の数値、2005年
　　　の欄は2006年の数値。なお、2015年の外国人労働者数は137.8万人。資料出所：
　　　Ministry of Manpower, *Comprehensive Labour Force Survey*

２．単純労働力を受け入れる韓国の雇用許可制度と米国の就労ビザ

　ここでは非専門的労働力を、制限し管理しながら、意図的に受け入れる２つの国、韓国と米国を見ておこう。それも短期の出稼ぎ労働者の位置付けである。詳細は該当する国の章で論述される。

　どちらの国も専門の高度人材は積極的に受け入れるが、労働市場に直接的に影響すると考えられる単純労働力は原則受け入れないとしている。日本も同様である。だが、原則はともかく、両国は管理する方法で単純労働力を受け入れる仕組みを持っている。その仕組みと大きさをみることで、単純労働力の移動の仕方を知っておきたい。

　なお歓迎される外国人専門人材も全く自由ではなく管理されていることを先に述べておきたい。大学勤務の時に筆者の所で修士号を受けた留学生は日本企業の本社採用の試験を受け就職したものが多いが、ビザ発行がトラブルになることは全くなかった。日本は、米国と異なり人数制限をせず、専門人材を受け入れる。ただし雇用先がある場合に５年等の専門的・技術的分野の在留資格の査証（2015年４月から技術・人文知識・国際業務という包括的な在留資格）が発行されるのであって、同一分野の雇用先がない場合は、専門人材とはいえ更新できず、帰国しなければならない。職を探す期間はあるものの、後に述べるような身分に基づいて希望すればいつまでも在日できる、日系のような人とは異なる。その意味で管理されている。

　かつての送り出し国から受け入れ国に転換した現在の韓国は、単純労働力の受け入れ政策で日本型研修生・実習生制度をすでに取りやめ、非専門職人材雇用許可制度（在留資格E-9）に2004年移行している。07年には韓国系外国人（H-2）の入国の簡素化と就労可能な業種の拡大も行った。

　04年からの仕組みは一般雇用許可制と称し、２国間協定を結び、政府系の機関経由で受け入れる。毎年の人数を総量そして制限された対象業種毎に定め、韓国人の採用が困難な製造、農畜産、建設、漁業等で大きな割合を占めている。家族同伴は認められず、滞在期間は最大３年で、原則、最初の雇用先に勤め続けることが求められる。さらに１年10か月の延長が同じ勤務先で可能であり、同じ雇用

6 第1部 総論

先であれば出国3か月後、再入国が認められ、さらに4年10か月の就労が出来る。このように対象業種の限定や当初の業種・勤務先が固定されている。また出国後に退職金と出国保障保険金を払う仕組みで出国を確実にしている。

この制度では雇用主は自国内で雇用が困難なことを先ず証明（国内手続きとして労働市場テストを事前に実施し応募者がいない状況を確認）することが必要で、その上で、事前に登録し韓国語試験を受けて合格した送り出し国の労働者と雇用契約を結ぶ。これが「非専門就業ビザ」（E-9）で、14年では前年に比し9千人多い5.3万人が入国し、うち2.7万人は帰国した人の代わりの人数、残りの2.6万人は新規増である。なお5.3万人は再入国が0.6万人で大半は新規入国者である。

07年の中国や旧ソ連地域に生活する韓国系外国人を対象とする特例雇用許可制度の訪問就業ビザ（H-2）の有効期間は3年、その後2年の更新ができ、その間の再入国も可能である。韓国語が十分にできるとして、一般雇用許可が認める業種に加え、飲食店を含むサービス等の業種の就労も認められ、また事業所の変更も可能である。

13年9月末の韓国に滞在する外国人は158万人（別のOECD統計では2014年で90日以上韓国に滞在し登録された外国人は109.2万人、人口の2.2%となっているが、これに後述の「在外同胞」28.6万人を加えると137.8万人・2.8%）、うち労働者66万人、その中で非専門人材の一般雇用許可18.7万人、特例雇用許可23.3万人なので6割強を占める。日本の技能実習制度の仕組みに似た産業技術研修制度の時期は結果的に不法滞在者が多かった（最大の02年で28.9万人）ので、これを防ぐためにも、今の雇用許可制度に移行したといわれる。しかし今も不法滞在者は18.4万人いるとされる。

なお2016年では外国人労働者数は96万人と増加基調にあり、うち一般雇用許可26万人、特例雇用許可22万人であるが、注目すべきは、これらの就労資格を持つ労働者に対して、「在外同胞」という就労資格を持たないが一定の条件下で就労する人数の増加である。この人数はすでに20万人以上といわれる。サービス業に就く割合が多い在外同胞は、「韓国籍を有していたもので外国国籍を取得したもの、あるいは親または祖父母の一人が韓国の国籍を有していたもので外国国籍を取得したものに与えられる資格で、単純労務等を除く2年間の就労活動が許される」となっている[1]。雇用許可制のような厳密な管理の下の外国人に対して、韓国

系であり韓国語が可能な単純労働力の急増とみられ、これが韓国の労働市場にどのような影響を持つか、注目されるところである[2]。

　次に米国の事例である。米国は移民を中心とした建国の歴史を持つので、今も移民法が永住権と就労目的の査証を規定する。12年で永住査証の発給数は103万人、短期就労査証は61万人だった。なお争点のひとつは違法滞在者への対応であり、過去には一定の条件がある者には就労・滞在が可能な査証等を出したこと（例えばオバマ政権の2012年に大統領権限で、違法滞在だが幼少時に親と不法入国した若者には更新可能な在留資格を与えた）もあり、今もそれを期待する傾向は強い。他方で9.11の同時多発テロ事件以降、入国審査がより厳しくなっているのも事実である。

　12年度に短期就労査証を持つ労働者のストックは、短期就労者とその家族が305万人、短期就労者と研修生が191万人となっている。内訳は、高度人材のH-1Bが47.4万人、短期季節農業就労のH-2Aが18.4万人、短期非農業就労のH-2Bが8.3万人、であり、他にNAFTA専門家74万人、企業内転勤者50万人、その家族22万人、貿易や投資の駐在員39万人等である。12年度に入国して来たフローでみると、H-1Bが13.6万人で初回が3年、最長6年までの延長が可能である。H-2Aは6.5万人、H-2Bが5.0万人で、初回1年、最長3年までの延長が可能である。ストックとフローを比較すれば、農業のH-2Aは約3倍だから多くが最長の3年間農業に就労し、H-2Bは2倍弱だから多くが2年弱で帰国しているようである。米国も高度人材は受け入れに積極的だが、単純労働力は例外的にこのH-2AとH-2Bに限定している。

　他方、違法滞在者は14年の人口3億1.9千万人の3.5％にあたる1,143万人がいる（国土安全保障省推計）とされる。越境した直後の仕事は農業が多いとみられ、農業に雇用される人数（14年カリフォルニアで41.4万人）の60％がそうした違法滞在者とみられる。全米最大の生産額を誇るカリフォルニア農業はそうした人々に支えられている。義務教育を終え越境してくる人は英語も不自由で技術も持たないから、手による収穫労働のような熟練を要しない仕事が最初の仕事になる。そうした人を集める仕組みやグループがあり、収穫を広く地域から地域を回って請け負うチームに加われば英語がわからなくても働ける。単純労働力の供給源は

8 第1部 総論

依然として違法滞在者が大きいとみられる。

　なお上記の韓国、米国の情報は、労働政策研究・研修機構の「主要国の外国人労働者受入れ動向」2015年も利用し、またカリフォルニア農業は筆者の現地調査以外にカリフォルニア大・マーティン教授から提供された情報に多くを拠っている。

3．特定産業に集中する外国人労働力と技能実習制度―日本における単純労働力受け入れの仕組み

　労働者総数に占める外国人の割合は、日本は先進国で最も低い位置にある。その直近の状況を以下で見てみよう。

　「外国人雇用状況」の届出（厚生労働省）によると、2016年10月末現在、外国人労働者数は108.4万人と、100万人の大台を超えた（なお同年6月末の法務省統計によると在留外国人は家族を含め231万人）。なおこれらの数には、戦後に日本国籍を喪失させられた韓国・朝鮮籍の在日の人・特別永住者36万人（14年末）は含まれていない。

　外国人労働者の最大は日系ブラジル人を含む永住者や定住者（日系人、その2〜4世や配偶者、また日本人の配偶者や外国籍の子供）等の「身分に基づく在留資格」を持つ人が41.3万人・38％、次いで留学生のアルバイトが主の資格外活動24.0万人・22％、技能実習21.1万人・20％、「専門的・技術的分野の在留資格」20.0万人・19％の順となっている。12年10月末と比較すると全体59％の増加であり、いずれの資格も増加しているが、人数が大きい「身分に基づく」人は34％（ただし主力だった日系ブラジル人はピークの08年31万人が15年は17万人と母国の好況もあり減少）、技能実習も57％の増となっている。

　雇用先を自由に変えることが可能で在留期間の延長もできる、「身分」に基づいて日本にいる外国人は、非専門的・単純労働力を原則として受け入れない他の先進国と同じ立場を取る日本で、そうした単純労働力の重要な供給源となっている（なお同じく雇用先を選べる留学生の資格外活動は上記の12年10月末と比べて増加率が121％と最大だが、週28時間に制限されており、飲食サービス業が多い）。産業別には、最大が製造業（35％）に直接に就労し、次いで労働者派遣・請負事

業を行っている事業所に就労する者（33%）である。特に日系のブラジル人やペルー人は4〜5割が派遣・請負である。家族持ちが多いのでより高い賃金を求め、最低賃金が高い府県の都市部や産業別最低賃金適用産業が集中する企業城下町に集中していて、農村部にはあまり見られない。

　そして国際貢献をうたい、そのために単純労働力を受け入れる技能実習制度の場合は、2・3年目は指定職種に制限されるとはいえ、製造業が最大（64%）で、農業が主の「その他」15%、そして建設（13%）の順となっている。さらに内訳をみると、機械・金属、繊維・衣服、建設、食品製造、農業の順であり、これらの産業は日本人の応募が少ないことが共通している。こうした分野に、最低賃金以上の適用、単身来日・最長3年・来日1回限り、来日前に雇用先を確定し雇用主の途中変更は原則不可、基本的に1年毎の雇用契約の更新、の条件で、技能実習生が集中的に受け入れられている。雇用契約を日本人と同様に結び、時間外手当や有給休暇、社会保険等、日本人の雇用との差は無い。雇う法人や農家は、労働基準監督署による監督対象の企業と同様であり、日本人を雇用するブラック企業と同様、法令違反・労働者の権利侵害があれば、是正勧告を受けるし、改善しなければならない。また次のビザ申請の際、入国管理局の対応にそれが反映する。事業所規模別にみると、外国人全体だが34%の労働者が30人未満の事業所に雇われ（JITCO＝公益財団法人国際研修協力機構のデータだと技能実習生のみでわかるが、14年で団体管理型[3]の実習生51%は従業員数10人未満以下の零細企業に雇用）、500人以上の大規模事業所は20%である。1事業所平均6.3人であり、全体として規模の小さい事業所で外国人は働いている。このように、対象業種が限定されているとはいえ、農業を含め日本の中小企業が技能実習生によって支えられている分野がかなりあることが分かるのである。

　日本の外国人労働者の受入れの歴史は上林千恵子『外国人労働者受入れと日本社会』（15年、東大出版会）等に詳しいので略すが、先ず70〜80年代研修目的で大企業の在外法人からの入国者増大に対応した81年出入国管理法の技術研修生在留資格の新設、89年大学卒・大学院修了等の高度人材の在留資格拡大、日系人受入れの在留資格新設、特定在留資格の活動範囲の拡大等が重要である。特に日系人の受け入れが、今まで認められていなかった単純労働の分野での受け入れに端緒を開いたことに注目しておきたい。

10　第1部　総論

　そして90年には在留資格の技術研修生で企業単独型（対象者が企業の支店、子会社、合弁会社等の従業員が対象[4]）ではない団体管理型による受け入れが始まった。これの意味は大きい。バブル期の人手不足に対応し、93年に在留資格が特定活動である技能実習制度が創設され、海外に活動拠点を持たない中小企業がこの制度を活用できるようになったのだから、これは大きな改定である。従来の1年間の研修制度に加え1年間の実習、計2年間の滞在が可能になった。さらに97年には2年間の実習が認められ計3年間の滞在が可能になり、国内での中小企業の要請に対応したものとなったのである。

　こうして日系ブラジル人等の身分に基づく外国人の単純労働への就労に加え、日本独特だが技能実習制度の仕組みにより単純労働力の組織的・制度的な受け入れが始まったのである。ただ、この仕組みは単純動力の受け入れだが、途上国への技能移転という目的がかぶっていて、その点で日本独特である。本書はこの日本独自の仕組みである技能実習制度を主に、日本への単純労働力流入の実態やその意味を、受け入れ・日本、そして送り出し・途上国の双方の視点から明らかにする。また他の国の外国人受け入れ実態も比較の観点から分析を行っている。

注
（1）在外同胞については、労働政策研究・研修機構の2016年6月「外国人就業者の現況—非就労資格による就業者の増加について、韓国雇用情報院（KEIS）がレポート」等を参照した。
（2）韓国の制度を紹介するときに、韓国は国が関与しているので、日本のような民間送り出し団体等を経由する場合と比較すると、外国人労働者や雇用企業の負担が少ないとの指摘が多い。しかし採用のための韓国語試験をパスするまで、また実際に韓国に入国するまでは労働者負担なので、この面からの比較検討は忘れられてはならない。
　　ジョン・ギソン他（2013年12月）「2013年滞在外国人実態調査：雇用許可制と訪問就業制外国人の就業及び社会生活」IOM移民政策研究院によると、外国人労働者1,370人の調査だが、労働者が負担した額は1人当たり平均就業費用274.5万ウォン（2013年1ウォン0.0892円だったので日本円にすると24.5万円・以下はすべて日本円表示）である。ただし調査はベトナムとフィリピンからの労働者を対象にしており、就業費用の平均を国別に示すとベトナム41.6万円、フィリピン13.3万円と大きな差になっている。これはフィリピン政府の規制による送り出し国での費用、それも非公式費用（斡旋や急いで手続きを取るための手数料）を含めての額が低く抑えられているためとみられる（この点はフィリピンの12章で詳述）。

第1章　日本の労働市場における外国人労働力の大きさ　11

　内訳をみると、韓国語の学習費3.1万円、試験手数料1.5万円、航空料等10.4万円、出国負担金3.6万円、そして非公式費用は平均7.5万円だがベトナム17.8万円、フィリピン1.0万円の差になっている。なおこの他に民間ブローカーの費用もあるようである。

　仁川空港への入国以降は就業教育機関に移動し2泊3日の教育を受ける。就業教育費は外国人の場合、雇用者負担、在外同胞は本人負担とのこと。1人当たりの就業教育費は、製造業・サービス業1.7万円、農畜産・漁業は1.8万円、建設業2.0万円であり、教育担当機関は製造業・サービス業は労使発展財団や中小企業中央会、農畜産業は農協中央会、建設業は大韓建設協会となっている。

　なお航空料は本人負担だが、農業部門の季節勤労者制度（韓国の16章を参照）では半額を自治体が負担する場合があるようである。

　2013年の外国人労働者の平均月給は155万ウオン（13.8万円）、なお内訳は製造業160万ウオン（14.3万円）、農畜産業133万ウオン（11.9万円）となっており、2010年の139万ウオンの1.1倍である。なお出身国と比べると、本国での就業経験のある人の給料と比較して、平均4.51倍（ベトナム4.6倍、フィリピン3.8倍）である。なお勤労時間は週58.7時間、月平均25.8日である。

（3）技能実習生を受け入れる仕組みとして、企業単独型と団体管理型の2種類がある。受け入れ・斡旋人数としては圧倒的に団体管理型が多いが、この仕組みは第2章で説明する。

（4）対象者は、日本の企業等の外国にある事業所の支店・子会社・合弁会社の職員以外に、1年以上の国際取引や1年間で10億円以上の取引のある機関や業務上の提携がある機関の職員である。なお日本企業が負担しなければならない座学研修費・帰国費用の負担義務や、また1年を終えて2年目以降は指定職種の縛りがあるなどの仕組みは、団体管理型と同様である。

参考文献

堀口健治（2012）「カリフォルニア農業の今・第1回・違法滞在者に依存する農業」『農村と都市をむすぶ』2012年7月号

第2部　日本

第2章
農業に見る技能実習生の役割とその拡大
―熟練を獲得しながら経営の質的充実に貢献する外国人労働力―

堀口 健治

1．農業と技能実習制度

　第1章の最後にあるように中小企業が技能実習の制度に加わった。それを追って2000年に農業が加わる。年間作業が確保出来るのかという関係委員会での指摘があり、それらが確実な施設園芸、養鶏（採卵養鶏業に限定）、養豚が先ず対象として認められた。次いで02年に畑作・野菜と酪農、15年には果樹も加わって、今では2職種6作業の農業（耕種農業で畑作・野菜、施設園芸、果樹、畜産農業で養豚、養鶏、酪農）で実習生を受け入れている。大半が団体管理型であり、当初は農協が管理団体（以下では制度で使っている「監理団体」の表現を使用）になるものがかなり見られたが、今では事業協同組合（中小企業等協同組合法による協同組合のひとつ）等を経由しての受け入れが多い。これは農家が事業者として、中小企業と同様に、事業協同組合の組合員になるのである。

　中小企業と比べ常雇いの雇用者が多くはなかった農家で、パートタイマーとは異なる雇用契約や就業規則が求められ、これに応えなければ雇用できない。雇用に慣れている中小企業と異なり、1農家当たり少人数の技能実習生しか雇用しない大多数の農業経営も、少人数とはいえ、賃金台帳や勤務の記録を正確に記帳し、時間外や深夜割増を含め賃金が本人に正確に払わなければならない。有給休暇も同様である。

　なお技能実習制度は受け入れ企業に受け入れ人数枠を設け、監理団体が事業協同組合の組合員ないし会員では特例人数枠により常勤職員（技能実習生は含まない）総数50人以下で3人、農協が監理団体の場合では法人組合員は特例人数枠の

３人だが非法人の農家は２人以内として、実習生数を制限している。これらの数は毎年の受け入れ可能な最大人数であり、実習生は３年間滞在できるので、３年目には最大９名（農協が監理団体の農家の場合は６名）を雇用できる形になり、毎年３名（農家は２名）を更新することでこの規模を維持できる。この仕組みで受け入れた人数が結果的に総人数になるので、日本の制度は野放図に受け入れ人数が増える仕組みではない。

　制度の趣旨として、技能実習制度は外国人研修制度から出発したので、途上国への技能伝授と人づくり、国際貢献という概念が先ず真っ先に来る。来日の時点では単純労働力だが、on the job training の仕組みで技能を学び、日本の仕組みの知識と一定の熟練を得て帰国することが期待されている。単なる単純作業を３年間繰り返しての帰国ではない。他方、最低賃金以上・残業の割増賃金・有給休暇や労働基準法のフル適用（農業は労働基準法の法定労働時間や休憩、休日等が適用除外で、雇用者の同意が当然に必要だが、自由に設定が可能であり、雇われた日本人は同一経営で技能実習生とは異なる賃金体系になることがありうる）の雇用関係にあり、所得が低くまた就業先が見つからない途上国の若者にとって、魅力的な「出稼ぎ」の位置付けにもなる。熟練獲得の目的よりも、先ずは海外「出稼ぎ」の目的が先に来るかもしれない。しかし日本の技能実習制度は、低い学歴でも海外に行けるチャンスであり、そのための日本語研修や往復の旅費が日本側で多く負担され、仕事の仕組みを学ぶことができる。他の国、例えば韓国への単純労働力の出稼ぎとは質的に異なる要素が多い。

　日本側から見ると、職種が限られた技能実習であるが、当該産業や職種では意味ある大きさの雇用労働力になっており、2000年から始まった農業ではこの短い年月の間に実習生が急速に増え、受け入れ産地で重要な役割を持つ労働力になっている。

２．技能実習制度の内容と農業への実習生受入れの実態

　農業法人や農家では家族やパート労働者に交じり数人の外国人だけという例が多く、意思疎通のための日本語研修は必須である。英語を知らなくても生活できる、メキシコ人グループ請負のような米国式雇用形態は日本では見られない。来

16 　第2部　日本

日前の契約も、雇用する農家自身や監理機関の責任者が現地を訪れ、面接した後に契約（現地語でも契約内容が表記される雇用契約だが来日して座学の研修期間を終えてからこの契約は発効する）を結ぶ事例が多い。選抜される労働者の性格や能力を問うだけの面接だけではなく、日本人従業員の年齢、家族構成を考えた上での、実習生の年齢構成や性別、既婚・未婚に気を使い選抜している。

　海外にある送り出し機関は事前に契約している日本の監理団体からの依頼で実習生の募集を行い、予定人数の3倍以上を集め送り出し機関がまず2～3倍の多さに絞るのが通例のようだ。こうして多くが訪日の半年以上も前に行われる日本側の選抜に備える。契約サイン後は、技能実習制度により定められた日本側のフルの負担による2か月研修では短いので、これに数か月の母国での合宿研修を加えることで日常会話が可能になり、また日本の制度・生活スタイル、研修する技術の入門などを学ぶ。この半年ないしそれ以上の付加的な合宿研修の費用は、生活費は本人負担が多いが、日本側が他のコストを負担する例が多く見られる。往復の交通費や研修費用の相当部分を雇用者側が負担するのは、日本の技能実習制度の特徴である。なお実習制度で定められた2か月（義務としての集合研修は1年以上の雇用予定であれば1年間の6分の1相当の2か月）の座学研修期間は雇用者側が研修手当を含めすべて負担する。このようにいずれ雇用されることを前提に日本語研修や準備の事前学習を行っていることが、日本のこの制度の特徴である。語学の準備等、応募者の負担で行われ、試験をパスしたのちに相手側の企業に採用され、自己負担で出国手続きや飛行機代を負担して相手国に渡り初めて相手側の負担が始まるような、他の国の単純労働力雇用の仕組みと大いに異なっている。

　農家は日本人常雇をハローワーク等でも求めているが、2012年入社の高校卒業者の初任給全国平均が16万円弱、ボーナス込みで年間200万円を超える状況下では、農家が提示する名目収入200万円のハローワーク求人に日本人応募者はいない。これに対し、実習生の雇用に関する農家負担の費用総額は、13年度の最低賃金は全国加重平均で時給764円（茨城県は713円）、週40時間で年間150万円弱（茨城では134万円）、往復旅費、監理団体や現地の送り出し団体等の費用、保険料や残業手当等含めて実習生1人当たり総計200万円前後である（2012年当時の数字）。これで1年間契約し働いてくれる実習生は農家にとって信頼でき、年間の作業計画

が確実にできる大事な戦力である。途中でやめて帰国する人も3年目にはありうるが、多くは契約を守っている。他方、仕事に慣れ後輩を指導し積極的によく働く実習生にはボーナス支給や昇給のケースが出て来ている。来日1回限りの仕組みの下での最終年の意欲低減や途中帰国を防ぐために工夫がなされ始めた。

　一方、実習生の手取りは、光熱費を含む宿舎代、保険や税が天引きされ、自賄の食料費などを差し引くと、年間100万円前後であり、これに残業代を乗せて、自国に送金するか持ち帰ることになる。彼らにとっては大きい額である。「3年間、日本で働けば家が建つ」との弁は、以前は中国の実習生が、今は東南アジアからの実習生が語る象徴的な表現である。カンボジアからの実習生の多くは半額で家を新築して親にプレゼントし、残りは他の用途・資金に使っていることが確認されている（軍司・堀口 2016a）。

　技能実習制度は発足以来色々改定されているが、トラブルを防ぐ上で2010年の改定は非常に意味がある。従来は初年度の1年間は研修期間ということで最低賃金の半額程度しか払われなかった。農家や企業の指示に従い働いているのに最低賃金の適用は2年目以降だったのである。残業も認められず期待される収入にならない。これが過去の多様なトラブルの主要な原因であった。

　改定は、当初の2か月等の、作業ではない座学による研修期間は従来と同じ研修手当だが、それ以降は初年度から最低賃金以上を適用する雇用契約にした。以前と比べ雇用側の負担増だが、日本の労働者と同じ条件に置くことで問題をクリアしたのである。

　これは、技能移転の目的からいえば研修中の技能実習生だが、同時に労働者としても正確に位置づけた日本独特の考え方である。単純作業の繰り返しではなく多様な作業を経験することで技能を高め経験を得るのだが、仕事や作業自体が受け入れ側の指揮命令のもとにある以上、雇用労働の性格があるとして労働者としての性格を認め、それへの対価を正確に払う仕組みにしたのである。

　今でも日本の若者が海外での長期の先進的な農業研修（例えば国際農業者交流協会による研修制度）に出ているが、米国の例でいえば、最低賃金は適用されるものの、割増賃金や有給休暇などはない。自分で手を挙げて応募してきた農業実習生に、米国の農場経営者はメキシコ人等の雇用者と同じように仕事をさせるが、そのために必要な語学研修費用、米国の往復旅費や滞在中に大学等で行われる研

18 　第2部　日本

修費用などは、すべて実習生負担である。この点、on the job training とはいえ、雇用者が命じる作業を行うという点で労働者と同じ性格を有すると日本の10年改定は判断したのである。米国の農業研修のような応募で来る人を受け入れている仕組みではなく、日本側が職種や人数を明示し限定して募集・選抜している以上、雇用の性格があると判断した。日本人の募集が難しく不足する分野で途上国から労働力を迎え入れているのであり、上記の位置付けを日本は自ら技能実習制度に付したのだといえよう。

　16年10月末の外国人雇用状況に拠れば、技能実習生は21.1万人いる。同年6月末の法務省在留外国人統計では、技能実習1号（1号は1年目の意）イ（企業単独型の意）5.1千人、同じくロ（団体管理型）91.8千人、技能実習2号（2号は1号を終えた上で試験をパスした人の2、3年目）イ3.1千人、同じくロ111.0千人、計211.0千人となっている。これをみると団体管理型が非常に多いことがわかるが、同時に3年目まで日本にいる人がすべてではなく、1年ないし2年の実習生が多い。3年目も技能実習を続ける人がすべてであれば、ロの数はイの数の2倍近くになるはずである。しかし同じ統計の12年でも1号ロは5.9万人、2号ロは8.5万人である。途中帰国（1年ごとに雇用契約を結ぶが本人都合による途中帰国でも帰国旅費は雇用者負担の仕組みになっていて実習生に有利である）があることによる。さらに指定職種に入っていないために2号になれない仕事でも、1年間の約束で実習生を受け入れる分野（現時点では肉牛肥育やカキの打ち子などがあげられる）や、冬期の仕事がないために8か月の約束で来日する実習生が長野県や北海道、岩手県等にかなりみられる仕組みがあり、1号がその分多いことも要因として考えられる。なお農業以外でも1年間のみの実習生やまた3年未満での帰国者はいる。

　この農業従事の実習生数を正確に把握するのは統計が示されていないので難しいが、全国農業会議所の八山政治氏の推計方式によると13年現在約2.2万人である。農業目的で入国する実習生数は法務省統計でわかり、2、3年目は当該年とその前年の農業会議所が実施する必須試験の受験者や2号移行者等の数が分かるので、これらを合計するやり方である。この推計数は10年や15年の国勢調査で把握された農業従事の外国人の数を上回っているが、ほぼ実態を表しているといえる[1]。なお国勢調査は9月末1週間の就業状態を捉えているのでこの時期に座学研修に

入っているもの等を把握できず、実態よりも少なめになる傾向がある。ただし長野県等の8か月雇用の技能実習生はこの調査時期はまだ雇用期間内なので把握できているはずである。

なお2年目以降も実習生を継続する場合、1年間の研修成果確認試験をパスすることが必要なだけではなく、技能実習2号ロへの在留資格変更のための要件である、1年目の雇用先と同一で同じ職種・作業が維持されなければならない。基本的に雇用先や職種の変更は認められないのである[2]。この点は韓国や米国でも同様であり、外国人労働者の把握・業種別単純労働者数の維持・失踪防止等のために労働者としての権利を制限していると考えられる。

3．農業で雇用される技能実習生の増加傾向とその位置

農水省の別途の調べでは14年度、15年度の農業での技能実習生数を2.4万人、2.6万人としており、農業で雇用される技能実習生は増加傾向にある。新規入国者、2号移行者ともに着実に増え続けている。16年度では農業技能評価試験の受験者数がはじめて1万人を超え、多くが2号への移行資格を得ようとしている。

約600の監理団体があり1団体当たり40人になる。農業を扱う監理団体はその8割が事業協同組合系で残りの2割は農協系とみられる。受け入れ数が100人を超える農協は全国で15〜16あり、実習生数の多い県ほど農協が多いようである。北海道は農協系が監理団体の半数を占めている。労働力不足に悩む大産地が多い府県、こうしたところでは早くから技能実習制度を受け入れ、そこでは農協が監理団体として先行し、役割を果たした結果と見られる。

2年目を目指した受験者、移行申請者、移行者等の数は公表されているので、これで実習生の職種・作業別にみると、8割が施設園芸と畑作・野菜の耕種農業であり、残りの2割弱が養豚・養鶏・酪農の畜産である。この割合はその水準で長く続いているが、最近は耕種農業の中で施設園芸が全体の半数に迫るなど増加が大きい。なお施設園芸で雇用された技能実習生でも、半分以下であれば関連する農業の従事は認められているので、畑作地帯だけではなく稲作地帯にも実習生が見られるようになっている。

また送り出し国は中国が今でもトップだが、国内の所得アップ・円安による手

20　第 2 部　日本

表 2-1　主要な県別農業従事常雇人数と外国人農業就業者数

		a 常雇人数 (人)		b 外国人 (人)		b/a (%)	
		2010 年	2015 年	2010 年	2015 年	2010 年	2015 年
常雇人数の多さトップ7道県	北海道	17,793	23,296	1,479	1,950	8.3	8.4
	茨城	7,680	10,983	3,753	3,732	48.9	34.0
	愛知	7,296	10,755	954	935	13.1	8.7
	鹿児島	7,110	9,437	416	672	5.9	7.1
	宮崎	6,512	8,585	249	393	3.8	4.6
	千葉	6,447	8,586	1,150	1,155	17.8	13.5
	長野	5,530	10,836	2,055	2,032	37.2	18.8
香川		1,593	2,285	286	407	18.0	17.8
全国		153,579	220,152	17,645	20,950	11.5	9.5
うち都府県		135,786	196,856	16,166	19,000	11.9	9.7

注：1）農業従事常雇人数は、農業センサスによる 2010 年 2 月 1 日調査時点までの 1 年間の
　　　うち農業経営のために常雇した人数（あらかじめ 7 か月以上の契約で雇った人）、外国
　　　人は 2010 年 9 月末 1 週間の就業であったもの（国勢調査）。2015 年も同様である。
　　2）a は農業経営体の合計だがそのうち組織経営体と販売農家別にも分けて示されている。

取り額低下などで希望者が減り、代わってベトナムが協定等を結ぶことによる労
務者派遣のプッシュで、近くトップになることが予想されるほどの急増となって
いる。

　次にこれらの技能実習生の導入が、地域別・規模別にどのようになされている
か、見てみよう。まず農業センサスを使い年間 7 か月以上の契約で働く常雇の数
を見ておこう。常雇の中には日本人に加えて当然に技能実習生が含まれている。

　個別の経営規模が大きい北海道を除いた、都府県でまず見てみよう。都府県の
農業経営体数は2010年163万、2015年134万、そのうち常雇を持つ経営体は2010年
3.8万、15年4.8万とわずかだが、そのうちの組織経営体をとると2010年2.9万の
27.6％、15年3.0万の41.3％と 3 ～ 4 割の組織経営体が常雇に依存する。常雇人数
は都府県で2010年、13.6万人、15年20.7万人だが、半分以上のそれぞれ7.2万人、
10.9万人が組織経営体に雇われ（常雇を持つ 1 組織経営体は2010年9.1人、15年8.7
人：1 販売農家ではそれぞれ2.2人、2.5人）、組織経営体での常雇の重みが分かる。

　次いで国勢調査の全国の農業従事外国人就業者数をみると、2010年1.8万人、
15年2.1万人であり、これを農業センサスの常雇数で除すと、11.5％、9.5％となる。
都府県ではそれぞれ11.9％、9.7％、北海道ではそれぞれ8.3％、8.4％であり、常
雇の約 1 割が外国人であることが分かる（**表2-1**）。ただし都府県では2015年の
比率が10年と比べて低下しており、外国人は2010年から15年にかけて絶対数では

うち組織経営体に雇われた常雇人数のaに占める割合（%）		常雇を雇用した組織経営体1つ当たりの常雇人数（人）		常雇を雇用した販売農家1戸当たりの常雇人数（人）	
2010年	2015年	2010年	2015年	2010年	2015年
56.3	50.1	9.3	7.8	2.2	2.7
33.0	32.6	9.2	9.2	2.4	2.9
25.9	28.9	7.1	8.7	2.6	3.2
66.1	71.4	8.5	7.9	2.0	2.3
59.4	58.2	12.5	10.6	2.4	2.5
45.2	47.3	9.8	9.3	2.2	2.4
63.2	63.4	10.5	10.6	2.0	2.3
65.0	66.2	11.0	10.2	2.3	2.3
53.7	54.8	9.1	8.6	2.2	2.5
53.4	55.3	9.1	8.7	2.2	2.5

増えているものの、それ以上のテンポで日本人常雇が増加していることがわかる。

そして常雇人数の多い順に7道県を表で示すと、茨城県はそれぞれ48.9%、34.0%、長野県は37.2%、18.8%であり、外国人の比率がもともと高い県で外国人の比率が落ちていることに注目しておきたい。茨城県は常雇の半分を外国人が2010年では占めていたが、2015年は人数で外国人の若干の減・日本人常雇の大幅な増加になっていて、外国人は常雇の3割の水準になっている。茨城県は農業で技能実習生を雇用できる指定職種の畑作・野菜や施設園芸、畜産が盛んな県であることで技能実習生の多さは説明できるし、茨城県では農協が制度導入時から組織的に対応してきたことも大きい。しかし2010年から15年にかけての日本人常雇の増加は、外国人を多く雇用した上での、規模の大きさを管理するための日本人管理者を増やす動きのように見えるが、この点は、今後の調査にゆだねたい。このように、日本人に置き換わっての技能実習生の一方的な増加といった傾向ではないことに注目しておきたい。

なお長野県の外国人の若干の減・日本人常雇の2倍以上の急増は、この時期、1年未満の技能実習生の雇用をめぐって入国管理局からビザが認められなかった地域がかなりあり、日本人常雇を急いで雇用した動きもあるが、茨城県と同様の事情で規模拡大の動きに合わせ日本人常雇を急増させた事情もありそうである。

他方、同じような農業条件の鹿児島県や宮崎県は常雇がもともと多いが、技能実習生の割合は極めて低い特徴を示していた2010年が、2015年では他県と異なり、

22　　第2部　日本

外国人を増加させるとともに日本人も増加させる動きを見せている。支払い可能
な水準で年間雇用に応じる日本人がいるならば、3年で帰国する実習生と異なり、
熟練が形成され機械の運転も任せやすくまた意思疎通も容易なので、農の雇用事
業も適用出来る日本人を雇用するのだと、2010年の数値は理解していた。だが
2015年をみるとさらなる経営の展開のためには日本人も外国人もともに増加させ
ていることが分かる。

　表の「組織経営体に雇われた常雇人数のaに占める割合」からみると、2010年、
15年とも、茨城、愛知、千葉ではむしろ販売農家が雇用する常雇数が組織経営体
のそれより多く、その他の県では組織経営体の常雇の方が多いことがわかる。組
織経営体の動きが全体として常雇の増加を牽引しているものの、2010年の茨城で
は、組織経営体ではなく大規模な販売農家の常雇が多く、しかもその半分は外国
人であり、家族とともに販売農家の重要な労働力になっていたことがわかる。他
方、鹿児島、宮崎を典型とし、日本人を常雇として多く雇う組織経営体が大規模
化の動きを牽引していたように見えた。

　しかし、組織経営体の1経営体当たりの2015年常雇人数が2010年と比べて多く
の県で（また全国・北海道・都府県も）減少しており、他方、販売農家1戸当た
りの常雇は、変化が無い香川を除いて、いずれも増加している。外国人を含む常
雇の増加は、この5年間では、組織経営体よりはむしろ販売農家での戸当たりの
雇用増加によって達成されていると見ることが出来る。販売農家の規模拡大を常
雇が支え、その中に外国人である技能実習生が含まれて役割を果たしていること
が確認できる。

　また法人が多い組織経営体で雇われる技能実習生の動きと同様に、数の多い販
売農家に広く技能実習生が広まる動きを確認できる。常雇を持つ組織経営体と販
売農家の数を2010年と15年を比較すると、組織経営体は0.9万から1.4万に広がっ
ているが、販農家数も3.2万戸から4.0万戸に広がっている。

　なおこれらの動きの中で、香川県は量的には他府県と比べ小さいものの、表に
見るように組織経営体に雇われた常雇人数の割合は高く、また組織経営体当たり
の常雇人数もトップ級である。しかも3章、11章で述べるが、極めて大規模な経
営に多くの常雇がいるだけではなく、日本人と技能実習生をともに雇い仕事を分
担させている。経営にとって極めて重要な技能実習生の安定的な確保のため、送

第2章　農業に見る技能実習生の役割とその拡大　23

出し国で来日前の7か月を超える長期研修等の費用を雇用者側が負担しながら、より深く雇用に関わっている。受入特例人数枠は、法人で常勤職員数が50人以下は最大3名なので、技能実習生をより多く受け入れるために分社化を行っていることも注目される。これは、個人事業や法人を複数持つ形にした企業の戦略であり、技能実習生の労働はそれぞれ独立経営の形態を守りつつ統合的な農業経営になっている。このような大規模雇用型経営の展開が、受入れ団体である事業協同組合の組合員としての共同の取り組みにより、進んでいる状況は3章で明らかにしている。

　なお表のトップ7道県及び香川県の組織経営体の中の「法人化していない経営体」の割合は、2010年、愛知の47.0％を除いて、3割以下と府県平均の45.8％よりも低く、法人化していないものが多い集落営農の重みがこれらの県では低い。これらの県の組織経営体は多くが法人化されていて、上記の議論の対象は法人に雇用された常雇が主であることを確認しておきたい。

4．技能実習法の制定と外国人戦略特区の動き

（1）一気に受け入れ人数枠を拡大した技能実習法

　2016年11月に国会で可決された技能実習法（外国人の技能実習の適正な実施及び技能実習生の保護に関する法律）は、実習計画を認定制としその認定基準や取り消しなどの規定を定めている。また実習実施者（現行の実習実施機関）を届け出制とし、第1次受入団体である監理団体を許可制にした。また実習生に対する人権侵害行為等に禁止規定と罰則規定を設け、これらの業務を取り扱う「外国人技能実習機構」を認可法人として設置し、全体として直接の管理監督体制を強化することになった。国の関与が全体として強まる印象である。

　他方、優良な実習実施者（一定の明確な条件を充たし優良であることが認められるもの）と監理団体（優良な監理団体とは法令違反が無いことだけではなく評価技能試験の合格率や指導・相談体制も関係する）に限って、希望する実習生をいったん帰国（原則1か月以上）させ、その後に2年間の期間延長を認めて合計5年間の滞日を認めることになった。なお実技試験（技能評価試験・技能検定3級相当）の受験・合格が必須である。しかもこの場合、雇用先の変更が原則、今

まで認められなかったが、従来の1号（初年度）、2号（2、3年生）に対して3号になる技能実習生は雇用先の変更を可能にした。すでに2020年までの特例の臨時措置だが、オリンピックを考えての建設業（造船も含まれる）には、特定活動として4、5年目の雇用先の変更（職種は変更しない）を、技能実習生であった3年間は認められなかったが、可能にしたのと同様である。この場合、実習生は当然に有利な雇用先を選択するようになるが、ただし指定されている職種の変更は認められず、同じ分野での熟練の程度をあげながら仕事に従事する技能実習生の位置付けは変わらない。そしてこれが終われば、技能実習生としての再来日は無く、1回限りの仕組みは今回も残っている。2号から3号への間にいったんの帰国があるものの、長期に家族と離れた単身での実習が可能か、希望者が多くいるか、これらは提示される給与や待遇にも依存するので、受け入れ農家が熟練を獲得した、家族とも親しくなった技能実習生を4、5年目も継続して雇用できるかどうかは条件次第ともいえよう。

　また送り出し機関の要件を定め、2国間協定の相手国に不当な保証金の徴収や違約金が無いように送り出し機関を認定し指導管理を要請することになっている。ただし条約ではないので、あくまでも相手国への要請の範囲内にとどまるが、2国間協定を今後増やす方向で努力することになっている。

　しかし、むしろ注目すべきは、こうした管理体制の強化だけではなく、優良な実習実施者と監理団体に対して大幅な受け入れ人数枠を与えたことである。この緩和による人数枠の拡大はとてつもない大きさであり、これについての議論が無く国会でそのまま認められたことは大きな問題と認識される。この枠の拡大は、日本は技能実習生の受け入れ総数の上限を個々の企業の受入れ枠の上限という仕組みで間接的に維持していたことに対する大きな変更であり、単純労働力の受け入れ数を大幅に増やすことになり、技能実習制度の性格を変えることになりかねないことが危惧される。

　というのは、優良基準適合者に対しては、1号から基本人数枠（例えば30人以下の3人）の2倍（6人）を認め、2号はその4倍（2年目、3年目それぞれ6人ずつで4倍の12名）、3号は6倍（4年目、5年目それぞれ9人ずつで6倍の18名）を認めるので、最大36人（従来は3人の3年間なので9名）の人数が5年目に達成でき、それ以降はその水準を維持できる制度になっているからである。

ただし常勤職員数の3倍を超えてはならない規定だが、ということは最大の技能実習生者数の3分の1の日本人常勤職員を有していればよいという意味の規定でもある。

なお常勤職員の枠のランクは今までは最低50人以下で3人枠であったが、これが41〜50人は5人（これだと5年目に最大60人）、31〜40人は4人（最大48人）、30人以下は3人（上記のように最大36人）と、常勤職員が多いところは大人数を技能実習生として雇用できることになる。

そしてこのような日本人常勤職員を多く雇用する中小企業（301人以上だとその常勤職員数の20分の1だから、301人として基本枠は15人、5年目には最大180人になる）、さらには大企業でも大量に雇用できるが、このような大規模な雇用は農業では想定できない。企業でも技能移転を考える場合に単純労働の繰り返しでは認められないはずだが、このような大人数は工場での反復労働に従事する労働者を想定することになるのではないか。技能実習制度とはかけ離れたことになりかねないことが危ぶまれるのである。

そうだとするならば、制度としては韓国や米国のように、単純労働力を受け入れるとした制度を構築すべきではないだろうか。また受け入れ人数を総数や対象業種で決め、さらには日本人の雇用が困難なことを証明する仕組みを先行させるなど、丁寧な議論を踏まえた上での仕組みづくりが必要と思われるのである。

（2）技能実習ではありえない条件を多く認めた戦略特区の外国人農業就労

十分な議論を経ないで2017年半ばに国会が認めた国家戦略特別区域法の改定は、国家戦略特別区域だけに外国人農業就労を認めるものである。技能実習法が認めない多くの条件を可能にしている内容であり、例えば指定職種という考えは無く、農作業であればよい。だから技能実習制度では認められていない稲作や肥育牛等、どのような農業も可能であるし、さらに出荷・調整、加工等、幅広く認めている。業務範囲も特区の中であろうが、契約先が特区外の仕事を合わせて行っている場合、可能かどうか等の規定は不明である。

また経験のある技能実習制度の受け入れ団体は使わず、派遣会社（労働者派遣法の許可を受ける等の要件を満たした事業者）を使い、派遣会社が外国人を雇用して、派遣契約を結んだ農家や農業法人に派遣する仕組みである。派遣契約だか

ら、指揮・命令権は農家や農業法人にあり、当然に労基法等の法令順守は農家・農業法人が受けることになる。1年前に先行した、戦略特区の都市での家事労働派遣と同様だが、家事労働への野放図な依頼が個人の家庭内では行われる可能性があるので、派遣契約ではなく派遣会社の請負制になっている。請負制だと作業に指揮・命令できるのは派遣会社側にあるので、契約を超える仕事を外国人家事労働者が家庭内で命じられることが無いようにし、派遣会社に責任を持たせている。この点の検討がなされたのか、不明である。

　滞在期間は3年だが、ある法人の農作業を半年行い、その後に帰国、そして別の農家の作業に来日して半年行うなど、農繁期だけの作業を行い、これらの合計が3年であれば何回も来日が可能な、特定活動のビザとしている。しかもこの3年終了後、技能実習制度の1回限りの来日とは異なり、新たにこの制度で来日することが可能であるかは明瞭ではない。

　なおこの外国人労働力の受入れは、単純労働力の受入れなのか、専門人材の受入れなのかが不明である。当初は農学の知識等を持つ大学卒の専門人材を検討しているようだったが、結局、技能実習生2号修了者レベルをイメージしたので、募集のターゲットもそうなると思われる。実際にすでに日本語を習得し、日本農業にある程度習熟している人材だからである。

　だが、実はこれがこの特区制度の最大の問題点であり、農業法人や農家が3年かけて育ててきた技能実習生を新実習法で4年目を期待しているときに、この4年生を横から特区に引っ張ることになる。奪い合いである。

　特区は外国人労働力を日本に受け入れる既存の仕組みや制度を無視したものであり、受け入れ人数枠の上限もなく、市場化テストもせずに、農業経営体であって法令違反などの欠格用件が無ければ誰でもよいとしている。農繁期のみに人を雇用したい農業経営者側から見るとこの制度は望ましいものであり、戦略特区に指定してほしい自治体が多く手を挙げている。

　だがこれは慎重であるべき外国人労働力受け入れの課題であり、特区の仕組みは特区のみだから、と見過ごすことが出来る問題ではない。技能実習法の施行は2017年11月であり、特区もすでに指定されているところでは年内の施行予定である。単純労働力の受け入れは日本にとって避けることのできない課題だが、既存の制度を使いながらも、その趣旨とは異なるやり方での大幅な緩和・拡大は問題

を発生させることになると思われる。

5．今後の課題

　技能実習は今まで正確に実状が紹介されてこなかったきらいがある。報告や報道が法令違反や過重労働の観点でなされているものが多かった。実際は多くの受け入れ法人や農家は制度を守り、実習生および雇用者側、双方にメリットのある制度活用がなされているのだが、農業でも正確に紹介されることは少なかった。農文協『現代農業』2016年11月号、12月号が制度や受け入れ農家・法人の状況を具体的に述べたのは印象的である。中小企業のそれと異なり、農業では家族員と共同して働く技能実習生の姿が多く見られるが、家族と親近感があり、多くの面で若い実習生が学ぶことが多い。帰国後も連絡が続き、受け入れ農家が実習生の出身地を訪ねて交流する、といったことも聞かれる。

　労働をすべて雇用者に任せ、経営者は現場にはあまりあらわれず、経営・企画等に専従するような、カリフォルニアで多く見られるタイプの経営は日本ではほぼ無いと言ってよい。日本では作業が実習生のみで行われることは少なく、日本人との共同作業であり、指導役の日本人常雇や家族で農業に従事しているものが付き添って作業をしている。しかも季節分業なので生産から販売の入り口まで、実習生は多くの異なる作業をすべて経験し熟練を獲得する。製造業等、工場の中の高度に分業化され、特定作業の繰り返しが多い分野とは大いに異なるのである。

　2016年末に国会で技能実習法が認められ、この点はすでに紹介したが、最長3年を5年に伸ばすとともに政府がさらに関与して実習の趣旨を徹底するという。滞日5年ならばより高度な作業が増え、来日したばかりの実習生の指導といった管理的仕事に従事することも出てくる。報酬も増額がありうるし、最低賃金だけを払うスタイルだけではなくなる。

　もっとも単身でさらに2年間延ばし実習継続を希望する実習生が多くいるかはまだ分からない。むしろ来日を複数回、可能にする考えの方が実習生は来やすくなるし、また熟練をさらに拡大し高度化するためにもよいと思われるが、今回もその考えは採択されなかった。また今回、製造からサービスにも広げることが予定されているが、技能の獲得を増やすための期間中の複数雇用先の導入等、検討

28　第2部　日本

すべき課題は未だ多い。

　また技能移転を期待する技能実習の今の制度は、認められている職種・作業を実に細かく規定し、来日前の経験や帰国後の同種の仕事への従事や起業を想定しているが、細かく規定しすぎるきらいがあり、実態に合わない。来日する実習生にとっての海外での経験、仕事の段取りの学び、多種の技術習得にメリットがあり、帰国後の経験活用は、全く同じ分野での適用のみに厳しく限定する必要は無い。カンボジアやベトナムでの経験でいえば、帰国後に日系企業に採用される事例が多く見られるのは、日本での実習経験のおかげである（軍司・堀口 2016a）。現地の大卒者雇用が多い日系企業の管理職に、低い学歴の技能実習生が採用されるのは、日本人経営者と地元スタッフとの間では彼らの経験が評価されるからであり、日本語能力だけではなく日本的な労働規律やチームワーク等に慣れ対応できるからである。異なる分野への就業も技能習得の成果の範囲に含まれていい。

　そしてより基本的議論、すなわち日本型研修制度の代わりに新たな方向を採用した韓国、限定しての単純労働力移入の米国等を参考に、認められていない日本への外国人単純労働力受け入れの議論がなされることが期待される。分業化され一定作業の単純繰り返しが多い仕事だと、技能実習制度の技能移転の趣旨とは異なる。この単純労働力分野の受け入れに日本は踏み切るかどうかである。韓国の例でいうと、一定年数以上の就業実績等の一定要件を満たした非専門人材ビザ取得者に、さらに専門人材へのビザの切り替えを想定し、専門人材には5年以上滞在することで一般帰化や永住権取得の道も広く想定している。移民受け入れのルートである。こうした検討が日本でも本格的に始められるべきである

　もっとも日本が独自の制度として改定しながら定着させてきた技能実習制度、この仕組みそのものは、正確に位置づけておく観点が大事である。途上国の若者にとって海外で学ぶよい機会であり、そして所得も得る仕組みである。海外で学ぶには語学研修や旅費などが必要だが、奨学金に代わって、義務教育を終えて就労する若者にそれに代わる機会を提供する技能実習制度は、意義を含めて正確に認識して置くべきである。

　また実習生が労働力の不足する分野を埋め、受け入れ先の経営体質を強化し貢献している事実も正確に確認し評価しなければならないし、そのための賃金設定や昇給の仕組み等のさらなる改善は必要であろう。

第2章　農業に見る技能実習生の役割とその拡大　　29

　国際労働市場では、単純労働力でも募集・受入れの競合が見られる時代に入ってきている。外国人労働力をどのように・どの範囲で・どのくらい・受け止めるべきか、多様な方向での議論がなされるべきだが、その中に日本の技能実習制度の実状と意義は正確に評価される必要がある。

　農業分野では多様な形で実習生が役割を果たし、例えば農協職員に雇用され、組合員からの作業委託を請負の形で、農協の雇用者の指揮命令の下、実習生が仕事をこなす事例（北海道・小清水農協）が出て来ている。異なる農業経営での仕事が可能になる方式であり、工夫がなされている。

　他方で、食品関係の仕事で、野菜を大量に受け入れ、加工も加えながらスーパーやファーストフード店に供給する都内の24時間工場を見学した。300人の半数を占める日本人に交じり、技能実習生が日系人や留学生アルバイターとともに働く事例を見る機会があった。水を使う仕事を嫌う日本人に対して、集団作業の半分を外国人が占める状況である。洗浄・カット・箱詰め等の繰り返しの作業は、農業のような季節的に大きく異なる作業を含む形ではないので、技能実習制度が要求する移転すべき多様で広範な技能等にあたらず、単純労働の繰り返しのようにみられる。

　本部の管理や営業等に携わる日本人雇用者数を常勤職員数に含めると、特別枠で雇用できる技能実習生数はそれなりの多さを雇用でき、そして水作業を含む工場に外国人を集中させる仕組みが出来ているのである。もっともそれだけでは不足するので、留学生アルバイトや日系人も集めての300人の半数である。

　このように中小企業では、農業と異なり、特定の作業に大量の外国人を集中させるメリットを見出しており、6章の上林論文ではこうした単純労働力導入の動きが大企業にまで展開し始めていることを指摘している。こうした流れの上に、すでに述べたが技能実習法での受入れ枠の相当な数の増加が位置付けられているように見える。従来の技能実習制度の趣旨を超えた雇用のように筆者は受け止めざるを得ない。

　出稼ぎを含む短期滞在の外国人、そして移民を含め、外国人労働力を日本の社会が今後どう受け止めるか、真剣な議論が求められる。そしてその際には現状の正確な理解が先ずは必要なことを強調しておきたい。

30 第2部 日本

注

（１）具体的には、法務省のビザ申請で把握した２号移行者の数字と農水省がアンケートで集めた新規受け入れ数の合計で推定している。2012年（平成24年）では、2011年時での２号移行者が5,022人（2012年では来日後３年生になる）、2012年の２号移行者が6,141人（来日後２年生になる）、これに2012年の新規受け入れ数（来日１年生）は未発表なので前年の9,814人をそのまま使い、これらの合計20,977人が農業の技能実習生として滞在していると推定するのである。この他の統計としては、２号になるための必修の技能評価試験の受験者数が全国農業会議所から示され、また２号移行申請者数がJITCOから公表されており、これらを使うと数値はより大きくなる。移行申請者数を使うと23,031人になるが、これらは途中帰国者を含んでいるので実態より多い可能性が大である。また１年未満で帰国する長野県等の技能実習生を年間の実習生として数えているので過大かもしれない。ために八山氏は農業の在留者は最終的に2.2万人と推定している。

（２）仕組み等の最新の情報は、八山政治「新たな技能実習制度の枠組み・その狙いと課題～農業分野の受入れを中心に～」『農村と都市をむすぶ』2017年３月号、が詳しい。

参考文献

軍司聖詞・堀口健治（2016a）「カンボジア国における日本国への外国人技能実習生送り出し」『農村計画学会誌』論文特集号、35巻

――（2016b）「大規模雇用型経営と常雇労働力」『農業経済研究』冬季号、88巻３号

堀口健治（2012）「カリフォルニア農業の今・第１回・違法滞在者に依存する農業」『農村と都市をむすぶ』2012年７月号

――（2016）「農業を支える外国人労働力と監理団体による地域マネジメント」『共生社会システム研究』10巻１号

第3章
タイプ別地域別にみた外国人技能実習生の受入れと農業との結合

軍司 聖詞

1．序論

（1）研究課題

①日本農業の構造変革：外国人労働力依存

　日本の農業構造は、大きな変革期を迎えている。ペティ＝クラークの法則が示すように、日本の就業者は戦後、第一次産業から第二次、第三次へと移行し、農業就業人口はおおむね一貫して減少してきたが[1]、日本の農業問題はこれまで、土地問題が中心に議論され、労働力問題が議論の中心となることは少なかった。労働力問題の議論も、そのほとんどは家族継承問題についてであり、雇用労働力が議論されることは稀であった。しかし、耕作放棄、あるいは地代なしでも借り手を探す地主が増加している一方、地域社会では若年層が都市部に流出して過疎化や高齢化が深刻化し、農業就業人口の平均年齢が66.4歳（2015年；農林水産省2016）にまで達しており、若年農業雇用労働力の確保が深刻かつ喫緊の課題となっている。これに対して、堀口（2013）によればすでに、常雇労働力の約15％が外国人労働力（外国人技能実習生）となっており、安藤（2010）が早くに指摘した通り、もはや「外国人労働者なしで日本の農業は成り立たない」状況ができているが、農林水産省（2015a）によれば、2010年度に約1.9万人であった外国人農業実習生の総数は、14年度には約2.4万人に増加しており[2]、外国人労働力に依存した農業経営は着実に広まりをみせている。すなわち、高齢農家のリタイアが進むなかで、日本の農業構造は、家族継承を前提とした従来の家族経営から、雇用型経営が重みを増しているが、外国人労働力雇用もその流れとして重視されるべきである。

②課題と方法

　日本を含む先進各国の農業従事者の年齢階層は図3-1の通りだが、高齢農業者が突出して多く、若年農業者が突出して少ない日本の農業は、これからさらに外国人労働力依存を深めながら、規模拡大を繰り返し、先進各国のような大規模雇用型経営を達成するのだろうか[3]。ないし、それができるのだろうか。あるいは、そもそも、日本で広まりつつある外国人労働力を雇用した経営とは、どのようなもので、その全体的な構造はどうなっているのだろうか。この検討を念頭に、本章では、現在すでに日本各地で行われている農業実習生の受入れを類型化して、それぞれの類型での農業実習生受入れの実際を明らかにするとともに、その受入形態が有する諸制約もあわせて考察する。

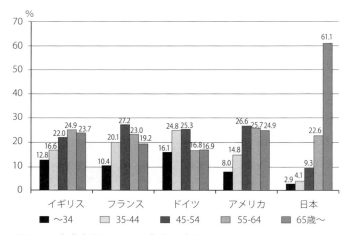

図3-1　先進各国における農業従事者の年齢階層
出典：内閣官房行政改革推進本部事務局（2013）をもとに、筆者編集。

（２）農業実習生受入れの全体的特徴：地理的・職種的特徴

　受入れの類型化の前に、各類型に共通する、農業実習生受入れの全体的特徴を考察しておこう。農業実習生の受入れには、地理的特徴と職種的特徴の２つの全体的特徴がある。

　前者の地理的特徴とは、受入れの中心が大量の労働力需要のある野菜作地域であることである。農業分野の実習生数に関する統計は乏しく、この特徴を量的に

第3章　タイプ別地域別にみた外国人技能実習生の受入れと農業との結合　33

正確に把握することは困難だが、この不備を認識しつつあえて大まかに捉えると、**表3-1**のようになる。表によれば、農業作業者の技能実習1号新規受入数上位5都道府県と技能実習2号移行申請者数上位5都道府県にあがる都道府県は、茨城・熊本・長野・千葉・福岡・北海道・愛知の7道県だが、これを主要部門農畜産物産出額上位5都道府県と比較すると、野菜作の上位5都道府県は実習7道県に完全に含まれるが、その他の農畜産物では実習7道県に含まれない県もあがってい

表3-1　上位5都道府県農業分野実習生数・主要部門農畜産物産出額

(単位：人・億円)

			1位	2位	3位	4位	5位
実習生数	1号	JITCO(2016b)	茨城(913)	熊本(831)	長野(331)	千葉(244)	福岡(208)
		農業会議所(2016)	茨城(2,099)	長野(1,389)	北海道(1,030)	熊本(873)	千葉(581)
	2号移行	JITCO(2016a)	茨城(1,998)	熊本(820)	千葉(642)	愛知(562)	北海道(497)
主要部門農畜産物		米	新潟(1,296)	北海道(1,105)	秋田(773)	茨城(762)	山形(668)
		野菜	北海道(2,116)	茨城(1,707)	千葉(1,611)	熊本(1,191)	愛知(1,011)
		果実	青森(833)	山形(642)	和歌山(581)	長野(544)	山梨(504)
		肉用牛	鹿児島(959)	北海道(896)	宮崎(571)	熊本(337)	岩手(218)
		乳用牛	北海道(3,949)	栃木(366)	熊本(280)	群馬(276)	千葉(261)
		豚	鹿児島(763)	宮崎(501)	千葉(478)	北海道(456)	茨城(414)
		鶏	鹿児島(880)	宮崎(812)	岩手(668)	茨城(465)	千葉(443)
		(総額：億円)	北海道(11,110)	茨城(4,292)	鹿児島(4,263)	千葉(4,151)	宮崎(3,326)

出典：国際研修協力機構（JITCO 2016ab）、全国農業会議所（2016）、農林水産省（2015b）をもとに筆者作成。

注：1）主要部門農畜産物産出額上位5都道府県部分における網掛けは、実習生数上位5都道府県にあがる都道府県。

2）国際研修協力機構（2016b）には、在留資格「研修」を含む。ただし、「研修」取得者はほとんどないものと推察される。

3）本表のうち、国際研修協力機構（2016b）・全国農業会議所（2016）は、技能実習1号の受入人数上位5都道府県を捉えたものであり、各都道府県の実習生総数の順位とは必ずしも一致しない。特に、農閑期があり技能実習2号移行者数の少ない寒冷地の北海道や長野は、実習生総数の順位に比して高く順位付けされているものと推定される。また国際研修協力機構（2016a）は、技能実習2号移行申請者の上位5都道府県を捉えたものであり、移行の可否や技能実習2号期間中途中帰国・失踪などは反映されていない。すなわち本表の実習生数順位は、あくまで農業実習生受入れの盛んな都道府県の傾向を示すものに過ぎない。

4）国際研修協力機構（2016b）は、同機構支援実習生数のみを集計したものであるため、同機構支援外実習生の多い都道府県は低く順位付けされる。同じく全国農業会議所（2016）は、農林水産省のデータから2014年度の都道府県別新規農業実習生受入数を示したものであり、データ元の面では国際研修協力機構（2016b）より実態を正確に示しているものと推定されるが、2015年データに基づく国際研修協力機構（2016b）より古い。

る。すなわち、野菜作以外の主要部門農畜産物では、必ずしも実習生を数多く受け入れなくとも産出額上位都道府県にあがる生産規模を達成することができるが、野菜作では実習生受入れが不可欠となっている傾向があるものと推定される。

　また、この実習7道県は、若年労働力が都市部の高次産業に流出しやすい都市・都市近郊地域（茨城・千葉・愛知・福岡・熊本[4]）と、農繁期にのみ大量の労働力需要が生じる寒冷地（北海道・長野）という地理的特徴があるとも捉えることができよう。野菜作が、需要地かつ若年人口の流出先である都市部からの至近性に規定されるとすれば、主要な野菜作地域は構造的に若年労働力不足を抱えることになり、大規模な実習生受入れは野菜作に必然といえる[5]。

　一方、後者の職種的特徴は、この裏返しとして、受入作業のほとんどが施設園芸または畑作・野菜であるということである。農業分野の技能実習2号移行対象は2職種6作業（耕種農業として施設園芸、畑作・野菜、果樹の3作業、畜産農業として養豚、養鶏、酪農の3作業）だが、作業の機械化が進んでいる稲作には必ずしも実習生受入れは広まっておらず[6]、移行対象6作業中でも、果樹や畜産には必ずしも実習生受入れが広まっている訳ではない[7]。

（3）農業実習生受入れの3類型

　以上の全体的な地理的・職種的特徴を踏まえ、受入れの類型を検討しよう。農業分野の実習は一般に、給源国の農業者が、現地送出し機関から日本の監理団体（一次受入機関）に送り出され、監理団体から受入農家（実習実施機関）に斡旋されるものであるから、受入れの差異は、

　a 給源国の農業者の違い（あるいは給源国の違い）

　b 給源国の送出し機関の違い（あるいは給源国の違い）

　c 監理団体の違い

　d 受入農家の違い

　に現れる。うち、a、bは後章において給源国ごとに実習生の送出し・受入れの実際が検討され、またこれらは必ずしも本章が捉える実習生受入れの制約要因にはならない（給源国は変更することができる）ため、本章では検討しない。

　本章においてむしろ検討しなければならないのは、特殊な受入れを行っている地域、すなわち、上記の通り農繁期のみの短期実習を行っている寒冷地の事情で

あろう。寒冷地でも実習7道県に上がるほど実習生受入れが盛んであり、この気候・実習期間の違いも考察しなければならない。

　以上から、本研究が捉える類型は、次の3つとなる。各々の類型を捉える区分は、次の通りとなろう。

　①受入農家の違い

　上記の通り、受入農家のほとんどは野菜作であることから、本章では果樹作・畜産農家を措いて、野菜作農家に絞って検討する。

　野菜作農家の違いは、作付作物から捉えるのが一般的だが、実習生の受入れを考察する場合は、必ずしも十分ではない。確かに、重量露地野菜作は、一般に多くの労働力が必要（労働集約的）であり、施設園芸野菜作は比較的少ない（資本集約的）。しかし、重量野菜作農家の中には、実習制度を積極的に活用して経営を分社化し、10人以上の実習生を受け入れて大規模経営を達成するもの[8]がある一方、何らかの制約によって3～9人程度の中規模までしか受入れ・規模拡大が進まない家族経営農家、あるいは1～2人受入れのものまである。

　すなわち、野菜作の受入農家の違いは、受入人数と経営規模・形態も含めて区分するのが適切である。すなわち、

　a 大規模分社化経営：労働集約的作物を作付し、経営を分社化して10人以上の実習生を受入れ、大規模経営を達成するもの

　b 中規模家族経営：労働集約的作物を作付するが、3～9人程度しか実習生を受け入れず、家族経営のまま中規模程度までしか規模拡大が進まないもの

　c 小規模家族経営：1～2人程度の少人数受入れで、資本集約的作物または労働集約的作物を作付するもの[9]

である。これらには、実習生の受入れにどのような差異があり、どのような制約があるのか、考察を行う。

　②監理団体（一次受入機関）の違い

　農業実習生を斡旋する監理団体は、おおむね、農業協同組合（以下JA）または事業協同組合（以下事組）であるが、この2つの区別もまた十分ではない。もちろん制度上、技能実習1号斡旋人数がJAは1経営当たり年間2人まで、事組

36   第2部　日本

は３人までなどの基本的な違いはあるが、事組には、JAが実習事業を独立させて設立したJA主体のものや、地元農家等が集まって設立したもの、他産業から農業に参入してきたものなどがあり、設立の経緯によって受入れ・監理のありようが異なる。よって、監理団体の違いによる実習生の受入れ・監理のありようの実際と、各々の有する制約は、

　　a　JA
　　b　JA設立事組
　　c　地元農家等設立事組
　　d　他産業から農業に参入した事組
の４区分から考察を行う。

　③気候・実習期間の違い

　上記の通り、実習７道県にあがる北海道や長野といった寒冷地では、実習期間が異なる。すなわち温暖地では３年受入れが一般的であるのに対し、寒冷地ではほとんどが農繁期のみの１年未満の短期実習である。この短期実習にみられる特徴的な監理・受入れの実際とその制約を、温暖地に比較しながら考察する。

2．受入農家（経営規模・形態）の違い

（1）大規模分社化経営（10人以上受入れ）

①実習生と日本人常雇の併用

　本節は、経営を分社化するほど大人数を受入れ、大規模経営を行う農業経営体の多い地域として、香川を捉える。香川は、上に考察したような都市・都市近郊地域ではなく、野菜産出額は全国29位（約236億円；農林水産省 2015b）であるが、経営を分社化して実習生の受入枠を確保し、10人以上の実習生を受け入れる大規模分社化経営が多くみられる地域となっている。

　軍司・堀口（2016）によれば[10]、香川は、常雇人数自体は1,593人と少ないものの、組織経営体当たりの常雇人数は11.0人（全国平均は9.1人）と多く、また常雇人数中の、組織経営体に雇用された常雇人数の割合も65.0％（全国平均は53.7％）と高い。大規模経営は多くの常雇労働者を雇用しているが、しかし外国

第3章　タイプ別地域別にみた外国人技能実習生の受入れと農業との結合　37

人農業就業者数は286人、常雇人数中の外国人比率は18.0％（全国平均は11.5％）
であり、茨城（48.9％）や長野（37.2％）に比べれば日本人常雇比率が高い。す
なわち、以下の農業経営事例にもみられるように、10人以上の実習生受入れの多
い香川の大規模分社化経営は、実習生と日本人常雇と併用しているという特徴が
ある。

　②大規模分社化経営群による事業協同組合の設立

　香川の大規模分社化経営層には、大規模経営層が大規模経営層のための監理団
体（事組）を独自に設立したという特徴もある。香川では、1994年からJA香川
県が実習生（旧研修生）の受入れを行っていたが、失踪などトラブルが続出した
ため、2008年に大規模分社化経営層が独自の事組を設立した。すなわち、JA香
川県組合員のうち、綾歌郡近隣の大規模経営層が中心となってA事組を、そして
長田度郡近隣の大規模経営層が中心となってB事組を設立したのである。

　A・B事組は、組合員が所在する地域が異なるほかは、おおむね共同歩調を取っ
ており、両事組は綿密な連携関係にある[11]。うちB事組は、長田度郡近隣地域
と徳島県の一部の大規模経営を中心に51経営（実習生受入れは42経営）を組合員
としている。A・B事組が組合員とするのは、既存組合員の紹介を基本として、
販売金額がおおむね1,000万円以上の経営であり、組合員の主力は3,000万円以上
層である[12]。2010年4月に20人であったB事組斡旋実習生数は、15年3月現在、
タイ・ラオス・カンボジア・ネパール人合計164人となっている。大規模分社化
経営層が中心となったB事組では、大きなトラブルもなく、大規模分社化経営層
のための独自の監理体制を構築して、着々と斡旋数を増加させている。

　③A・B事組斡旋実習生受入経営の経営概況

　A・B事組組合員の実習生受入経営の経営概況は**表3-2**の通りである[13]。表か
らは、極めて大規模な経営が、大量の労働力調達によって成り立っている様子が
一瞥でき、特に、1～4番は、10人以上の実習生を受け入れる大規模分社化経営
であることが分かる。これらの経営はもとより、5・7番もまた経営を分社化し
ているが、その理由は、10人以上の実習生受入れのため、ないし、実習生受入枠
を確保するためである[14]。また上記の通り、日本人常雇と実習生が併用されて

38　第2部　日本

表 3-2　A・B事組斡旋実習生受入農家の経営概況

	耕作面積(ha)	うち借入面積(ha)	作付のべ面積(ha)			総売上高(億円)	労働力（人）					分社化状況(社)	
			米麦	野菜	小計		家族	日本人常雇	外国人実習生	常雇小計	日本人臨時雇	法人	個人
1	25.0	NA	0.1	125.4	131.6	6.4	5	20	27	52	12	4	0
2	23.0	22.0	7.0	60.0	67.0	1.5	3	4	12	19	5	2	2
3	8.4	NA	0.0	56.3	56.3	2.5	3	5	19	27	0	3	0
4	10.1	NA	1.5	52.4	54.0	2.5	4	7	13	24	6	2	0
5	NA	NA	23.0	26.5	49.5	1.0	4	1	6	11	7	1	1
6	20.7	22.0	2.0	27.0	29.0	1.0	3	4	8	15	1	1	0
7	18.0	17.7	0.0	28.0	28.0	1.2	3	4	8	15	10	1	1
8	4.0	3.3	1.0	6.0	7.0	0.2	2	0	3	5	2	0	1
9	1.4	1.4	0.0	0.0	1.4	1弱	1	3	4	8	10	1	0

出典：軍司・堀口（2016）。

注：1）分社化している場合、各数値はその合計。作付のべ面積には果樹作を含む。日本人臨時雇
　　　は労働時間にかかわらず実人数。
　　2）9番農家はイチゴを栽培する施設園芸農家。

いる特徴があるが、これは大人数の実習生を受け入れると、家族労働力のみでは
実習生の監督を行き届かせることが困難となるので、日本人常雇を調達せざるを
得ないためである[15]。

④日本人常雇による実習生の監督

　しかしながら、調達した全ての日本人常雇が実習生の監督を行える訳ではない。
A事組担当者によると、農作業は本来、日本人労働者（家族労働力・日本人常雇）
1人に対し実習生3人程度が適正とのことだが、**表3-2**によれば、日本人労働者
と実習生の比率は、おおむね1:1程度となっている[16]。これは、実習生と同じ単
純労働力としての日本人常雇は調達することが可能であるものの、作業監督がで
きる幹部候補日本人常雇の調達は困難となっているためであり、結果として日本
人労働力の比率が高くなっているためである[17]。幹部候補日本人常雇は、はじ
めから高賃金を提示すれば調達することが可能ではあるが、短期での離職率が高
いため、長期雇用・熟練化を見越した高賃金をはじめから提示することは困難と
なっている。結果、はじめは高賃金ではない幹部候補日本人常雇の安定的調達が、
実習生を受け入れて行う規模拡大のボトルネックとなっている。

⑤A・B事組の実習生受入れ

　一方、もちろん、実習生の大規模かつ安定的受入れを確実にするための取り組みも行わなければならない。後節に監理団体の特徴を捉えるが、香川の大規模分社化経営群は、この取り組みを独自に設立した事組を通して行っていることから、ここでA・B事組による実習生受入れの特徴を、後節に先んじて考察しておこう[18]。A・B事組の実習生受入れには、次の４つの特徴がある。

　第１は、複数国からの実習生を受け入れていることである。複数国から実習生を受け入れることは、監理や実習実施がより難しくなることから[19]、入国管理局や国際研修協力機構などは必ずしも推奨していない。しかしA・B事組では、複数国受入れの方がかえってトラブルが起きにくいと判断している[20]。

　第２は、実習生の資質に関する大規模分社化経営層の多様な要望に対応するため、A・B事組は充実した実習生採用試験を実施していることである。現地で行われる採用試験には「適正試験」「計算試験」「技能試験」「体力試験」「面接試験」の５試験[21]を課し、多様な能力を測定するとともに、受入れを希望する経営全社を採用試験に試験監督者として参加させ、試験結果の数値には表れない資質についても確認できるようにして、各経営の多様な要望に対する実習生の適性を十分に確認できるようにしている[22]。

　第３は、渡航した各経営による、採用試験合格者の家庭訪問を実施していることである。この家庭訪問には、実習生の家族が、受入経営担当者と会うことで安心する（途中帰国を促さなくなる）ことと、各経営が実習生の出自や生活環境を実際に確認することで、責任を持って実習生を受け入れるようになることの２つの役割がある。

　以上の特徴は、個別には他地域の中・小規模の受入れにも見られるものだが、A・B事組による実習生の受入れは、これらを全て行っていることが特徴的である。一方、第４の特徴であるA・B事組による現地送出し機関の設立と専用研修所の開設は、他地域の中・小規模受入れにはみられない取り組みであり、大規模分社化経営層を中心としたA・B事組特有の特徴である。すなわちA・B事組は、カンボジア国に送出し機関ABカンボジア社を設立した[23]とともに、プノンペン市郊外に研修所を開設して、A・B事組斡旋実習生専用の事前講習を実施し、良質

40 第2部 日本

な実習生を大規模かつ安定的に調達できるようにした（第11章に詳述）。

⑥小括

　10人以上の実習生を受け入れる大規模分社化経営が多くみられる香川は、都市・都市近郊地域ではなく、主要な野菜作地域でもなく、また実習7道県にあがる受入数を達成している地域でもない。その香川に大規模分社化経営が多くみられるのは、都市・都市近郊地域では調達が困難である日本人常雇、特に実習生を監督できる幹部候補日本人常雇が、都市・都市近郊の野菜作地域に比べ調達できているためである。しかし香川でも、幹部候補日本人常雇の調達は容易ではないため、無尽蔵に規模拡大を行うことができる訳ではない。この調達が、実習生を受け入れる経営規模拡大のボトルネックとなっている。

　また、良質な実習生を大規模かつ安定的に調達するため、独自の事組を設立したり、送出し国に独自の送出し機関・専用研修所を設立したりするなどの様々な取り組みも必要となっている。

（2）中規模家族経営（3～9人受入れ）

　10人以上の実習生を受け入れる大規模分社化経営は、上記の通り、農業実習生受入れの中心である都市・都市近郊地域の野菜作農家には、ほとんどみられない形態である。すなわち、受入農家のほとんどは、日本人常雇がなく、家族労働力のみで実習生を監督している、3～9人受入れの中規模家族経営である。

　本節では、以下、国内最多の実習生受入数を誇る茨城から、県内実習生受入数が最多と目される八千代町（軍司 2015a）[24]の受入れを捉える。

①八千代農業の概要

　茨城県八千代町は、つくば市の北西約20kmに位置する、人口約2万3千人の町である[25]。猿島台地に連なる八千代町は、露地栽培を中心とした野菜の一大産地であり、特に白菜やメロンなどの産地として名高い。2015年の耕地面積約3,620haのうち、田耕地面積は約1,820ha、畑耕地面積は約1,800haと田畑面積は半々だが、農業産出額は、八千代町全体で約163億円（1,104経営）、うち米は約12億円（938経営）、野菜は約140億円（574経営）と、野菜作農家が八千代農業を牽引

第3章　タイプ別地域別にみた外国人技能実習生の受入れと農業との結合　41

している。野菜の品目別作付面積（販売目的）は、白菜が約964haと最も大きく、次いでレタス約487ha、メロン約144haとなっている[26]。

八千代町の野菜作農家を支えているのが、全国でも早くから受入れが行われてきた実習生（旧研修生）であり、常総市・下妻市・八千代町の2市1町を管区とするJA常総ひかりが監理する実習生291人中、230人が八千代町内で受け入れられている（2012年8月現在）[27]。

②JA常総ひかり斡旋実習生受入農家の経営概況

八千代町内のJA常総ひかり斡旋実習生受入農家の経営事例は、**表3-3**の通りである。

表から分かる通り、いずれも都府県一般の水準でみれば大規模だが、香川の大規模分社化経営群と比較するとやや小さい中規模程度の野菜作を行っている。作付作物や農地の分散状況にもよるが、おおむね数haから十数haの畑を、家族労働力と実習生合わせて5～6人で耕作するのが八千代町の重量露地野菜作のJA斡旋実習生受入農家の一般的な経営であり、家族労働力の多寡に応じて、2～4人程度の実習生を受け入れるのが通常となっている[28]。

表3-3　八千代町内のJA常総ひかり斡旋実習生受入農家の経営概況

	水田		畑			農作業従事家族数（人）	受入実習生数（人）	日本人臨時雇のべ日数（人日）
	経営面積(a)	作付のべ面積(a)	経営面積(a)	作付のべ面積(a)	耕地利用率(%)			
1	82	57	930	1,700	183	2	4	0
2	30	30	1,110	1,950	176	2	4	80
3	41	27	300 強	598	200 程度	3	2	60
4	40	40	600	1,062	177	3	3	0

出典：軍司（2012）をもとに、筆者修正。

③事業協同組合斡旋実習生受入農家の経営概況

一方、八千代町内には、事組斡旋実習生受入農家もある。うち、他産業から農業に参入した事組から実習生の斡旋を受けている受入農家の経営事例は、**表3-4**の通りである[29]。

表3-4をJA斡旋実習生受入農家の経営事例（**表3-3**）と比較すれば、いずれも経営面積が大きく、35～40ha程度と、香川の大規模分社化経営に迫る中規模経

42　　第2部　日本

表3-4　八千代町内の事組斡旋実習生受入農家の営農概況

	畑		農作業従事家族数（人）	受入実習生数（人）	日本人臨時雇のべ日数（人日）
	経営面積（ha）	作付のべ面積（ha）			
1	35	45	4	7	350
2	40	50	4	7	150

出典：軍司（2013a）をもとに、筆者修正。
注：1番農家は茨城県内の事組から、2番農家は東京・神奈川の事組から実習生を受け入れている。

営となっている。この耕作のため、いずれも、基本的にはJAは斡旋できない数の実習生7人を受け入れ[30]、家族労働力と合わせて計11人での耕作を行っている。

　④小括

　本節が捉えた八千代町の事例では、7人受入れで40ha規模の経営を行うものから、2〜4人受入れで数haから十数ha程度の経営に留まっているものまであるが、この重量露地野菜作の中規模家族経営農家は共通した制約を抱えている。すなわち、都市・都市近郊地域では、日本人常雇の不足から、労働力を実習生に頼らざるを得ないが、実習生を監督する日本人常雇がいないため、香川のように多数の実習生を調達した大規模分社化経営を達成することが難しい。よって、構造的に、家族労働力が監督できる3〜9人程度の受入れで達成できる中規模家族経営に留まらざるを得なくなっている。

（3）小規模家族経営（1〜2人受入れ）

　労働集約的な重量露地野菜作農家にも一部、1〜2人受入れの零細な小規模家族経営がみられるが、小規模家族経営の受入農家の中心は資本集約的な施設園芸作農家（ほとんどが1人受入れ）である。資本集約的な施設園芸作の経営規模は、おおむね投下資本量が決定するため、少子高齢化が深刻となる以前には、労働力は家族人員のみで十分だった。しかし、家族人員の減少によって資本集約的な施設園芸作とはいえ最低限の雇用労働力が必要となったため、日本人労働力が調達できないので実習生を調達している。

　本節では、茨城から、資本集約的な施設園芸作地域であり、小規模家族経営の受入農家の多い神栖市（軍司 2013b）を捉える。

第3章　タイプ別地域別にみた外国人技能実習生の受入れと農業との結合　43

①神栖農業の概要

　茨城県神栖市は、茨城県の最南東端に位置する、全国第1位の生産量を誇るピーマンの産地である。しかし同時に、神栖市は鹿島臨海工業地域の一部でもあり、2015年の耕地面積は約2,620haあるものの、耕地面積率は17.8％（茨城県平均は28.0％）と茨城県内では低い。さらに田耕地面積が約1,760haを占めており、畑耕地面積は約857haと小さく八千代町の半分にも満たない。だが農業産出額は、神栖市全体で約159億円（913経営）と、八千代町（163億円）と同規模となっており、うち米が約13億円（552経営）、野菜が約102億円（586経営）、花卉が約37億円（75経営）と、ピーマンを中心とした施設園芸野菜作が神栖市を、日本を代表する農業地域の1つに押し上げている。

　神栖市の実習生受入農家は、一部に正月用の千両を生産する農家もあるが、ほとんどは大型ハウスを有するピーマン農家である。神栖市を管轄するJAしおさいによれば、神栖市のピーマンのほとんどは共同選果場で選果され、包装等も行われるため、1戸当たりの実習生受入数は、他の資本集約的な施設園芸作地域に比較しても少なく、ほとんどが1人受入れの小規模家族経営である。

②JAしおさい斡旋実習生受入農家の経営概況

　神栖市内のJAしおさい斡旋実習生受入農家の経営事例は、**表3-5**の通りである。施設園芸作であるため、経営面積や作付のべ面積は八千代町の中規模家族経営事例よりも極めて小さい。また、家族労働力が1番・2番農家ともに1人となっている。

　うち、1番農家の経営主は70歳男性であり、実習生（30歳男性）を雇用しているのは、規模拡大のための労働力としてではなく、後継者代わりとして経営を維持するためである。1番農家は、経営主・実習生・日本人臨時雇の2～3人での

表3-5　神栖市内の JA しおさい斡旋実習生受入農家の営農概況

	地区	水田	畑		農作業従事家族数（人）	実習生数（人）		日本人臨時雇のべ日数（人日）
		所有面積(a)	施設面積(a)	作付のべ面積(a)		男性	女性	
1	波崎	200	30	60	1	1	0	70
2	神栖	80	65	130	1	0	2	1,000

出典：軍司（2013b）をもとに、筆者修正。

べ60aのピーマンを作付しているが、実習生の作業内容は経営主と全く同じであり、実習生は作業内容の面でも後継者の代わりとなっている。

　2番農家の経営主は、両親（70歳・68歳）から農業を後継した44歳男性であり、実習生2人（29歳女性・36歳女性）と日本人臨時雇1人の4人でのべ130aのピーマンを作付している。2番経営主が実習生を雇用しているのは、第1に現役を引退した両親の家族労働力を補完するため、第2に供給が不安定な日本人臨時雇に代えて労働力調達を安定化するためである。実習生を調達した経営が順調であり、経営主も若いことから、今後は規模拡大を捉え、さらに実習生を1人追加して、臨時雇の雇用をやめ、施設面積を80a（作付のべ面積を160a）程度に拡大することを計画している[31]。

③小規模家族経営の受入農家と実習生の関係

　データから確認することはできないが、神栖市でのヒアリング調査を行った調査員は共通して、神栖市の小規模家族経営は他地域の中規模家族経営に比べ実習生を大切に扱っており、家族に準じた存在として捉えているという所感を持った。また、神栖市の実習生は日本語能力に長けているため、ヒアリング調査は日本語で行われたが、調査員の質問が実習生に上手く通じなかった際は、受入農家が質問内容を丁寧に噛み砕いて実習生に伝えたり、あるいは受入農家と実習生がこたつを囲んで団欒したりする姿などが確認された。

　神栖市の受入農家のほとんどは、1人受入れの小規模家族経営であり、また施設園芸作であるため耕地面積が小さいことから、受入農家と実習生は作業時間の大部分を対面して過ごしている。そのため、受入農家と実習生の関係性は極めて重要となっており、受入農家は実習生を単なる単純労働力として捉えていない。多くの受入農家は、1人の受入れのために渡航費用を掛けて送出し国での面接試験に参加して、家風に合った実習生を自ら採用しているとともに、採用した実習生は単純労働者としてではなく、家族に準じた存在として受け入れている。一方、実習生は、受入農家と常にともに作業し、コミュニケーションを取ることで、農業技術と日本語能力を磨き、受入農家の家族・後継者に代わる役割を果たしている[32]。

④小括

　資本集約的な施設園芸作に多くみられる小規模家族経営の受入農家は、１～２人程の少人数の実習生を、減少する家族労働力の代替として調達している。２番農家のように２～３人の実習生を受入れ、ある程度までの規模拡大に挑むものもあるが、１番農家のように後継者の代替として実習生を受入れ、経営を維持しようとしているものも少なくない。

　資本集約的な施設園芸作の小規模家族経営では、大規模分社化経営や中規模家族経営のように、実習生を単純労働力としてではなく、家族に準じる存在として受け入れている。実習生には、受入農家と綿密なコミュニケーションを取りながら、家族労働力に近い技能や日本語力を獲得することが求められる。

３．監理団体の違い

（１）JA監理

　前節の受入農家（経営規模・形態）の違いでは、各区分を代表する地域を捉えて考察を行った。しかしながら、同じ地域内で同じ作物を作付する受入農家間であっても、受入れのありように大きな違いがみられることが少なくない。例えば、前節（２）②③のように、同じ茨城県八千代町内で労働集約的作物を作付する中規模家族経営農家であっても、２～４人程度の受入れで数ha程度の作付にとどまるものもあれば、７人受入れを行って数十haを作付するものもある。これは上記の通り、各受入農家に実習生を斡旋する監理団体の違いに基づくものであり、その違いは受入人数枠の多寡以上に様々な差異を、受入農家にもたらしている。受入農家の実習生受入れは、その農家に実習生を斡旋する監理団体の形態によっても制約されるのである。

　そこで本節は、以下、監理団体をまずJAと事組の２種類に区分し[33]、さらに事組を「JA設立事組」「地元農家等設立事組」「他産業から参入事組」の３つに区分して、それぞれによる実習生受入れを考察する。

　まず、農業分野における実習生監理の中心的存在であるJAの監理を捉える。JA監理には次の６つの特徴がある。

　第１の特徴は、比較的安価な監理費用で実習生を斡旋していることである。例

46　第2部　日本

えば、茨城県八千代町を管轄するJA常総ひかりの場合、JAが受け取る監理費は実習生1人当たり月額6,000円、茨城県神栖市を管轄するJAしおさいの場合、監理費は年間50,000円プラス1人当たり月額5,000円（JA外出荷農家は15,000円）と、下記の事組斡旋事例と比較して極めて安価であり[34]、受入農家は比較的経済的負担が少なく実習生を受け入れることができる[35]。

　第2の特徴は、安価な監理費用でありながら、充実した監理を提供していることである。特に、JA常総ひかりやJAしおさいをはじめとする茨城県内の実習生斡旋JAのほとんどには、全国的にはあまりみられない実習担当専任部署が設置され、専任職員が配置されており、綿密な巡回指導を行って受入農家と実習生のケアに努めているほか、トラブル発生時には直ちに駆けつけて対応するなどがなされている[36]。

　一方、JA監理にも欠点がある。第3の特徴として、JAは人事異動が多く、特に専任部署・職員が置けない地域では、担当職員が実習事業に習熟する前に異動してしまうことが少なくないことがある。また、上記の香川事例のように、特に大規模経営層に対して不都合が生じることがあり、第4の特徴として、組合員を平等に扱わなければならないこと[37]、第5の特徴として、年間の受入枠が2人までであるため、3年間合計で6人超の実習生を斡旋することができないこと、第6の特徴として、受入時期があらかじめ決まっていることが多く、失踪者や途中帰国者の発生に対してすぐに新たな実習生を受け入れられないことである。

　以上から、JA監理は、受入農家と実習生との関係性が極めて重要であるため監理団体による綿密なケアが求められる、ないし受入費用の負担が農家経営に大きくのしかかる小規模家族経営、あるいは実習生の受入れのスタートアップ地域には最適の形態といえる[38]。一方、管区内での受入人数が少なく専任部署・職員が置けない場合のみならず、規模拡大が進み6人超の受入れを目論む中規模家族経営層が現れはじめた場合にも、欠点が顕在化する。地域内で実習生の受入れが進み、専任部署・職員が置ける程度の斡旋規模となり、地域内で最大規模の受入農家群がおおむね6人受入れ程度に収まるのであれば、安価に充実した監理を受入農家に提供できるが、7人以上の受入れを求める大規模分社化経営や中規模家族経営が多く現れた地域では、その限りではない。

（2）JA設立事組の監理

　全国的には、さほど多く見られる形態ではないが、管区内に実習生受入れが広がったJAが、独自の事組を設立してJAから実習事業を切り離すことがある。このJA設立事組には３つの特徴がある[39]。

　第１の特徴は、実習生の年間受入枠が３人となるため、６人超の受入れを求める大規模・中規模経営層にも対応できるようになることである。特に、農繁期のみ技能実習１号を受け入れる寒冷地では、３人受入れが可能となることの意味は大きい。

　第２の特徴は、運営方針はJAの意向によるため、事組でありながら比較的安価に充実した監理体制を提供できることである。例えば、JA茨城県中央会が設立した協同組合エコ・リードの監理費は１人当たり月額15,000円、JA長野八ヶ岳が設立した旧八ヶ岳高原事業協同組合[40]の監理費は１人当たり月額10,000円と、JA監理に比べればやや高額ではあるものの、他の事組に比べれば安価となっている。

　第３の特徴は、事業がJAから分離されて専任職員が配置されるので、受入農家は実習事業専門の職員からケアを受けることができ、JA職員は異動することなく本来業務に専念できるようになることである。

　JA設立事組の監理は、非受入農家のJA組合員の理解があり、JAとの連携がうまく計れれば、JA監理の欠点のいくつかを克服できる優れた形態である[41]。小規模家族経営に対するメリットはそのまま、年間受入枠が３人までになることで６人超の受入れを求める中規模家族経営にも対応できるようになる。ただし、JA監理同様、基本的には組合員を平等に扱うことは変わらないため、これを忌避する中規模・大規模経営層には不向きの形態である[42]。

（3）地元農家等の設立事組の監理

　JA設立事組と同じく、全国的にはさほど見られる形態ではないが、地元農家や地元有力者などが事組を設立し、農業実習生を斡旋・監理するものがある。これらには、地元JAとの関係が希薄な農家群によるものや、地元JAによる監理体制の一部が分離したもの、大規模農業法人が設立し周辺農家への実習生斡旋も行っているものなどがあり、設立の経緯は多種多様だが[43]、おおむね３つの共

48　第2部　日本

通した特徴がある。

　その第1は、事組でありながら、組合員の営農に密着した監理が可能であることである。下記の他産業からの参入事組と異なり、事務所が地元にあるため、迅速なトラブル対応が可能であったり、組合員の営農事情に合わせて実習生採用のスケジュールを組むことができたりする。また、JAと異なり必ずしも組合員を平等に扱う必要はないため、融通の効く監理を提供しやすく、特に小規模組合の場合、途中帰国や失踪などのトラブルに対して迅速に対応しやすい。

　第2は、独自の運営方針を立て、独自の受入れ・監理体制を構築しやすいことである。上記の、カンボジア国に独自の送出し機関と研修所を設立したA・B事組のほか、タイ国農業高専・大学群と協定を結んでタイ国の実践農業学位プコグラムの一環として実習生を受け入れるマルミヤ出荷組合（茨城県結城市）[44]、旧八ヶ岳高原事業協同組合（JA長野八ヶ岳設立）からフィリピン人受入部門が独立し独自の監理体制を敷いて入管トラブルを回避した野辺山事業協同組合（長野県南牧村）[45]など、地元農家等設立事組には特徴的な受入・監理体制を構築するものが少なくない。

　第3は、必ずしもではないが、おおむね、JA監理ほどではないものの、他産業からの参入事組監理に比較して安価に監理を提供していることである。販売・購買事業の増額を見込んで監理費を抑えられるJAほどではないが、特に受入農家による設立の場合、斡旋・監理はあくまで副次的な事業であり、本業の収益増のための手段であるため、実習事業のみで収益を得なければならない他産業からの参入事組ほどには、監理費が高くないものが多い。

　地元農家等設立事組監理は、独自の監理体制を構築する必要がある大規模分社化経営には不可欠な形態であるほか、JAとの関係が希薄な農家の多い地域やJA外出荷農家の多い地域に向いている。ただし、実習生の斡旋・監理には専門的な知識やネットワークなどが不可欠であるため、農家が安易に事組を設立して、本業の傍に監理を行うことは難しい[46]。

（4）他産業からの参入事組の監理

　JA等の監理方針に合わず、また地元農家等設立事組もない場合、他産業にも実習生を斡旋している事組から実習生の斡旋を受けるのが一般的である。この事

第3章　タイプ別地域別にみた外国人技能実習生の受入れと農業との結合　49

組のほとんどは、建設業や縫製業などの他産業に実習生を斡旋していた事組が、農業分野に進出したものであり、多くは都市部に所在している(47)。他産業からの参入事組は、協同組合であるので営利目的で実習事業を営むことは禁止されているが、おおむね人材派遣会社に等しい経済活動を行っているのが通常であり、農家への営業活動も盛んである。この他産業からの参入事組監理には、次の4つの特徴がある(48)。

　第1の特徴は、ビジネスとして融通の利いた監理を提供していることである。例えば、途中帰国や失踪などのトラブルに対して、あらかじめ決まった受入日程以外では受入手続きをしないことの多いJA系監理と異なり、速やかに補充分の受入手続きを開始し、実習生不足の期間を最小限に抑えようとする(49)。

　第2の特徴は、JAなどが斡旋を尻込みする農家に対しても、実習生を斡旋する場合があることである。JAなどの場合、賃金未払い等のトラブルを懸念して、財務基盤が十分ではない零細農家などへの斡旋を渋ることがあるが、他産業からの参入事組は独自のノウハウに基づきこれらへの斡旋を行うことがある。例えば上記の茨城県八千代町では、6人超の実習生受入枠や融通の利く監理を求める中規模家族経営のみならず、零細農家にも他産業からの参入事組は実習生を斡旋しているが、これは食品業界に精通している他産業からの参入事組が契約栽培とセットで実習生を斡旋しているためである。

　一方、他産業からの参入事組監理にも欠点がある。第3の特徴は、JA系や地元農家等設立事組に比べて監理費が高額であることである。具体的な監理費は、事組によって様々だが、例えば**表3-4**の1番農家が利用する茨城県内の事組の監理費は1人当たり月額10,000円だが、2番農家が利用する東京・神奈川の事組の監理費は技能実習1号1人当たり月額25,000円・技能実習2号1人当たり月額40,000円（渡航費含む）である(50)。

　また、第4の特徴として、事務所が都市部に所在し、また必ずしも農業に精通するものばかりではないため、トラブル発生時には必ずしも迅速な対応がされないことがある。近隣に100人規模の斡旋がある場合には、駐在員が置かれることもあるが、他産業からの参入事組は斡旋先が全国に分散していることが多く、駐在員が置かれることは稀である。

　高額の監理費やトラブルへの対応と引き換えに、年間3人までの受入枠と融通

50　第2部　日本

の効く監理を提供する他産業からの参入事組は、基本的に、実習生の受入れに習熟し、自経営でトラブルに対応できる、比較的大規模な中規模家族経営向きの形態である。あるいは、契約栽培を携えて実習生を斡旋するなど、他産業との繋がりを強みとして、JA系や地元農家等設立事組の斡旋対象からこぼれる零細な小規模家族経営に商機を見出し、その規模拡大・経営安定に資することもある。

（5）小括

　農業分野における実習生の受入れは、都市との近接性や作付作物などに起因する受入農家の経営規模・形態の違いに規定されるが、同地域内での受入れの違いは、実習生を斡旋する監理団体の違いによる。経営規模・形態の違いは、おおむね実習生受入れ・規模拡大の上限を規定しているが、監理団体の違いは、各農家の実習生受入れをその特徴に応じて直接的に規定している。各監理形態には様々な特徴があり、受入農家は、地域的事情（日本人常雇が調達しやすいか、JAが実習事業に積極的かどうか等）や経営的事情（6人超の受入れを企図するか、監理費が高額でも良いか等）などを勘案し、それぞれに合った監理団体を選択している。

　逆に言えば、受入農家の実習生受入れは、その受入農家が選択できる監理団体に制約される。例えば、都市・都市近郊でなく、日本人常雇が充分に調達できる地域であっても、大規模経営群が地元農家等設立事組を設立できる状況になければ、大規模分社化経営を達成することは難しい。大規模分社化経営・中規模家族経営・小規模家族経営のそれぞれに向いた監理団体の形態があり、適切な監理団体が選択できなければ、受入農家がいくら他の要件を満たしていても、企図する経営規模・形態を達成することは困難である。

4．気候・実習期間の違い

（1）3年受入れ：温暖地

　以上に考察した類型の各事例は、おおむね、最長実習年限の3年受入れを行う受入地域・農家のものである。3年受入れを行うためには通常、実習生を通年雇用するための周年作ができることが必要であるため、太平洋側の温暖地がその中

心となっている。

　３年受入れに必ずしも特有ではないが、下記の１年以下受入れにはほとんどみられない特徴として、近年、３年未満で途中帰国をする実習生が増加していることがある。途中帰国者数に関する統計はないが、筆者がヒアリング調査を行った範囲では、「技能実習２号の半数程度が３年生になる前に途中帰国する」（茨城県内JA担当者）、「２年生の中頃までに４～５割が帰国する」（香川県内受入農家）など、途中帰国が深刻な問題となっている地域が少なくない。

　３年受入れを行う温暖地では、途中帰国する実習生が増加しているため、実習生を見込んだ営農計画の達成は必ずしも容易ではなくなってきている。例えば、「技能実習２号の半数程度が３年生になる前に途中帰国する」ならば、JA監理からの最大受入数は事実上５人程度、事組監理は7.5人程度として営農計画を立てなければならず、途中帰国者があった場合は速やかに欠員を補充できる体制を整えなければならない。また、途中帰国にできるだけ迅速に対応できるよう、受入枠に余力を残す必要も生じる[51]。監理団体・受入農家は、この問題への対応として、実習生に、途中帰国をする場合には早めに申し出ることを呼びかけることが多いが、受入農家と実習生との関係が希薄となりやすい大規模分社化経営・中規模家族経営では十分な効果が出ていない。そのため、途中帰国者が現れにくい給源国へのシフトが広がっている[52]。

（2）1年以下受入れ：寒冷地

　他産業向けに開始され、整備されてきた実習制度には、農業分野に特有の事情が必ずしも充分に考慮されていない[53]。例えば、建設業や縫製業などの他産業は、おおむね通年作業が可能であるが、農業は気候条件などによって通年作業ができないことがある。現行の実習制度は、実習実施機関の変更が原則不可、帰国後の再訪日（再実習）も原則不可としているため、周年作の困難な寒冷地では、技能実習２号移行対象職種・作業であっても技能実習１号のみの１年以下の受入れを毎年、繰り返さなければならなくなっている[54]。

　この１年以下の受入れには、３年受入れにはみられない、次の６つの問題が生じている。その第１は、技能実習１号しか雇用できないため、先輩実習生がおらず、様々な不都合が生じることである。例えば３年受入れでは、来日間もない技

能実習1号と日本語でのコミュニケーションを取ることが難しいときは、先輩を介して母国語でのコミュニケーションが取られるが、先輩実習生のいない1年以下受入れでは、十分な意思疎通ができず、作業内容の指示に齟齬が生じやすい。また3年受入れでは、技能実習1号が十分な作業技術を習得するまでの期間にも、熟練した先輩実習生が作業に当たることができるが、1年以下の受入れでは、毎年、十分な作業技術を有しない技能実習1号しかいない期間が生じる。

　第2は、技能実習1号しか雇用できないため、最大3人までしか実習生を受け入れることができず、3名超の受入れによる規模拡大が困難であるため、労働集約的な重量露地野菜作でも比較的小規模な中規模家族経営にとどまらざるを得ないことである。温暖地に出作をすれば、3名超の受入れも不可能ではないが、温暖地に出作した農地は冬季のみの耕作となり収益が出ないため、冬季間の実習賃金支払いを考慮すると採算が合いにくい。

　第3は、実習期間が短いため、優良な実習応募者が集まりにくいことである。賃金合計額が少ないため、「(3年受入れの)温暖地よりも募集条件を緩くしなければ実習生が集まらない」(北海道内JA担当者)現況があり、3年受入れの募集には合格しない劣悪な人材が1年以下受入れの募集に応募している傾向がみられる。

　第4は、毎年、受入手続きを行わなければならないことである。先輩実習生がおらず、毎年、全ての実習生を更新しなければならない1年以下受入れは、毎年の受入手続きは監理団体にも受入農家にも大きな負担となるため、本来は3年受入れ以上に慎重な選考を行わなければならないものの、簡素な選考とせざるを得なくなっている[55]。

　第5は、農繁期のみ毎年、大量の労働力需要が生じるため、劣悪な実習生でも受け入れざるを得ず、また「国籍を多様にして、数を確保する必要がある」(長野県内事組担当者)ことである。送出し国によって税制が異なるため、実習賃金の手取り額に差が生じることから、同地域内に複数国からの実習生を受け入れることは、特に劣悪な人材が集まる場合はトラブルの原因となりやすいが、単一国からの受入れでは大量の労働力需要を満たすことができないため、複数国からの受入れをせざるを得ない地域が少なくない。

　第6は、実習生を毎年入れ替えなければならないため、実習生の来日遅延の影

第3章　タイプ別地域別にみた外国人技能実習生の受入れと農業との結合　53

響を大きく受けることである。特に近年、長野県内を中心に、入国管理局による入国審査の遅延によって実習開始が遅れる傾向があり、多くの労働力を必要とする播種・定植作業に間に合わなくなる事態が起きている。そのため、受入農家には、営農を引退した高齢者を動員したり、一部農地を休耕したりするなどの被害が出ているほか、実習生の受入れ自体に二の足を踏む受入農家も出てきている。

　以上の対応、特に第6の問題に対応するため、一部、農閑期に他県への出作をして、3年受入れを行う受入農家もみられはじめている。しかし、ほとんどの受入農家は、この超過費用が負担できないでいる。特に長野県内では、近年続いている入国審査の長期化が懸念されており、実習開始が播種・定植作業に間に合わなくなるリスクを重く見て、規模拡大どころか実習生の調達自体を懸念するものも出てきている[56]。

（3）小括

　実習生の受入れは、気候・実習期間にも制約される。実習期間は、技能実習2号移行対象職種・作業に指定されているかはもとより、周年作が可能な気候かどうかにもよる。周年作が困難であり、技能実習1号の受入れを毎年繰り返さなければならない寒冷地の受入農家は、2～3節の諸制約に加え、上記のような様々な問題を抱えることになる。都市・都市近郊地域ではない、労働集約的な重量露地野菜作の受入農家の多い寒冷地であっても、実習制度・入国管理制度が寒冷地農業の実態を考慮しておらず、実習制度を活用した規模拡大は見込めない状況にある。

5．結論および展望

（1）結論

　「外国人労働者なしで日本の農業は成り立たない」こんにち、日本の農業の行く末は、外国人労働力の大規模かつ安定的な確保にかかっているといっても過言ではない。外国人労働力の受入れは、就業人口の減少と高齢化を抱える日本の農業にとって不可避であり、その受入れによる規模拡大と経営の安定化によって、農業経営が十分な経済性を持ち、農業が若年層にとって魅力ある産業となる必要

54　第2部　日本

がある。

　しかしながら、日本の農業が、海外のような雇用型大規模経営にいたるまで、外国人労働力を調達して規模拡大を行うことができる見込みは薄い。以上の要諦をまとめた**表3-6-1・2**の通り、都市・都市近郊地域外では、条件を揃えて大規模分社化経営までは達成するものもみられるが、実習生を監督できる幹部候補日本人常雇の調達がボトルネックとなり、海外のような雇用型大規模経営にはいたっていない。大規模分社化経営自体も、これを達成するには、周年作が可能で、日本人常雇の調達が可能であり、かつ独自の事組を設立するなどの独自の受入体制の確立が必要だが、野菜作の中心である都市・都市近郊地域では、構造的に日本人常雇の調達が困難であることから、家族労働力が外国人労働力を監督できる

表3-6-1　受入農家（経営規模・形態）の違いと達成条件

	作付作物条件	地理的条件	規模拡大制約条件	その他条件
大規模分社化経営 （10人以上受入れ）	労働集約的作物	都市・都市近郊地域以外	幹部候補日本人常雇の調達	大規模層独自の受入体制の確立
中規模家族経営 （3〜9人受入れ）	労働集約的作物	—	日本人常雇の調達	安定的調達（給源国シフトなど）
小規模家族経営 （1〜2人受入れ）	資本集約的作物	—	（投下資本に対する収益率向上）	—
	労働集約的作物	—	（後継者の確保など）	実習生が家族の役割

注：周年作ができる温暖地の場合。周年作ができず1年以下の短期実習となる寒冷地の場合、労働集約的作物の作付を行っていても、おおむね小規模家族経営から小規模寄りの中規模家族経営にとどまる。

表3-6-2　監理団体の違いと達成条件

	主なメリット	主なデメリット	必要とする受入農家形態、地域
JA	安価で充実した監理を提供	受入人数枠が少ない、組合員を平等に扱う	小規模家族経営、スタートアップ地域
JA設立事組	比較的安価で充実した監理を提供	ある程度組合員を平等に扱う	小規模家族経営、中規模家族経営
地元農家等設立事組	組合員経営に密着した独自の監理	設立・運営が困難	大規模家族経営、JA外出荷地域
他産業からの参入事組	融通の利く監理	監理費が高額、トラブル対応が困難	零細な小規模家族経営、比較的大きな中規模家族経営

第3章　タイプ別地域別にみた外国人技能実習生の受入れと農業との結合　55

３〜９人受入れの中規模家族経営にとどまらざるを得ない。適切な監理団体を選択できない場合は、中規模家族経営すら達成することは困難である。

（2）展望

これまで、外国人技能実習制度に関する議論のほとんどは、実習制度の二面性、すなわち外国人を学生として受け入れる「実習制度」でありながら、実際には労働者として受け入れる「就労制度」として活用されていることの是非についてであり、現場からはこの二面性を排して純粋な外国人雇用制度の確立が、政府からはこの二面性を排して純粋な技能移転制度としての運用が求められてきた。

これらの是非・賛否は措くとして、本章が示すのは、その前提、すなわち外国人労働力調達は無尽蔵に調達することが可能であり、その調達と生産規模が比例するというのは現実妥当的ではないということである。本来、議論しなければならないのは、農業経営が十分な経済性を持ち、農業が若年層にとって魅力ある産業となるための、労働力調達制度のあり方である。現行の実習制度が事実上の就労制度として運用されていることの是非以上に、少なくとも現行の実習制度が、求められる就労制度として不十分であることを認識しなければならない。

今後、例えば、実習生を監督する幹部候補日本人常雇が十分に調達できない農家に対し、ICT技術を用いた作業監督の可能性を検討したり、適切な形態の監理団体のない地域の受入農家に、トラブル発生時の援助などを迅速に行うシステム構築を検討したりするなど、合目的的議論がなされ、制度が現実に即して修正されていくことが期待される。

初出

本稿は、軍司・堀口（2016）、軍司（2012）、軍司（2013a）（2013b）をもとに加筆修正をし、再構成したものである。なお、出典を明示しないデータは、各初出論文・参考文献当時のものである。

注
（1）総務省（2017）によれば、1953年4月に約1,446万人あった農業就業者（林業含む）は、2017年4月にはわずか約194万人にまで減少している。
（2）2015年度から、技能実習2号移行対象作業に果樹が加わった。よって10年度から

56　　第 2 部　日本

14年度までの農業実習生数の増加傾向は、15年度も引続くものと推定される。なお、国際研修協力機構（2016a）によれば、13年度に7,252人であった農業分野の技能実習 2 号移行申請者は、14年度に7,799人、15年度に8,856人に増加している。

（3）海外諸国における、外国人労働力に依存した大規模雇用型経営の実際、特にアメリカ国カリフォルニア州での実態については、堀口健治早稲田大学名誉教授の諸研究に詳しい。

（4）植木（2013）によれば、福岡県福岡市は、熊本を含む近隣県からの人口転入が大幅に超過しており、特に10代〜 20代の転入者が圧倒的に多い。

（5）野菜作の産出額上位県は、6 位以下も順に埼玉、群馬、長野、栃木、福岡と、都市・都市近郊地域または寒冷地である。

（6）実習生が技能実習 2 号移行対象作業外の作業を全く実習できない訳ではない。1 号のみを受け入れることができる場合もあるほか、移行対象作業に含まれる作付も行っている場合（例えば、施設園芸作も行う稲作農家など）は、移行対象作業で実習生を受け入れ、「関連作業」「周辺作業」として全実習時間の半分以下程度ないし1/3以下程度を対象外作業に充てることができる場合がある（例えば、施設園芸で実習生を受け入れ、関連作業として稲作作業をさせるなど）。

（7）畜産では、国際研修協力機構（2016a）によれば、2013年に1,310人だった農業分野の畜産農業の技能実習 2 号移行申請者数は、15年に1,606人と、少しずつ実習生受入れが広まっている。しかし15年の耕種農業は7,250人（農業分野の81.8%）であり、耕種農業に比較すると畜産の受入れはまだまだ小規模である。本稿執筆時点では、果樹作業での受入れに関するデータはみられないが、筆者による諸ヒアリング調査によれば、果樹作業では実習生の通年雇用が達成困難であるとの理由から、受入れはあまり進んでいないようである。

（8）農業分野の実習生受入数の上限は、一般に 1 経営当たり年間 3 人（JA斡旋は 2 人）まで、3 年間合計で 9 人（JA斡旋は 6 人）までとなる。よって、10人以上の実習生を受け入れる大規模経営を行うためには、通常、経営を分社化する必要がある。

（9）主に投下資本量によって経営規模が決定される資本集約的作物を作付する受入農家は、外形的には小規模家族経営でも、売上高の乏しい零細農家とは限らないことに注意されたい。一方、労働集約的作物を作付しながら小規模家族経営にとどまる受入農家には、零細農家が少なからずみられる。本章では、小規模家族経営農家として、資本集約的な受入農家を中心に考察する。

（10）軍司・堀口（2016）における以下のデータは、2010年時点の国勢調査・世界農林業センサスに基づく。

（11）A・B事組は、元々は 1 つの事組として設立される予定だったが、郡単位で分割した方が良いとのアドバイスを受け、2 つに分割された。両事組は、2014年まで同所に事務所を設置しており、運営上もおおむね 1 つの事組となっていた。

（12）ただし、一部に販売金額500万円強の経営もある。農林水産省（2015c）によると2013年度の香川県の農業産出額は約730億円だが、B事組によると組合員の総売上

第3章　タイプ別地域別にみた外国人技能実習生の受入れと農業との結合　57

高は約250億円である。A事組もB事組と同程度の組合員数・総売上高だとすると、両事組の組合員は販売農家の約0.5％でありながら農水省発表の総産出額の3/4ほどを占め、両事組が香川県内の大規模層を代表していることが分かる。なお、受入経営にかかるA事組斡旋実習生1人当たり受入費用は、監理費2万円/月、送出し管理費5千円/月、JITCO保険約2万5千円/3年、JA共済傷害保険5千円/年、積立金2千5百円/月、そして賃金（1年目最低賃金約150万円/年、2年目プラス手取り1万円/月、3年目プラス手取り5千円/月）に、実習生の公的健康（国保は全額、社保は半額以上）である。A組合は実習生の賃金手取額を少なくとも7.5万円/月以上とするよう各経営を指導しており、必要なとき（残業がない場合）は各経営は雇用者が負担することにより調整して、これを達成している。

(13) 香川の大規模分社化経営層の作付の中心は、露地のレタス、大根、さつまいも、ブロッコリー、人参などである。施設園芸としてシシトウ・ミニトマトを栽培するものもあるが、大々的に作付する経営はなく、施設園芸のみの経営はない。

(14) 家族の不幸など、実習生の特別な事情による途中帰国等への対応もあり、調達枠に余裕を残すようにしている。

(15) 逆にいえば、日本人常雇の調達が困難である地域では、多くの実習生を調達して経営を大規模化することは困難である。すなわち都市・都市近郊地域では、実習生を調達してもこれを監督する日本人常雇が雇用できないため、中規模家族経営に留まらざるを得ない。

(16) 制度上、実習実施機関の常勤職員数は、技能実習1号受入数以上であることが求められている。よって事実上、日本人労働者数は実習生受入数の1/3以上であればよい。

(17) A・B事組斡旋実習生受入経営が雇用している日本人常雇の年収は、260万円程度から730万円程度と幅広いが、おおむね300万円前後層と500万円以上層に二分されている。

(18) A・B事組は、後節の監理団体区分では地元農家等設立事組にあたる。地元農家が設立した事組は、他の監理団体と異なり、監理団体の運営陣と受入農家群の代表陣が同じであることが通常であり、受入農家群の受入れのあり方の一面として斡旋・監理のありようを捉えることができる。

(19) 一般に複数国からの実習生受入れは、国別に異なる税制等に基づく手取り賃金格差や、宗教・習慣の違いなどから、トラブルにつながりやすい。

(20) JA香川県が中国のみから実習生を受け入れていた時期には、実習生同士が徒党を組み、要求が通らなければ集団で帰国すると受入農家に迫ったり、男女交際が盛んとなり妊娠した女性実習生に産休を与えなければならなくなったりしたなどの問題が生じた。

(21) 「適正試験」は内田クレペリン検査を行っている。「計算試験」では、加減乗除の計算問題を課し、実習希望者の計算能力を測定している（途上国の農村出身者には、初等教育を十分に受けているものが少なく、乗除を理解するものはおおむね半数

程度である）。「技能試験」では、皿に盛られた小豆をピンセットで別皿に移動させる試験を課し、手先の器用さを測定している。「体力試験」ではバーベル上げを課し、体力・筋力を測定するとともに、体の使い方を確認している。「面接試験」では、応募書類の記載内容の正誤を確認するとともに、各経営による質疑が行われる。

(22) 各経営は、必ずしも総合的な成績のみで考課している訳ではない。例えば、直売所を持つ経営では人当たりが良いことを重視するなどがある。また、同じ体力試験の結果でも、バーベル上げの回数を重視する経営もあれば、体の使い方を重視する経営もある。さらに、すでに受け入れている実習生との兼ね合いから出身地を重視したり、残業量の兼ね合いから紹介者を重視（残業量の多い経営で実習した帰国者が紹介者である場合、応募者は高給であることを期待している）したりする経営もある。

(23) カンボジア国には外国資本による法人設立に制限があるため、ABカンボジア社は、A・B事組が雇用しているカンボジア人通訳者が社長となり、通訳者とA・B事組実習帰国者の計3人が51%、残りをA・B事組、そして両事組がこれまでカンボジア人実習生受入れのために契約してきた日系送り出し機関C社が1/3ずつ出資して設立された。すなわちABカンボジア社は、現地C社の協力のもとで設立されたものであり、ABカンボジア社研修所の日本人日本語教員はC社研修所の元教員である。

(24) 2013年現在、茨城県内の斡旋実習生数上位5JAは、順にJA常総ひかり（305人；八千代町等を管轄）、JAほこた（203人；鉾田市の一部を管轄）、JAしおさい（169人；神栖市等を管轄）、JAなめがた（162人；行方市等を管轄）、JA北つくば（152人；筑西市等を管轄）である。

(25) 八千代農業の概要および実習生の受入開始過程については安藤（2005）（2014）を参照されたい。

(26) 以下、市町村の農業概況各データは、農林水産省（2017）に基づく。

(27) なお、八千代町に在住している外国人は921人（男787人、女134人；2014年9月1日現在）である。このほとんどが、JA・事組斡旋の実習生とみられる。

(28) 3番農家は、本章の区分では労働集約的作物を作付する零細な小規模家族経営にあたるが、八千代町内の経営事例として**表3-3**に提示した。

(29) 後節の監理団体区分では、他産業からの参入事組にあたる。

(30) 実習実施機関（受入農家）が農業法人である場合は、その限りではない。実習生の受入人数枠は、JA監理の場合、非農業法人は年間2人まで、農業法人は特例人数枠までであり、事組監理の場合もまた特例人数枠までである。特例人数枠は、実習実施機関の常勤職員数が50人以下である場合、年間3人までである。

(31) 資本集約的な施設園芸作の小規模家族経営には、経営主が若く、資金量も潤沢にあるなどの条件が揃う経営に一部、21番農家のような規模拡大意向がみられる。ただし、21番農家も日本人臨時雇を実習生に置き換えることで規模拡大をするの

第3章 タイプ別地域別にみた外国人技能実習生の受入れと農業との結合 59

であり、労働力増の意味で実習生を調達し、規模拡大をするのではない。

(32) 東日本大震災による原子力発電所事故に起因する茨城県内の実習生帰国騒動下では、茨城県鹿行地域の各JAは多数の帰国者を出した（例えばJAかしまなだ197人、JAなめがた88人など）が、神栖市を管轄するJAしおさいの帰国者はわずか25人であった。JAしおさい担当者によれば、JAしおさい監理実習生の帰国者は、本人には帰国の意図がなく、みな、受入農家の苦境に協力しようとしていたが、情報の錯綜する本国（中国）に残る家族の希望から、やむなく帰国したものばかりだった。

(33) 農業分野では、JA・事組のほか、公益財団法人や法務大臣告示団体などが監理団体となることができるが、ほとんどみられない。

(34) 監理費と、送出し機関に支払う送出し管理費の合計額を、近隣JAと合わせるなどの取り組みが行われている地域もある。この場合、監理費の多寡は契約する送出し機関の送出し管理費が決定していることになるが、JA間で調整されるこの合計額は、同地域の事組斡旋の場合の合計額よりも安価であることが通常である。

(35) 受入農家が実習生を受け入れるために負担する費用は、JAの監理費のほか、送出し管理費（JA常総ひかりは1人当たり月額15,000円・JAしおさいは月額22,000円）、渡航関係費（JA常総ひかりは1人当たり往復250,000円・JAしおさいは1人当たり片道50,000円強）、賃金（主に最低賃金）などがある。また、受入農家によっては、実習生用の宿舎整備費用や社会保険料が掛かることもあり、実習生の調達にかかる費用が受入農家に重くのしかかることも少なくない。

(36) JAが安価に充実した監理体制を敷くことができるのは、実習生の受入れによって管内の農業が振興されれば、購買事業や販売事業での増額が見込めるためである。下記の事組監理、特に他産業からの参入事組の場合、各事組は実習事業のみで収支を捉えなければならないが、JAは、実習事業は赤字でもJA全体で収支が合えば良いため、安価に充実した監理を提供できるとともに、受入開始のハードルを下げて非受入農家に実習生の受入開始と規模拡大のインセンティブを与えることができ、さらに管内農業が振興されるという好循環を形成することができる。

(37) 例えば、受入れトラブルの防止を目的とした集合研修を、受入れに習熟した大規模経営層も受講しなければならないなど。

(38) 一般に、家族経営農家は外国人労働力の取り扱いに習熟していないが、JA監理実習生の受入農家は、それを習熟するまでJAの安価かつ充実した監理体制のもとで安心して実習生を受け入れることができる。

(39) JA設立事組の具体的な斡旋・監理事例は、第13章の協同組合エコ・リード（JA茨城県中央会設立）、旧八ヶ岳高原事業協同組合（JA長野八ヶ岳設立）を参照されたい。

(40) 入国管理上のトラブルから、2016年に解散した。

(41) 非受入農家のJA組合員の理解は、必ずしも低いハードルではない。JA監理事組の設立ケースではないが、長野県八ヶ岳地域では、旧八ヶ岳高原事業協同組合の

60 第2部 日本

解散後、JA長野八ヶ岳が実習事業を継承することが検討され、入国管理上の問題もないことが確認されたが、JA組合員の反対によって実現しなかった。

(42) ただし、例えば茨城県内では、JAほこた（鹿行地域）やJA北つくば（県西地域）など複数の単位JAが実習事業を協同組合エコ・リードに移管したため、JA設立事組によって営農形態の異なる地域をまたいだ監理が行われているが、各地域の単位JAに実習生斡旋・監理の様々な経緯があるため、地域間で監理条件を平等に合わせることはなされていない。

(43) 地元農家等設立事組のうち、大規模分社化経営層によるものの事例については、前節の通り。

(44) この事例の詳細は稲葉（2017）を参照されたい。

(45) 第12章も参照されたい。

(46) 例えば、マルミヤ出荷組合は、タイ国農業を専門とする農業栄養専門学校教授を顧問として、タイ人実習生の監理と現地送出し機関との調整を行っている。

(47) 一方、地元農家等設立事組が、他産業業者からの斡旋依頼を受け、他産業にも進出することがある。茨城県中小企業団体中央会担当者によれば、農業分野に実習生を斡旋している茨城県内の事組のうち、複数産業に実習生を斡旋しているもののほとんどは、地元商工会など地元内での付き合いから、他産業業者からの斡旋依頼を受けた地元農家等設立事組である。

(48) 他産業からの参入事組斡旋実習生受入農家の事例は、前節の通り。

(49) 実習生不足の期間を最小限に抑えることは、受入農家のみならず、監理費を徴収する他産業からの参入事組、送出し管理費を徴収する送出し機関にとっても重要である。他産業からの参入事組や送出し機関は、監理費・送出し管理費が主な収益源であるため、協力して迅速な補充が行われる。

(50) 他産業事組の監理費は、事組事務所と受入農家間の距離に比例して決定されることが少なくない。これは、この距離が巡回費用の多寡にかかわるためである。

(51) 1～2人受入れの小規模家族経営では、実習生の途中帰国は経営に致命的な打撃となるが、受入農家が実習生を家族に準じた取り扱いをしている場合は、途中帰国に関する相談を早めに受ける傾向があり、また受入農家による次期実習生採用までの慰留にも応じやすい。一方、3～9人受入れの中規模家族経営では、実習生の途中帰国は深刻な問題となりやすく、実習生受入れによる規模拡大の大きな阻害要因の1つとなっている。

(52) 経済成長の著しい発展途上国の若年労働力を、長期間、安定的に受入れ続けることは困難である。送出し国の経済成長によって、日本での出稼ぎ賃金の価値が相対的に下落していくため、実習生には帰国して家族と暮らすことの相対的価値が高まる。大規模かつ安定的な実習生受入れのためには、日本での出稼ぎ賃金の相対的価値が高い未開発地域を模索し続けるか、賃金だけではなく、何らかの価値を提供する必要がある。

(53) 佐野（2002）によれば、現在の外国人技能実習制度（団体監理型）の原型は、

第3章　タイプ別地域別にみた外国人技能実習生の受入れと農業との結合　61

1986年に中国人研修生21人を受入れはじめた協同組合川口鋳物海研会（埼玉県川口市）にあり、この経験をもとに89年の入管法改正によって在留資格の整備がされた。農業分野での実習生受入れが解禁されたのは、2000年（施設園芸・養豚・養鶏）だが、以来、農業分野に特有の事情は考慮されてこず、例えば政府が設立した国際研修協力機構（JITCO）は、法務、外務、厚生労働、経済産業、国土交通の５省共管であり、実習生の２割弱を占める農業実習の事情を汲むべき農林水産省は入っていない。

(54) 現行の実習制度は、実習生は日本で習得した技能を本国で活かすものと想定されており、特別な事情による一時帰国のほかは、（実習期間が合計３年以内であっても）帰国した実習生が再来日して再実習を行うことはできない。また、受入農家（実習実施機関）の変更が基本的には認められていないため、夏季は寒冷地で、冬季は温暖地で実習を行うなども難しい。合計３年以内の再実習や、季節によって複数地域での実習を行うことは、実習生にとっても学習機会が増えるため、実習制度の本旨に悖るものではないものと推察されるが、これらの規定の改正は議論されていない。

(55) 例えば茨城県の場合、実習生幹旋数が最多と目されるJA常総ひかりでも、その幹旋数は300人規模であり、毎年の入れ替えは100人規模程度である。一方、１年以下受入れを行っていた旧八ヶ岳高原事業協同組合の幹旋数は500人規模であり、毎年、この規模の入れ替えをしなければならない。

(56) 入国審査官は一般に、審査結果が出るまで、入国申請にどのような不備があるか一切開示しない。監理団体や受入農家はもちろん、申請に不備があれば直ちに修正し、実習開始が播種・定植作業に間に合うように対応するが、審査長期化の具体的な理由を開示せずにただ審査中である旨のみを開示する現在の入国管理体制は、実習生受入れの大きなリスク要因となっている。

参考文献

安藤光義（2005）『北関東農業の構造』筑波書房

―――（2010）「規模拡大の裏側　外国人労働者なしで日本の農業は成り立たない」『エコノミスト』88（39）、毎日新聞社

―――（2014）「露地野菜地帯で進む外国人技能実習生導入による規模拡大」堀口健治・軍司聖詞編『農業の労働力調達と労働市場解放の論理』Ⅰ、早稲田大学地域・地域間研究機構

稲葉吉起（2017）「タイの農業高専卒業生を受け入れる露地野菜組合・その展開と発展」『農村と都市をむすぶ』785、全農林労働組合

植木英貴（2013）「熊本市の人口動態の分析及び福岡市との比較考察」『熊本都市政策』２、熊本都市政策研究所

軍司聖詞（2012）「外国人技能実習生の監理におけるJAの役割」『日本農業経済学会論文集』2012、日本農業経済学会

62　第2部　日本

―― (2013a)「外国人技能実習生の受け入れにおける事業協同組合の役割」『農村計画学会誌』32論文特別号、農村計画学会

―― (2013b)「外国人技能実習制度活用の実際とJAの役割」『日本農業経済学会論文集』2013、日本農業経済学会

―― (2015a)「家族経営と外国人労働力」早稲田大学人間科学研究科博士学位請求論文

―― (2015b)「大規模経営における労働力調達とJAの役割」全国農業協同組合連合会中央会編『協同組合奨励研究』第四十輯、家の光出版総合サービス

GUNJI, Satoshi (2016)「Current Status of International Labor Migration and Studies on Sending Countries in Asia」『Agriculture Labor Market for Foreigners in Japan』2016, Institute of East Asia Studies, Thammasat University, Thailand、シンポジウム報告資料

軍司聖詞・堀口健治 (2016)「大規模雇用型経営と常雇労働力」『農業経済研究』88 (3)、日本農業経済学会

国際研修協力機構 (2016a)「職種別技能実習2号移行申請者の推移」『業務統計』国際研修協力機構ウェブサイト

―― (2016b)「都道府県別・職種別JITCO支援外国人技能実習生 (1号)・研修生の人数 (2015年)」『業務統計』

佐野哲 (2002)「外国人研修・技能実習制度の構造と機能」『一橋大学経済研究所ディスカッションペーパー』53

全国農業会議所 (2016)『農業分野における【外国人技能実習生】適正受入れ研修会資料』平成28年度、全国農業会議所

総務省 (2017)「長期時系列データ1-a-3」『労働力調査』総務省統計局ウェブサイト

内閣官房行政改革推進本部事務局 (2013)「国・行政のあり方に関する懇談会第3回資料」内閣官房ウェブサイト

農林水産省 (2015a)「農業分野の実習生数の推移」『平成27年度食料・農業・農村白書』

―― (2015b)「平成26年農業産出額及び生産農業所得 (都道府県別)」農林水産省ウェブサイト

―― (2015c)「平成25年度生産農業所得統計」農林水産省ウェブサイト

―― (2016)「農業就業人口及び基幹的農業従事者数」農林水産省ウェブサイト

―― (2017)「グラフと統計でみる農林水産業」茨城県八千代町、農林水産省ウェブサイト

堀口健治 (2013)「日本農業を支える外国人労働力」『農林金融』66 (11)、農林中央金庫

第4章
技能実習生導入による農業構造の変化
―国内最大規模の技能実習生が働く茨城県八千代町の動き―

安藤 光義

1．はじめに

外国人技能実習生の導入の動きについては北倉ほか（2006）、松久（2009）によって周知の事実となっており、それによる規模拡大の進展についても長谷美ほか（2004a）（2004b）による調査報告が既に行われている。その後、2010年7月1日に外国人研修・技能実習生制度は改正されて研修生はなくなり、1年目から技能実習生となって最低賃金など労働関係法令が適用されることになった。これは農家にとってコスト上昇要因としてはたらいた。また、東日本大震災の発生に伴い外国人技能実習生の一時的な帰国が生じた。しかし、農業分野の外国人技能実習生は一貫して増加傾向にあり、園芸産地を支える貴重な労働力として完全に組み込まれたと考えてよい。

本稿の課題は、外国人技能実習生の導入数が全国トップの茨城県のなかでも、特にその数が多い八千代町において2003年に行った農家調査[1]の追跡調査を通じて、外国人技能実習生の導入によって農業構造ならびに農業経営にどのような変化が具体的に生じているかを明らかにすることにある。安藤（2011）は千葉県富里市で2004年と2010年の調査結果を比較し、外国人技能実習生の導入によって規模拡大が進んではいるが、家族経営の枠組みを突き破っていくようなものではないとしたが、同様のことが茨城県八千代町でも言えるかどうかは本稿の1つの論点となる。この点も含め、外国人技能実習生が農業経営で実際にどのように使われているか、彼らに対して農家はどのような評価を与えているかを以下で描いていくことにしたい。

2. 構造変動が進む八千代町農業—出作と常雇導入による規模拡大—

茨城県八千代町は首都圏50km圏に位置する都市近郊の一大露地野菜作地帯である（図4-1）。白菜の生産量は全国1位であり、白菜の産地として有名である。また、メロンの産地としても知られている。2013年10月1日現在の人口は23,466人、世帯数は7,328世帯である。このうち外国人は927人、807世帯である。これは住民登録者数であり、実際にはこれ以上の外国人が居住していると推測される。人口と世帯数の比率から、外国人のほとんどは単身世帯と考えることができる。町役場の話では「このうち600人が外国人技能実習生である」とのことである。

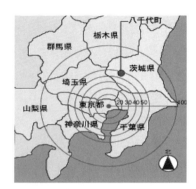

図4-1　茨城県八千代町の位置

最初に農業センサスの数字から八千代町の農業構造の現状を確認しておく。

八千代町では畑の流動化が急速に進んでいる。表4-1をみると分かるように畑の借入耕地面積率は1985年の時点では6.9％にすぎなかったが、1990年12.3％、1995年23.8％と5年おきのセンサスの度ごとに倍増しており、2000年には41.0％、2005年は50.8％と5割を超え、2010年現在59.1％と6割に達している。畑を借り入れている農家の割合も大きく増加しており、2010年現在、41.8％と畑を所有している農家の4割以上が畑を借り入れている。これは必ずしも町内での離農と規模拡大が交錯した結果ではない点に注意する必要がある。経営耕地面積をみると1990年以降、畑の面積の増加が続いている。1990年当時は1,201haだったものが、2010年には1,882haと1.5倍になっている。八千代町で農地造成事業等は行われていないことから、この耕地面積の増加は町外への「出作」を反映した数字だと考えてよい。畑の借入耕地面積も一貫して増加しているが、その大半は町外への出作によるものである。この点は後にみる農家調査結果でも確認できる。

その結果、経営面積規模の拡大が進んでいる（表4-2）。経営耕地面積5ha以上の販売農家は、1985年当時は僅かに1戸だったが、1990年に5戸、1995年に21

第 4 章　技能実習生導入による農業構造の変化　　65

表 4-1　農地流動化の進展（茨城県八千代町）

(単位：ha)

	経営耕地面積		借入耕地面積		借入耕地面積率		畑借入農家率
	計	うち畑	計	うち畑	計	畑	
1985	3,232	1,266	190	87	0.2%	6.9%	13.1
1990	3,061	1,201	272	148	0.3%	12.3%	15.9
1995	3,050	1,357	477	323	0.5%	23.8%	19.0
2000	3,254	1,614	872	662	0.8%	41.0%	26.6
2005	3,034	1,596	1,193	811	1.3%	50.8%	36.7
2010	3,308	1,882	1,608	1,112	1.5%	59.1%	41.8

資料：各年農業センサスより作成。
注：2000 年までは総農家、2005 年以降販売農家の数字。

表 4-2　経営耕地面積規模別農家数の推移（茨城県八千代町）

(単位：戸)

	1 ha 未満	1～2	2～3	3～5	5～10	10～20	20ha 以上
1985	2,090	1,203	290	30		1	
1990	2,036	1,024	288	56		5	
1995	1,997	829	311	84	16	3	2
2000	1,797	643	284	128	40	10	10
2005	1,890	478	204	129	53	14	13
2010	1,721	389	181	118	80	20	20

資料：各年農業センサスより作成。
注：1 ha 未満層は自給的農家を含む。

戸、2000年には60戸、2005年80戸、2010年には120戸と100戸を超えた。10ha以上層および20ha以上層の増加が続いており、2010年センサスでは、10ha以上の販売農家は40戸、そのうち20戸が20ha以上である。**表4-1**のデータと重ね合わせてみると町外への出作によって大規模経営の形成が進んでいることになる。ただし、八千代町の水田地帯では数十ha規模の大規模借地経営も展開しており、**表4-2**の数字にはそれも含まれており、全てが畑作の大規模経営ではない点、注意しておく必要がある。

　また、表示は省略したが、農産物販売金額規模別農家数をみると、農産物販売金額1,000万円以上の農家は、1985年37戸、1990年79戸、1995年は329戸と1990年から1995年にかけて爆発的に増加し、2000年は316戸、2005年349戸、2010年322戸と推移している。3,000万円以上の農家も一貫して増加が続いている。1985年は僅かに3戸だったが、1990年8戸、1995年には32戸と増え、2000年36戸、2005年には90戸と一気に増加し、2010年には109戸と100戸を超えている。販売金額の

66　第2部　日本

表4-3　常雇導入の推移（茨城県八千代町）

| | 常雇 | | 常雇導入割合 | 1戸当たり常雇導入人数 (②/①) |
	戸数①	人数②		
1990	5	10	0.4%	2.0
1995	13	28	1.3%	2.2
2000	82	201	10.7%	2.5
2005	140	296	19.7%	2.1
2010	189	525	40.6%	2.8

資料：各年農業センサスより作成。

大きな農家がこれだけの層を形成し、しかも、その数が増加している地域は都府県では珍しい。

　こうした規模拡大を支えているのが雇用労働力、特に常雇の導入の進展である（**表4-3**）。常雇を導入している農家数は、1990年当時は5戸にすぎなかったが、1995年13戸、2000年82戸と一気に増加し、その後も2005年140戸、2010年189戸と増加が続いている。販売農家のうち常雇を導入している割合も1995年の時点では僅か1.3％であったのが、2005年には19.7％、2010年には40.6％と4割を超え、農業専業的な農家のほとんどは常雇を導入しているといってもよい状況になっている。その背景としては1995年と2000年の間に事業協同組合を通じた外国人研修生・技能実習生の導入が認められるという制度改正が行われたことが大きい。ただし、常雇導入農家1戸当たりの人数は2人台にとどまっており、導入割合についてみられるような劇的な増加とはなっていない。また、この常雇が必ずしも外国人技能実習生を示しているとは限らない点も注意しておく必要がある。

　以上のように、茨城県八千代町では常雇—そのうちの相当数は外国人技能実習生と想定される—の導入を背景に、町外への「出作」によって畑地面積の拡大が進んでおり、経営耕地面積5ha以上、農産物販売金額1,000万円以上の大規模経営が層として形成され、その数も増加している。こうした構造変動の勢いはとどまることなく現在も続いていることをセンサスの数字は示している。次に農家調査結果に基づいてその内実をみることにしたい。

3．規模拡大の実際—10年間の変化—

　筆者は2003年に八千代町で農家調査を行ったが、2013年に同じ農家の追跡調査

　　　　　　　　　　　　　　第4章　技能実習生導入による農業構造の変化　　67

を行った。ここでは両者を比較することで最近の農業経営の変化の具体的な姿を
みることにしたい。

　表4-4は2003年時点の調査農家の経営耕地面積を一覧したものである。当時か
ら町外への出作の有無が経営規模にとって決定的な要因として作用しており、1
番農家から4番農家までの10ha以上経営はいずれも町外での出作によって規模
拡大を実現していた。町内は担い手が多く、農地を借りるのは難しいため、規模
拡大を図ろうとすると町外に農地を求めざるを得ないのである。その内容だが、
ヒアリング調査によると、出作先で多いのはつくば市であり、芝生産農家が農地
の供給層となっており、芝を作った跡地を肥料商が仲介・斡旋することで出作で
の拡大が可能になっているという話であった。これは1番農家から4番農家まで
いずれも共通する。2003年から10年経ってもこの状況に変化はみられない。

表4-4　2003年当時の経営面積（茨城県八千代町）

（単位：a）

| 農家番号 | 畑 | | | | | | | 田 | 経営地合計 |
| | 自作地計 | 借入地 | | | 経営地 | | | | |
		町内	町外	計	町内	町外	合計		
1	140	80	1,500	1,580	220	1,500	1,720	85	1,805
2	240	270	1,100	1,370	510	1,100	1,610	73	1,683
3	150	155	700	855	305	700	1,005	91	1,096
4	208	100	700	800	308	700	1,008	45	1,053
5	200	400		400	600		600	155	755
6	100	350		350	450		450	60	510
7	160	167		167	327		327	46	373
8	100	20	140	160	120	140	260	41	301

資料：聞き取り調査より作成。

　表4-5は2013年現在の調査農家の経営耕地面積を一覧したものだが、全ての農
家が経営面積を拡大していた。特に1番農家と4番農家の規模拡大が著しい。こ
の2戸は新たに後継者が本格的に就農し、家族労働力が増えたことが大きい。1
番農家は30haを超える町内トップクラスの露地野菜作経営としての地位を確立
し、4番農家は11ha弱から24haへと倍以上の経営規模を実現していた。町外へ
の出作拡大による構造変動は現在も続いているのである。

　表示は省略したが、白菜は春と秋冬の2回に栽培するため作付面積は経営面積
よりも大きく、既に2003年時点で1番農家と2番農家は20haを超えていた。2013

68　第2部　日本

表4-5　2013年現在の経営面積（茨城県八千代町）

（単位：a）

農家番号	畑							田	経営地合計
	自作地	借入地			経営地				
	計	町内	町外	合計	町内	町外	合計		
1	140	0	2,800	2,800	140	2,800	2,940	85	3,025
2	260	250	1,250	1,500	510	1,250	1,760		1,760
3	150	265	1,000	1,265	415	1,000	1,415	91	1,506
4	250	100	2,000	2,100	350	2,000	2,350	45	2,395
5	260	650		650	910		910	271	1,181
6	170	400	250	650	570	250	820	60	880
7	187	227		227	414		414	46	460
8	100	80	240	320	180	240	420	236	656

資料：聞き取り調査より作成。

年現在の野菜の作付面積は大きい順に、1番農家40.9ha、4番農家37.8haと40ha規模であり、2番農家は29.6haで30ha規模、以下、6番農家19.5ha、3番農家17.1ha、5番農家16.4ha、8番農家10.3ha、7番農家9.1haとなっている。品目別にみると白菜、キャベツ、ナスの栽培面積が大きく拡大している。また、外食産業や漬物などの農産加工企業との契約栽培が増えているのも大きな変化である。契約栽培の導入とその増加は収入の安定をもたらし、農家により積極的な規模拡大に向かわせる方向に作用したと考えられる。

　こうした規模拡大を支えているのが外国人技能実習生である。**表4-6**にみるように2003年当時は外国人実習生を導入していない農家もいたが、2013年になると全ての農家で導入されていた（**表4-7**）。

　また、その人数も大きく増加している。農家番号順に記せば、1番農家は2人から6人へ、2番農家は0人から5人へ、3番～5番農家は2人から4人へ、6番農家は2人から5人へ、7番農家は1人から3人へ、8番農家は2人から3人へとそれぞれ増加した。その結果、農業就業者は家族労働力よりも外国人技能実習生の方が多いという状況が生まれている。また、聞き取り調査結果によれば、毎年2人ずつ導入して、最終年の3年目の実習生が2年目・1年目の実習生を指導しながら働くという仕組みが構築されていた。技能実習生の出身国は2番農家を除けばいずれも中国人だが、出身省が四川省・江西省から湖北省・四川省に変化している。この点については次節でも記すが、技能実習生の質が変化してきている―少しでも残業してたくさん稼ごうという意識は弱くなっている―と農家は

第4章　技能実習生導入による農業構造の変化　　69

表4-6　2003年当時の雇用労働力の導入状況（茨城県八千代町）

（単位：人、人日）

農家番号	常雇 計	常雇 実習生	臨時雇	備考
1	2	2	412	臨時雇はつくば市からの女性（頭縛り作業：70歳以上4人まで）、近所の女性（植え切り作業：3人まで）、親戚の女性（箱詰め作業等：2人）
2	4	0	1,350	常雇は日本人（ハローワークで雇用：八千代町1人、下館市3人）、臨時雇はインドネシア人（農繁期：2〜5人）常時最低6人は必要
3	2	2	480	臨時雇はつくば市からの女性（知人の紹介：収穫・出荷作業2人）
4	2	2	40	臨時雇はパート婦人（シルバー人材より派遣1人）このほか白菜の頭を縛る高齢者を相当数頼んでいる。
5	2	2	90	臨時雇は元農家の高齢者（頭縛り・切り取り作業：熟練を要するため三和町の人夫貸し専門農家より派遣）
6	2	2	35	臨時雇は男性（定植、収穫作業、シルバー人材より派遣1人）
7	1	1	0	
8	2	2	0	研修生導入はSARSの影響あり（9月から導入再開予定）

資料：聞き取り調査より作成。
注：実習生は江西省あるいは四川省出身の中国人。

表4-7　2013年現在の雇用労働力の導入状況（茨城県八千代町）

（単位：人、人日）

農家番号	常雇 計	常雇 実習生	臨時雇	備考
1	7	6	0	日本人1人（30歳男年間270日、将来的に息子のパートナーに）、中国人実習生6人（全員湖北省出身）
2	7	5	0	日本人2人（35歳男と27歳男：日払い）、インドネシア人：1年目2人、2年目1人、3年目2人
3	6	4	0	日本人2人（73歳男と68歳女、母の姉夫婦）×150日、中国人実習生：1年目（四川省出身2人）、2年目（湖北省出身1人）、3年目（湖北省出身1人）
4	7	4	0	日本人1人、台湾人ワーキングホリデー2人、中国人実習生4人
5	4	4	0	通常は実習生5人体制、中国人実習生：1年目2人、2年目2人、3年目0人（1人戻ってくる）
6	5	5	0	中国人実習生：1年目（湖北省出身26歳未婚・四川省24歳未婚）、2年目（湖北省出身32歳既婚・湖北省出身33歳既婚）、3年目（湖北省出身未婚）、3年前に5人導入するようになった
7	3	3	0	中国人実習生：1年目（四川省出身25歳未婚）、2年目（湖北省出身37歳既婚）、3年目（湖北省出身40歳既婚）、5〜6年前から3人導入するようになった
8	3	3	0	中国人実習生（3人とも湖北省）：1年目、2年目、3年目がそれぞれ1人ずつ7〜8年前から3人導入するようになった

資料：聞き取り調査より作成。

70 第2部 日本

感じており、送出し元を中国から別の国に変えたいと考えている農家が多くなっているというのが聞き取り調査での印象である。家族と同じような働き方をする外国人技能実習生の数が増えたことで臨時雇が全くいなくなったことも大きな変化である。このように外国人技能実習生は増えたが、しかしながら、その労働力編成と実際の働き方をみる限り、基本的には家族経営の枠組みを超えるような経営にはなっていない。1番農家は日本人男性を常雇として1人雇い入れている点が注目されるが、圃場レベルでの作業から離れ、販売や企画管理に専念できる経営者が生まれるほどの大きな変化とはなっていない。

4．外国人技能実習生導入の現状と農家の意向

　以上のような調査農家の全体的な状況は次のようにまとめることができる。10年前（2003年）の調査と比べてどの農家も外国人技能実習生の数が増え、経営面積の拡大が進んでいる。特につくば市に出作している農家の規模拡大は著しいものがある。契約栽培も規模拡大が進んだ背景にある。「これくらい作付ければこの程度の収穫と売り上げが実現できそうだ」という見通しが立つようになったり、外国人技能実習生を導入した規模拡大が進めやすくなったのである。一方、契約栽培は出荷を守らなければならず、恒常的な人手の確保が必要で、それが制度的に可能な限り多くの技能実習生を抱え込む方向に作用していると考えられる。ただし、中国人の働きに不満を持つ人々が出てきている。聞き取り調査では3年間働くことなく途中で帰国してしまうケースも生まれてきているということであった。そうした状況について、自身の経営の今後の方向も含めて農家の意向を紹介したい。

　①番農家：

　2010年から長女の婿を年間270日、農業で雇っている。将来は長男のパートナーとなってもらう予定である。それでも人手不足なので2010年から2012年まで長男の友人を雇っていた（年間430万円を支払う）。長男の友人には市場に農産物を運んだり、実習生を圃場まで運んだりという仕事をしてもらい、農業機械の操作に必要な大型特殊免許も取得してもらった。しかし、父親の仕事を手伝うことになり、ここを辞めることになった。経営は2005年に法人となっている。長男が経営

の法人化を希望しており、学卒後就農と同時に法人となった。

　実習生が６人体制になったのは2010年からだが６人では足りない。最近は休みが欲しいという人が増えている。以前であれば少しでも稼ぐために残業が欲しいという人たちばかりだったが、今は残業代よりも休みが欲しいという状況である。有給休暇も全て使い切っている。ゆとりを持って働くためにはもっと人数を増やさなくてはならない。９人体制になればありがたい。先月、３年目の人が途中で帰国してしまったが、仕事の段取りもよくできる人だったので痛手であった。実習生の先輩が後輩にしっかりと仕事を伝えてくれればうまくいく。彼らが自分の仕事としてやってくれるような体制を築くことが大切だと考える。ただし、機械作業はさせない。事故があると危ないのでやらせないようにしている。技能実習生がするのは圃場での仕事だけ。ホイールローダーでパレットに載せた収穫物をトラックに積む作業までである。６人が１つにまとまって作業をしているが、ナスの栽培管理は畝ごとに分かれてやってもらう。このようにすると自分で考えて作業をするようになるので効率が全然違ってくる。だが、日本人を増やしていきたいというのが長男の意向である。

　借入地は全てつくば市への出作である。大きく７箇所に分かれている。連作障害が発生したら返す。地主から返してくれと言われて返したこともある。震災復興の公共事業の影響があるようで芝の需要が伸びている。農地はつくば市の肥料商を通じて借りている。声をかけておくと畑をみつけてくれる。

　契約栽培はしていないが、売上金額は１億８千万円弱になる。

②番農家：

　法人化して2013年で10年になる。外国人実習生を受け入れようと（財）日本インドネシア協会にお願いしたら「個人では難しいので会社にしてほしい」と言われたので法人にした。外国人技能実習生は、個人は２人までしか導入できないが、会社だと３人まで可能である。中国よりもインドネシアの方がよいと思ってインドネシアにした。インドネシアの人はまじめでおとなしく、トラブルが少ない。イスラム教の礼拝はあるが、経営にとって問題にはなっていない。

　実習生はインドネシア人５人を導入している。１年目が２人、２年目が１人、３年目が２人で、全員が男性で独身（20歳前後）である。高校を卒業して直ぐにやってくる。こちらとしては農業高校の卒業生を導入したいと考えており、（財）

日本インドネシア協会を通じてお願いする。6人体制をとりたいと考えている。2012年は1人帰国してインドネシア人が4人となってしまったので借入地を11haに減らさざるを得なかった。2013年からは5人体制で営農しており、10月にはさらに2人増えて7人体制になることが見込めるので借入地を15haまで拡大した。このように外国人実習生の人数の変動に応じて町外での借入地面積（出作面積）が伸縮することになる。

つくば市での借入地は肥料商を通じてのものである。相手の地主の顔は分からないまま借りている。小作料は1作当たり10,000 ～ 11,000円/10a。集落で農地をまとめて貸してくれているところは1,000円上乗せしている。

実際の作業は2班に分けて行っている。主な仕事は収穫と野菜の手入れ。車の運転免許を取らせて自分で運転して圃場に行けるようになればよいが、交通事故が心配なので任せられない。仕事中の事故もそうだが、勤務時間外や休日に車で遊びに行った時に事故が起きると大変なことになる。このような事故は労災の適用対象外である。

外国人がいるので規模拡大が可能になっているが、長男はあまり好ましいとは思っていないので、このままその数を増やし続けることにはならない。

日本人の従業員は2人いる。2人とも非農家の出身で八千代町に在住している。1人は2005年から雇っている35歳前後の独身男性で日給11,000円。ハローワークを通じて雇用した。日払い賃金が魅力ということでやってきた。もう1人は2006年から雇っている若い男性で、日給8,500 ～ 9,000円である。このまま定着してくれるかどうかは分からない。日本人従業員は募集中であり、1～3ヶ月働いて辞めるという人がこれまでも何人かいた。土曜日は休みだが週休2日ではないので人が残らない（月曜日に市場に出すので日曜日は仕事をしなければならない）。

野菜の特別栽培に取り組んでいる。E社から特別栽培をやってみないかと言われ、原価を示して取り組んだが、注文が多すぎて対応できずにやめた。この特別栽培の野菜を生協に出荷することになった。肥料と農薬を半分に抑えているので作物は大きくならないが、疎植にすれば大きくなる。慣行栽培と同じ数だけ出荷するにはより広い面積が必要になる。この注文が増えているので面積を増やしてきた。注文は現在も増えている。現在は白菜が稼ぎ頭だが、やがてキャベツに変わるとみている。売上は9,000万円前後である。

③番農家：

　子供の小学校入学を契機に、家にいることができる農業を始めた。それまでは仕事の関係で家を不在にすることが多かった。

　つくば市に出作している畑は、つくば市に居住する叔父さんに年3回の耕起作業をお願いしている（1日10,000円）。出作の畑では春の作付けをしないため雑草が繁茂してしまうため耕耘をかけなくてはならない。周囲に芝畑が多く、雑草の種が飛んでいくと迷惑をかけるのでそれを防ぐ必要もある。雑草が伸びる前に耕耘している。

　定植時期は忙しくて大変である。耕起、肥料散布、畝立などの作業は機械作業なので外国人実習生に頼むことはできず、全て自分1人でやらなければならない。

　農地の借り入れは全て相対である。町内で新しく借りた畑は親戚の畑（110a）である。作物が何も作られずに空いていたのでナスを作りたいと頼んで借りた。ナスはどうしても連作障害が出てしまう。これまでナスを作っていた畑が限界に来ていたので借りることにした。つくば市への出作は3箇所に分かれている。小作料は10a当たり10,000円である。つくば市に母の実家があり、そこに格納庫を建てて機械を入れてある。出作の畑はそこから半径1km以内にある。出作で作っているうちに周りから頼まれて借入面積が増えてきた。つくば市での借入地では秋白菜を栽培している。下妻市の業者から堆肥を購入して散布している。

　春キャベツは9割以上が契約栽培であり、秋冬白菜も半分が契約栽培で漬物業者に出荷している（ともに農協を通じての出荷）。春キャベツと秋冬白菜は契約栽培なので一定程度の売上が見込める。メロンも確実な収入となっており、ナスが儲かったり儲からなかったりという経営だが、現状ではナスの売上が最も大きい。

　外国人技能実習生を4人導入している。全員30歳前後の男性である。1年目が2人、2年目が1人、3年目が1人で、既婚者が3人、独身が1人である。2012年に1人が途中で帰国してしまい、3人体制で冬を乗り切った。2013年の春に2人やって来て、1人が帰って4人体制となる。農繁期には土日も働いてもらって残業代を支払う。機械作業もさせたいが、事故が心配なのでさせてはいけないという指導を受けている。叔母さん夫婦（73歳・68歳）にも収穫と定植の作業の時期に時給800円で手伝いに来てもらっている（年間150日）。親戚の伝手で誰か働

きに来てもらいたいのだが、日本人で働く人を確保するのは難しい。暑い時と寒い時に行うきつい仕事なので人は来てくれない。

④番農家：

　加工原料の卸屋を目指して頑張ってきた。漬物屋5〜6社に出荷している。10年前は1社だけで、そこだけで出荷量の半分を占めていたが、経営面積が2倍になって大きく変わった。売上の80〜90％は契約栽培である。自分で営業をして売り先を開拓していった。取引先が増えるにしたがい、つくば市への出作面積を増やしていった。つくば市は高齢化が進んでいるので農地は出てくる。小作料は10a当たり1作10,000円で肥料商の紹介で借りるが、連作障害が出てくると返却してきた。その農地は麦作の大規模経営が借りることになる（麦作をして数年経つと連作障害が出なくなる）。

　外国人技能実習生を5人雇っていたが、諸般の事情で5人全員が帰国せざるを得なくなり、その埋め合わせとしてワーキングホリデーの台湾人2人を導入した。実習生を入れている農家には、規模拡大を目指す人と楽をしたい人の2通りがある。ここも実習生が4〜5人いれば経営は安定する。日本人だけでやっていくのは難しい。実習生9人と日本人3〜4人の計12〜13人体制でやっていきたいと考えている。日本人を1人雇用している（雇って2ヶ月になる）。日本人は1年前から日給月給で雇っているが、人の入れ替わりがある。時給は1,000〜1,200円である。車に乗れる人が必要なので雇うことになり、野菜の配達や実習生のつくば市までの送迎をしてもらう。あと2〜3人日本人を雇いたいが若い人はすぐに辞めてしまう。最も長かった人でも3箇月しか続かなかった。ハローワークを通じて応募するが、面接で合格しても半分は働きに来ない。何の断りもなくやって来なくなってしまう。給料も取りに来ないで辞めてしまう人もいた。

　売上は1億円少しで止まっている。3〜4年前に1億2千万円になったことがあったが、それから伸びていない。市場の値段が上がらない。周りの価格が安いとこちらも値段を下げられてしまう。夏場の収入確保のため5〜6年前から加工トマトを始めた。10トン収穫があれば450万円の売り上げになる。春レタスや春キャベツのマルチをそのまま利用して作ると初期生育がよくなり単収が上がる。この方法だと資材代、肥料代も少なくて済む。昨年は250a作ったが、技能実習生がいなくなったので今年は150aに減らした。

⑤番農家：

　1998年に外食産業の会社が直接訪ねてきて「年間を通して出荷してくれれば農家の経営が安定するような買い上げをする」ということで15aのキャベツの契約栽培から始まってから契約面積が大きく伸びていった。農協を通した契約栽培が広がったことで農業所得が増えて経営が安定するようになり、後継者が残るようになったとみている。品不足の時にしっかりと品を出すことが大切で、これが信用の獲得にも繋がる。現在の売上は9千万～1億円の間である。

　2003年に父が亡くなり、運転手が1人になってしまったため長男には高校卒業と同時に就農してもらった。当時の外国人実習生は2人で「家族3人＋実習生2人」体制だったが、外食産業との契約栽培によって経営面積が拡大するにしたがい実習生は増えていき、2005年に3人、2007年には4人となり、今年（2013年）の7月にあと1人来日して5人となる予定である。家族は実習生と一緒に仕事をするが、彼らには機械作業はさせない。事故が起きると補償の問題があるのでやらせないようにしている。

　農地は集落内で借り入れて拡大してきた。畑をしっかり管理していれば地元から信用されるようになり、やがて「農地を借りてくれ」と言われるようになる。小作料は10a当たり20,000円である。

⑥番農家：

　日本人を雇うのは難しいので外国人実習生を導入している。車の運転ができればいろいろな仕事を頼むことができるが、彼らは車に乗れない。実習生は全員中国人だが、四川省が減って湖北省が増えた。5人のうち4人が湖北省からである。5人体制になったのは2010年からで、それまでは3人体制であった。5人に増えてから経営面積は2haくらい拡大した。人が増えたので農地を増やすことができた。農地はいくらでも借りることができる。制度変更の結果、実習生への支払いが増加し、時給は日本人と変わらなくなった。5人実習生がいると1億円の売り上げが必要となる。

　実習生にはメロンの栽培は任せられない。選別、手入れ、受粉は難しい。白菜やキャベツの収穫、野菜のカットはできる。実習生だけで仕事をさせることはない。畑に連れて行って仕事の指図をしてやらせる。慣れれば教えなくても仕事ができるようになる。3年目になれば畑の場所も分かるし、家の人と同じくらいに

なる。だが、1年目は戦力にならない。優秀な実習生であればもう一度来て欲しい。

出作はしているがつくば市ではなく、隣接する千代川村や猿島町である。

白菜、キャベツとも農協に出荷しているが、6割は契約栽培（春白菜は価格変動が大きいので契約栽培はしていない）である。値段は毎年決める。市場出荷だと価格変動が激しい。契約栽培だと価格が安定して大体の見込みが立つようになる。「今週何ケース」という注文がFAXで流されてくるので、それに応じて収穫して出荷する。契約栽培は人手がないとできない。雨が降っても出荷しなくてはならない。加工業者に卸しているが、B品でも引き取ってもらえるので助かる。

⑦番農家：

外国人実習生が3人体制になってから5～6年が経つ。湖北省から2人、四川省から1人である。経営規模も大きくなったので導入した。実習生が1人の時は近所の女性に仕事を頼んだこともある。実習生には最初に仕事を教え込むようにしている。拡大した借入地は全て相対での借り入れで、小作料は10a当たり15,000円である。

契約栽培はしていない。雨が降っても作業をしなければならず、大変なのでやっていない。また、契約栽培には面白みがない。いい時と悪い時がある方が面白い。白菜は年内に切り上げてしまうのであまりお金にならない。12月半ばには春白菜の準備をする。キャベツは作っていない。同じ畑に2～3回入るのは面倒で、白菜ならば1回で終わる。なすとメロンが主力でこの2つは売上も安定している。売上目標は合計5,000万円。メロンの作業は実習生でもできる。「このようにやる」ということを示して教えてやれば実習生も覚えてくれる。先に来ている先輩が新人に教えている。中国人3人だけで働かせるようなことはしない。手を抜いて休んでしまわないよう必ず家族の誰かがつくようにしている。

⑧番農家：

7～8年前に外国人実習生が3人体制になった。3人とも湖北省出身である。これまで途中で帰国した人はいない。機械作業以外であれば仕事は何でもやってくれる。機械仕事はさせないよう農協から指導を受けている。怪我をすると大変なのでやらせないようにしている。しかし、日本人を雇うのは難しい。たとえ雇うことができたとしても、必要な時に来てくれるかどうか全くあてにならない。

実習生がいなければ現在の経営はできない。残業代は支払っている。3年間働いてくれる人を希望している。3年働けば仕事も覚えてくれる。

隣の旧三和町の畑を借りて規模を拡大した。出作ではあるが自宅から見える畑なので出作という意識はない。旧三和町は開発が進んでいて農業をする人が少なくなっており、農地が借りやすくなっている。

出荷先は農協である。レタスは価格が安い時があるので契約栽培にした。ナスを長期間収穫している。ナスがあるためそれ以外の作物の規模を大きく拡大することは難しい。かつてナスは10a当たり300万の売上があったが、今は200万円少しにしかならない。高値が出なくなったことが大きい。

5．おわりに

「外国人技能実習生なしに野菜産地は成り立たない」という状況は深化しており、茨城県八千代町では彼らの存在を前提とした一層の規模拡大を目指す動きが加速化している。外国人技能実習生の導入による規模拡大の背景には、近隣市町村の事情—担い手減少による農地供給層の増加と芝栽培跡地の供給—の追い風を受けての町外への出作[2]、契約栽培による経営の安定の2つがあることも大きい。特に後者は最近の変化である。だが、こうした大規模経営にとって外国人技能実習生はあくまで「手間」としての労働力であり、数的には家族労働力を上回っていたとしても、その経営は基本的に家族経営の域を超えるものではないが、「実習生の先輩が後輩にしっかりと仕事を伝えてくれればうまくいく。彼らが自分の仕事としてやってくれるような体制を築くことが大切だと考える（①番農家）」という話があったように、滞在年数の違いに基づく階層的な労働力編成は自然発生的に進んでいるようである。実習生の人数がさらに増え、フィールドマネージャーの役割を果たせる人材を置く体制になれば農業経営はもう1つ上のステージへと進むことになるだろう。家族労働力よりも多くの実習生を導入しているような経営はその入り口に立っていると考えられる。

中国人技能実習生の「働きぶり」に変化が生じている点は二重の意味で注目される。1つは高度経済成長を遂げた中国の社会構造の変化をここから垣間見ることができるということである。実際、送り出し元では実習生への応募倍率が下がっ

78 　第2部 日本

ており、また、応募者の学歴も下がってきているとの話であった。低賃金労働力の「枯渇」が中国でも進んでいるということであれば、これは大きな変化である[3]。制度改正によって滞在期間が3年から5年に延長されたとしても、5年間フルに技能実習に従事してくれるような人を確保することは難しいことを意味しているからである。

　もう1つは、こうした状況を踏まえて、送り出し元を中国から別の国にシフトさせる動きが日本側から生まれている点である。今回の調査では確認できなかったが、既に八千代町ではかなりの数のラオス人が実習生として働いており、さらに現在はベトナム人へのシフトが進んでいるという話である。経済発展によって送り出し元が次から次へ移動していくことが予想されるが、こうしたかたちでの外国からの「低賃金労働力」の調達はどこまで可能なのだろうか。外国人技能実習生の供給源が途絶えてしまえば、本稿で紹介したような調査農家の経営は成り立たなくなってしまう。野菜産地におけるこうした規模拡大の動きについては、持続可能性という視点から慎重に評価を行う必要があるように思うし、「日本人を増やしていきたいというのが長男の意向（①番農家）」「外国人がいるので規模拡大が可能になっているが、長男はあまり好ましいとは思っていないので、このままその数を増やし続けることにはならない（②番農家）」のような意見が出ていることを考えると家族経営の枠組みを超えていく可能性は高くはないのかもしれない。

注
（1）安藤（2005）の第5章「茨城県八千代町（県西猿島台地畑作地帯・田畑複合陸田地帯）」にその調査結果が収録されている。
（2）茨城県旧旭村の甘藷作大規模経営も村外への出作によって規模拡大を図っていた。労働力が不足すると畑は貸し付けに回りやすいという事情もある。旧旭村の状況については安藤（2005）の第4章「茨城県旭村（鹿行台地畑作地帯）」を参照されたい。
（3）中国が急速な経済成長を遂げた結果、「今後は相対的に高い所得地域からの派遣を想定することは困難であり、もし今後も中国からの派遣を想定するのであれば、内陸地域の労働力にその中心を移す必要があろう」（大島ほか 2016：16）という状況を迎えている。

参考文献

安藤光義（2005）『北関東農業の構造』筑波書房

──（2011）「外国人研修生・技能実習生導入農家の現状」『農業経営研究』49（1）

大島一二・金子あき子・西野真由（2016）「中国から日本への農業研修生・技能実習生派遣の実態と課題──派遣に関わる費用と派遣企業の利益構造を中心に──」『農業市場研究』25（1）

北倉公彦・池田均・孔麗（2006）「労働力不足の北海道農業を支える『外国人研修・技能実習制度』の限界と今後の対応」北海学園大学開発研究所『開発論集』77

長谷美貴広・安藤光義（2004a）「大規模畑作地帯における外国人雇用の実態」『農業経営研究』42（1）

──（2004b）「大規模露地野菜作地域における雇用型経営の展開と問題点」『2004年度日本農業経済学会論文集』

松久勉（2009）「農業分野の外国人研修生、技能実習生の実態」『農村と都市をむすぶ』687

第5章
農業法人における雇用と技能実習生の位置

神山 安雄

1．はじめに（本稿の課題）

　農業部門における外国人技能実習生が増えている。1年目の農業技能実習を終えて2、3年目に移行するための技能評価試験（初級）を受けた実習生は、2014年度8,000人超、2015年度約9,000人、2016年度1万人と毎年1,000人ずつ増加している。農業部門における外国人技能実習生は2017年2.5万人にのぼり、全部門の技能実習生23万人の1割を超えてきた。

　農業法人においても、外国人技能実習生の受け入れがおこなわれている。日本農業法人協会『農業法人白書（農業法人実態調査結果）』によれば、2015年で178法人（従事者数すなわち雇用状況等の有効回答数の12.8％）が1法人当たり5.4人、全体で約1,000人の外国人技能実習生を受け入れている[1]。

　本稿の課題は、『農業法人白書』分冊の『統計表』をもとに、農業法人における外国人技能実習生の役割とその位置について検討することである[2]。

　第一に、農業法人における雇用状況のなかでの外国人技能実習生の位置と現状について概略をみていく。

　第二に、外国人技能実習制度のかかえる課題、外国人労働力の雇用問題について、検討を加えることにしたい。

　外国人技能実習制度は、改正法案が2016年12月、臨時国会で可決、成立し、2017年11月から施行される。その改正内容は、①技能実習期間を現行3年間に一時帰国後の2年間を加え、最長5年間とすること、②日本側の受け入れ団体としての監理団体の責務を強化する等、外国人技能実習生の受け入れ体制を強化すること、③外国人技能実習生の労働環境の改善のほか人権の擁護を明確にすること等である。

本稿の執筆時点は、改正法の施行までの移行期間にあるが、これも視野にいれながら、農業法人における外国人技能実習制度の現状と課題について検討していきたい。

2．農業法人における外国人実習生の現状

（1）農業における外国人技能実習制度

外国人技能実習制度は、各産業部門における労働力確保策の一環で、外国人労働力を受け入れる仕組みとして位置づけられ、制度化された。同時に、各産業の生産現場において最長３年間、技能実習をおこなって、海外への技術移転をうながす目的ももっている。

現行制度では、日本の言語・生活文化などを学ぶ当初の３か月間は雇用関係のない「研修生」として扱われ、研修期間をすぎると「技能実習生」として雇用契約にもとづく「労働者」としての扱いになる。現行制度では、１年目から２年目以降に移行する際には、技能評価試験（初級）の合格が条件になっている。

新制度では、技能実習期間の３年間を終え、次の２年間（４年目・５年目）への移行を技能実習生が希望する場合は、技能評価試験（専門級）実技の合格を条件に、１か月以上の一時帰国をした上で再来日して技能実習ができることになる。新制度への移行期間においても、技能評価試験（専門級）の合格は効力をもつため、（専門級）の受験が増えはじめている。

農業部門の作業研修は、耕種農業と畜産農業に大別されている。耕種農業では、施設園芸、畑作・野菜、果樹（常緑果樹・落葉果樹）の３作業がある。施設園芸には、施設園芸一般のほか、施設栽培されるものとしてキノコ栽培が含まれている。畜産農業は、養豚、養鶏、酪農の３作業である。

農業法人による外国人技能実習生の受け入れは、制度発足当初からおこなわれている。農業法人による実習生受け入れ第１号は、野菜の露地栽培をおこなっている農業法人による「畑作・野菜」作業の実習生受け入れであった。

（2）雇用型経営としての農業法人

2015年農林業センサスによれば、農業経営体137.5万経営体のうち法人経営が2.7

82　　第2部　日本

万経営体である。農業経営体は全体では2005－10年16.4％減、2010－15年18.1％
減であるが、そのうち法人経営は13.0％増、25.5％増である。

　農業経営体のうち家族経営体は、2015年134.2万経営体で、2005－10年16.8％減、
2010－15年18.6％減であった。家族経営体のうちの法人経営（2015年4千経営体）
も、13.5％減、5.0％減と推移した。一方で、組織経営体（2015年3.3万経営体）
は10.4％増、6.3％増と増加し、組織経営体のうちの法人経営（2015年2.3万経営体）
もまた23.1％増、33.6％増と増加した。

　農業労働力については、経営者・役員等のうち年間60日以上の農業経営従事者
数は、2010年135万人から2015年117万人に減少した。一方、年間7か月以上の常
雇いを雇い入れた農業経営体数は2010年4.1万経営体から2015年5.4万経営体に増
加し、その常雇い人数は15.4万人から22万人に増加した。雇用型農業経営が増加
しているのである。

　農業法人は、雇用型農業経営である。集落営農組織（2015年1万4,853組織）
のうち法人形態は3,622組織である（農林水産省「集落営農実態調査」）が、その
大半は農事組合法人であり、雇用者数は少ない。集落営農法人を除く農業法人経
営は、多くが株式会社・特例有限会社等の会社法人であり、これらの会社法人が
雇用の受け皿になっている。

　『農業法人白書』（2014年版）分冊『統計表』によれば、1法人当たり従事者数
16.6人のうち、役員が3.3人、正社員6.6人、常勤パート6.5人である。また、『農業
法人白書』は、2012年以降、年間7か月未満の雇用である「臨時パート」人数を
調査していないが、2011年版によれば、1法人当たり従事者数（役員＋正社員＋
常勤パート）16.2人に対して、「臨時パート」人数は5.8人である[3]。

　農業法人経営は、経営の規模拡大と複合化・多角化を進めている。その中で、
不足する労働力は正社員と常勤パート、臨時パート職員の雇用拡大によって補っ
ている。農業法人経営は雇用によって経営が支えられている雇用型農業経営であ
る。

（3）農業法人における外国人技能実習生の位置

　日本農業法人協会『農業法人白書（農業法人実態調査結果）』によって、農業
法人における外国人技能実習生（以下、外国人実習生）の受け入れ状況について

確認しておきたい。

　農業法人における外国人実習生の受け入れ状況についての第一の特徴は、近年、外国人実習生の受け入れ人数が増えていることである（**表5-1**）。現行制度では１経営当たりの外国人実習生の受け入れ人数に上限が設けられているが、受け入れ法人１経営当たりの受け入れ人数は増えている。

　第二の特徴は、耕種農業では野菜（露地野菜、施設野菜）、畜産では酪農、養鶏（採卵鶏、ブロイラー）の受け入れ割合が高いことである（**表5-1**）。主要作目が野菜、酪農、養鶏では、外国人実習生を１法人当たり５〜６人受け入れている（ブロイラーでは2015年9.2人に増加した）。

　表示していないが、野菜のうち、露地野菜では、2014年の外国人実習生受け入れ割合が31.9％、１法人当たり受け入れ人数4.8人に対して、2015年では受け入れ割合32.9％、受け入れ人数5.1人と増加している。施設野菜では、受け入れ割合が2014年18.6％、2015年17.1％であるが、１法人当たり受け入れ人数は2014年5.0人から2015年6.6人に増加した。「その他耕種」のうち、施設花きでは2015年の受け入れ割合22.6％、受け入れ人数3.4人である。「きのこ」では2015年の受け入れ割合24.4％、受け入れ人数6.3人と多い。

　第三の特徴は、経営多角化（いわゆる６次産業化）の度合いごとの経営形態別にみると、「生産のみ」の事業をおこなう法人の外国人実習生受け入れ割合がもっとも高く、次いで「生産・直売・加工」事業をおこなう法人の受け入れ割合が高いことである（**表5-2**）。2015年の数値でみると、受け入れ割合の３位が「生産・直売」事業をおこなう法人、４位が「生産・直売・観光」、５位が「生産・直売・加工・観光」事業をおこなう法人となっている。

　これは、外国人実習生が、栽培作業や家畜飼養管理作業といった生産作業をおこなう「労働力」、また農産加工などの生産作業をおこなう「労働力」として位置づけられていることを意味している。農業法人は経営の規模拡大と多角化を進めているが、経営多角化の度合いが高まったとしても、外国人実習生は生産部門をになう労働力としての意味合いが強い。外国人実習生は、現行制度の下で、雇用関係にある「労働者」として扱われ、最低賃金制が適用され超過勤務手当てが支払われるが、依然として低賃金労働力としての意味合いが強い。

　経営の規模拡大と多角化の度合いを強めている農業法人は、正社員やパート職

84　第2部　日本

表 5-1　農業法人における従事者・実習生の状況（2012・2014・2015 年、作目別）

（単位：人/法人、%）

			従事者	正社員	常勤パート	（割合）	日本人実習生	（割合）	外国人実習生	（割合）
	全体	2012	19.2	9.4	10.2	70.4	1.9	5.7	4.8	15.4
		2014	16.2	9.0	9.3	69.6	1.7	4.3	5.1	12.5
		2015	16.7	9.5	9.1	70.8	2.0	2.1	5.4	12.8
作目別	稲作	2012	11.8	5.8	5.1	59.8	1.9	5.2	2.9	3.3
		2014	10.6	5.4	5.0	67.0	1.8	3.8	4.8	1.2
		2015	10.2	5.5	4.7	64.1	1.3	2.2	3.7	2.4
	野菜	2012	23.3	9.8	13.8	79.3	2.2	8.9	4.8	30.5
		2014	17.6	7.7	12.5	73.1	1.3	3.8	4.9	25.2
		2015	20.5	9.7	12.9	75.7	2.5	3.1	5.6	24.6
	その他耕種	2012	20.1	8.7	12.7	76.5	1.4	6.0	6.3	13.8
		2014	18.8	9.8	10.8	75.2	1.8	5.1	5.1	12.4
		2015	18.5	9.5	10.0	79.2	2.4	2.6	5.3	12.4
	畜産	2012	26.2	14.4	10.8	69.0	1.6	2.7	4.5	18.2
		2014	21.0	14.9	10.6	64.0	1.8	4.7	5.4	16.8
		2015	21.4	15.5	9.7	66.3	2.0	0.4	5.5	17.8
	酪農	2012	26.1	14.7	11.2	76.2	―	―	5.2	31.0
		2014	19.5	13.6	9.6	61.2	1.0	2.0	5.7	36.7
		2015	22.3	15.4	11.0	64.1	―	―	6.3	32.8
	肉牛	2012	12.9	8.1	3.7	57.1	1.0	2.9	6.0	2.9
		2014	13.6	12.0	4.0	59.0	1.7	7.7	2.0	2.6
		2015	13.1	12.6	3.5	63.3	―	―	2.5	4.1
	養豚	2012	20.0	13.4	6.7	54.4	1.0	1.8	2.2	8.8
		2014	17.9	16.7	5.0	53.0	1.5	6.1	4.3	4.5
		2015	17.4	15.0	4.8	60.0	2.0	1.2	3.0	7.1
	採卵鶏	2012	33.4	18.5	14.3	86.7	1.5	4.4	5.1	26.7
		2014	30.3	17.6	14.7	84.4	3.0	4.4	6.0	22.2
		2015	27.6	18.3	13.6	78.3	―	―	4.4	23.3
	ブロイラー	2012	38.6	17.5	18.1	87.5	1.5	25.0	4.0	37.5
		2014	31.4	9.0	30.1	73.3	―	―	4.5	26.7
		2015	38.7	15.5	26.2	72.2	―	―	9.2	33.3

資料：農業法人白書(農業法人実態調査結果)統計表、日本農業法人協会、各年度版により作成。
注：1）「従事者」は（農業従事役員＋正社員＋常勤パート）。
　　2）従事者・実習生とも１法人当たり人数。有効回答数の平均のため、合計と一致しない。
　　3）割合は、常勤パート、日本人・外国人実習生のいる法人数（有効回答数）の割合で、筆者の計算による。
　　4）2010 年、2011 年調査では、従事者数と別枠で「臨時パート」人数を調査していたが、2012 年以降、調査項目から外された。2010 年、2011 年調査とも、「臨時パート」人数は「常勤パート」人数とほぼ同数である。

員のかたちで雇用労働力を確保している（**表5-2**）。外国人実習生は生産作業をおこなう追加的な「労働力」なのである。

　ここに表示されている「日本人実習生」も、追加的な労働力としての意味合いが強い。「農の雇用事業」によって、農業法人等と雇用契約をむすんで身分・地位を明確にして「社員」扱いとし、受け入れ法人等に対して研修経費の一部を助

第5章　農業法人における雇用と技能実習生の位置　　85

表 5-2　農業法人における従事者・実習生の状況（2012・2014・2015 年、経営形態別）

(単位：人/法人、%)

			従事者	正社員	常勤パート	(割合)	日本人実習生	(割合)	外国人実習生	(割合)
	全体	2012	19.2	9.4	10.2	70.4	1.9	5.7	4.8	15.4
		2014	16.2	9.0	9.3	69.6	1.7	4.3	5.1	12.5
		2015	16.7	9.5	9.1	70.8	2.0	2.1	5.4	12.8
経営形態別	生産のみ	2012	16.1	8.1	9.3	62.2	2.2	4.1	4.4	20.7
		2014	15.0	8.1	10.0	63.4	1.6	6.0	5.5	17.9
		2015	15.9	8.9	9.7	66.3	2.0	1.7	5.6	18.7
	生産・直売	2012	19.1	9.9	9.6	69.7	1.5	3.0	4.7	14.4
		2014	13.1	7.4	6.8	67.5	1.7	4.2	4.9	9.9
		2015	14.4	8.4	7.6	68.3	1.3	1.3	4.9	10.5
	生産・直売・加工	2012	18.7	8.5	9.5	73.9	1.4	7.7	5.9	15.4
		2014	16.5	8.6	9.0	73.6	1.7	3.8	4.7	11.8
		2015	18.5	9.9	9.9	69.4	0.9	9.2	5.9	12.4
	生産・直売・観光	2012	15.0	8.3	6.9	65.7	3.0	8.6	1.5	5.7
		2014	14.9	9.8	7.5	68.3	1.0	4.9	4.0	7.3
		2015	12.3	8.0	5.0	68.6	2.0	2.9	5.7	8.6
	生産・直売・加工・観光	2012	30.1	13.4	15.6	85.6	2.4	11.3	3.4	8.2
		2014	26.3	15.2	14.3	78.8	3.5	1.7	5.5	10.2
		2015	23.4	13.2	10.7	82.1	2.3	2.4	3.7	8.5

資料：表 5-1 に同じ。

成しながら、１〜２年間の実践的な農業技能研修が実施されている。「農の雇用事業」による日本人実習生は、**表5-2**の「日本人実習生」の数値には反映されていないとみたほうがいい。

　第四の特徴は、従事者数規模の大きい農業法人ほど外国人実習生の受け入れ割合が高いことである（**表5-3**、**図5-1**）。従事者数100人以上の農業法人では、2015年には外国人実習生を55％の法人が１法人当たり13.4人受け入れている。従事者数20〜99人規模では、４法人のうち１法人が平均６〜７人の外国人実習生を受け入れている計算である。

　しかし、一方で、従事者数規模が小さい農業法人では、外国人実習生の比重が高い（**図5-1**）。労働力としての外国人実習生に依存していることになる。

　従事者数規模５〜９人の農業法人では、外国人実習生の受け入れ割合は2015年6.4％に低下しているが、１法人当たり外国人実習生人数は3.5人と従事者数に対する割合が50％になっている。従事者数規模10〜19人の農業法人では、外国人実習生受け入れ割合を2015年15.9％に上昇させ、１法人当たり外国人実習生人数4.1人は従事者数に対する割合が30％である[4]。

86　第2部　日本

表 5-3　農業法人における従事者・実習生の状況 (2012・2014・2015 年、従事者数規模別)

(単位：人/法人、%)

			従事者	正社員	常勤パート	(割合)	日本人実習生	(割合)	外国人実習生	(割合)
全体		2012	19.2	9.4	10.2	70.4	1.9	5.7	4.8	15.4
		2014	16.2	9.0	9.3	69.6	1.7	4.3	5.1	12.5
		2015	16.7	9.5	9.1	70.8	2.0	2.1	5.4	12.8
従事者数規模別	1〜4人	2012	3.2	1.5	1.3	17.6	—	—	3.3	8.8
		2014	3.1	1.7	1.3	27.6	1.5	7.4	4.6	9.8
		2015	3.1	1.7	1.4	31.8	1.2	0.4	—	—
	5〜9人	2012	7.1	3.1	2.3	58.3	2.2	4.1	3.4	11.5
		2014	7.0	3.4	2.8	63.0	1.6	3.3	4.2	9.8
		2015	7.0	3.2	2.8	63.8	1.2	1.4	3.5	6.4
	10〜19人	2012	13.4	6.2	4.8	81.9	1.7	7.1	4.1	15.0
		2014	13.5	6.3	5.4	83.8	2.3	3.6	4.1	11.9
		2015	13.5	5.9	5.5	83.6	1.4	1.9	4.1	15.9
	20〜49人	2012	30.1	13.4	14.4	88.4	1.7	8.7	5.1	18.5
		2014	29.2	14.1	14.2	92.5	1.5	3.7	5.0	16.1
		2015	29.6	13.3	13.7	93.8	2.1	4.4	6.0	25.1
	50〜99人	2012	66.8	32.2	34.3	87.0	1.3	5.6	6.1	31.5
		2014	67.1	31.1	38.3	88.4	1.3	7.0	7.7	14.0
		2015	68.1	30.6	36.7	89.7	3.3	5.2	6.8	25.9
	100人以上	2012	149.1	78.7	69.8	100.0	4.0	6.7	12.8	40.0
		2014	128.8	73.3	74.3	87.5	—	—	7.8	25.0
		2015	159.0	83.4	72.4	90.0	9.0	5.0	13.4	55.0

資料：表 5-1 に同じ。

　従事者数規模 5〜19 人の法人を中心にして中下層規模の農業法人では、外国人実習生がいなければ日常的な農業生産事業が成り立たないほど、外国人実習生はなくてはならない存在になっている。

　同時に従事者数規模の大きい農業法人にあっても、経営の規模拡大と複合化・多角化を進めた結果、外国人実習生は主として農業生産事業をになう追加的な労働力としてなくてはならない存在である。

　作目別では、第二の特徴で述べたように、野菜（露地野菜、施設野菜）と酪農、養鶏（採卵鶏、ブロイラー）で外国人実習生の受け入れ割合が高い。2015年調査でも、露地野菜の外国人実習生受け入れ割合が32.9%、1法人当たり5.1人（従事者数に対する割合33%）。施設野菜では受け入れ割合17.1%、1法人当たり6.6人（同26%）である。畜産でも、外国人実習生人数の従事者数に対する割合は、酪農で28%、採卵鶏で16%、ブロイラーでは24%である。

　野菜作や酪農、養鶏などの農業法人でも、外国人実習生は主として生産部門をになう労働力としてなくてはならない存在といえる。

第5章　農業法人における雇用と技能実習生の位置

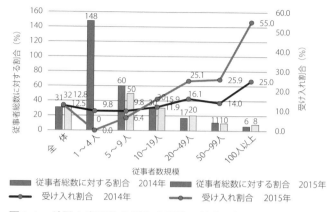

図5-1　外国人実習生の従事者総数に対する割合と受け入れ割合
　　　　（2014年・2015年、従事者数規模別）
資料：表5-1に同じ

3．外国人技能実習生制度をめぐる課題

（1）外国人実習生の雇用労働力としての重み

　以上のように、外国人実習生は、農業法人経営にとって、とくに生産部門をになう雇用労働力として重い意味をもっている。
　経営の規模拡大と複合化・多角化を進めている農業法人にとって、正社員や常勤・臨時パート職員の雇用拡大とともに、とくに高齢化・少子化が進んで労働力が不足する中で、主に生産部門をになう外国人実習生は雇用労働力として重みを増している。野菜作では栽培管理労働に加えて出荷調整作業などでも外国人実習生は雇用労働力として重い意味をもつ。畜産でも、家畜の飼養管理労働に加えて、大規模経営になるほど、酪農では搾乳労働など、採卵鶏ではGPセンターでの選卵労働など、外国人実習生の雇用労働力としての重みが増している。
　一方、中小規模の酪農・畜産経営においては、飼料高や素畜費高騰などによって経営環境が悪化する中で、労働力不足をおぎなうために、外国人実習生の受け入れが欠かせないものになっている。たとえば、関東の酪農地帯では、飼養頭数規模40頭程度の酪農経営には外国人実習生が最低1人いるという状況がつづいて

いる。

外国人技能実習制度の第一の課題は、雇用労働力として意味をもつ外国人実習生が「労働者」として正当に扱われているかにある。

言語・生活文化などを学ぶ研修期間中は、雇用関係をもたない「研修生」として扱われ、「労働者」として扱われない。最低賃金制の対象外となり、「超過勤務」は禁じられる。

外国人技能実習制度の当初の制度では、「研修期間」が1年間とされ、とくに1年未満の短期滞在型の「外国人研修生」の扱いに問題が生じていた。事実上、最低賃金を下まわるような「研修手当て」が支払われ、「研修生」として禁じられている「超過勤務」がおこなわれることもあった。

現行制度で「研修期間」を3か月に短縮したのは、そのためである。現行制度では、3か月の研修期間が過ぎれば、外国人実習生は「労働者」として扱われ、最低賃金制が適用され、超過勤務手当ても支払われることになる。

2017年10月から施行予定の改正制度は、外国人実習生の技能実習期間を〈3年間＋2年間〉に延長するものである。あわせて外国人実習生の人権や労働者としての権利擁護を強める内容を盛りこんだ。改正制度は、外国人実習生を受け入れる監理団体を認可制として責務を強めた。パスポート取り上げ等の人権侵害があった場合は、認可を取り消すとともに、刑事罰が課せられる。「研修期間」は引き続き3か月であるが、外国人実習生の賃金水準について2年目、3年目は段階的に昇給するよう求めた。外国人実習生に対して、都道府県ごとの最低賃金が1円単位でそのまま適用され、2年目、3年目の賃金もそのまま据え置かれている例もあるからである。

農業法人は、雇用型経営である。農業法人にとって、外国人実習生は主に生産部門の労働力として重い意味をもっている。農業法人が経営の規模拡大、多角化などを進めると、正社員、常勤パート、臨時パート従業員、農の雇用事業により「社員」扱いで受け入れている日本人実習生、そして外国人実習生と身分・地位が異なっており、労務管理がむずかしいという問題をかかえてきている。

大規模な農業法人では、分業をおこなっている例が多い。関東のある酪農法人（メガ・ファーム）では、ミルキング・パーラー（25頭×2）を使って1日24時間（休憩時間は1時間ずつ2回）3交代で搾乳をおこなっているが、正社員や常

勤パート従業員は中２階にあるブースでミルカーに直結しているパソコン画面をつうじた管理労働者、もしくは作業班長であり、搾乳作業員はみな外国人実習生である。

第二の課題は、外国人技能実習制度が事実上、外国人労働力の受け入れ制度であるのもかかわらず、海外への技術移転をうながす「技能実習生」制度としての外形をもっていることにかかわる問題である。

今回の制度改正は、外国人実習生の「技能実習」期間を現行の最長３年間から〈３＋２年間〉に延長するが、同時に「技能実習」としての機能を強化することになった。

外国人実習生は、３年間の技能実習を修了する前に「技能評価試験」専門級（実技）を受験することが義務づけられた。専門級（実技）試験合格者だけが、一時帰国した（１か月以上）後、再来日して最長２年間の「技能実習」を受けることができるという仕組みである。専門級（実技）試験合格は改正制度の施行前でも効力があるとされているので、施行前の現在でも「技能評価試験」専門級の受験希望者が増えはじめている。

製造業などでは海外工場の従業員の技能実習を日本国内の工場でおこなうために、外国人技能実習制度を利用している例もある。たとえばベトナムでエビを養殖し食品加工工場を立地させている食品加工企業が、ベトナム工場の従業員を日本国内の加工工場で技能実習する際に、外国人技能実習制度を利用している。

農業部門での外国人技能実習制度による海外への技術移転はむずかしい。農業生産は、その地の気候風土など自然条件や土地所有制度などの影響を受けやすく、その地の自然条件、社会条件に応じて生産形態、経営形態が異なってくるからである。そのため、取り組み事例は少ない。

四国の有機農業法人は、フィリピンなどアジアを範囲にした有機農業ネットワークづくり・拠点づくりのために、外国人技能実習制度を長年にわたり利用している。また、インドネシアのＡ州政府は、農業高校卒業生を選抜して日本の外国人実習生として送りこみ、３年間の技能実習を修了して帰国後、州政府の営農指導員に採用している例もある。

労働力不足の著しい建設業等では、外国人実習生の技能実習（就労）期間を５年間とする「特定活動」の特例措置への運用改訂がすでにおこなわれている。し

90　第2部　日本

かし、労働力不足に対応した「特定活動」としての特例であるため、海外への技術移転のための制度として成功しているとは言いがたい。「特定活動」として技能実習先（就労先）を随時変更することが認められているため、外国人実習生は労働条件のよい技能実習先（就労先）に随時変更しているからである。外国人労働力の受け入れという「本音」と海外への技術移転のための外国人技能実習という「建て前」との齟齬が表われたものといえる。

4．まとめにかえて

外国人労働力を正当に「労働者」として権利を守りながら受け入れる仕組みを整備すること、同時に、それとは別に、海外援助の一環として、農業部門においても海外への技術移転をうながす仕組みを整備することを、検討すべきときがきているといえよう。

政府は、国家戦略特区での外国人の農業就労を解禁することを検討しているという[5]。日本での農業技能実習を修了した者で、派遣事業者と雇用契約をむすんだ外国人を、国家戦略特区に農業参入している農業法人などに派遣する仕組みである。外国人と雇用契約をむすんだ派遣事業者は、複数の農業法人などに外国人を派遣して、外国人は派遣労働者として農業法人などで農作業に従事する。外国人の派遣労働者としての在留期間（就労期間）は、3年もしくは5年を検討中であるという。

農業技能実習を修了した外国人であるとすれば、3年間の農業技能研修を経て、技能評価試験・専門級（実技）に合格した者であろう。しかし、改正制度は施行前であり、専門級合格者は数が少ないため、単に農業技能研修の3年間実施者とされる可能性が高い。外国人技能実習制度について、海外への技術移転をうながすための制度という「建て前」を振り捨てて、外国人実習生としての外国人の派遣労働者の育成という「本音」を前面にだしたものといえる。

外国人の派遣労働者は、低賃金労働力であり、国家戦略特区に農業参入した複数の法人等と派遣契約をしている派遣事業者との間で雇用契約をむすんでいるのであるから、派遣先の選択は派遣事業者にゆだねられることになる。

外国人技能研修制度は、現行制度でも改正制度でも、外国人実習生を受け入れ

第5章　農業法人における雇用と技能実習生の位置　　91

る監理団体は事業協同組合・農業協同組合である。日本語・生活文化などの研修にはじまり、農業技能研修を実施する責務を負っている。改正制度では、農業技能研修3年間の修了者・技能評価試験専門級合格者に2年間の技能実習（就労）をプラスするものであるが、国家戦略特区での特例が3年間もしくは5年間であれば、技能実習修了者は特区での就労を望むはずである。外国人技能実習制度における協同組合型の監理団体と特区の特例措置が適用される大手人材派遣会社との競争が生じて、大手人材派遣会社の市場拡大という結果になる。

　外国人実習生・外国人労働者の「労働者」としての権利を守ることを基本にした制度の運営が望まれる。

注

（1）日本農業法人協会『農業法人白書（農業法人実態調査結果)』は、協会会員（2015年1,841法人）を対象にしたアンケート結果であり、統計数値については分冊『統計表』として公表されている。2015年度調査は、2015年9月～2016年2月に実施され、1,574法人分を集計、分析している。このうち、従事者数すなわち雇用状況等について回答した1,396法人を母集団とした数値を利用した。

（2）筆者は、これまで『農業法人白書』の分冊『統計表』をもとにして、農業法人における外国人技能実習生の現状について、次のような分析をおこなっている。

　　神山安雄（2014）「外国人実習生の役割と日本人常雇」『農村と都市をむすぶ』748号。

　　神山安雄（2016）「農業法人における外国人技能実習生」、研究代表・堀口健治『農業の労働力調達と労働市場開放の論理』研究報告書Ⅲ。

　　本稿は、最新データ（2015年度調査結果）を加えて、後者の論文「農業法人における外国人技能実習生」をもとにして、加筆補訂したものである。

（3）日本農業法人協会『農業法人白書』分冊の『統計表』は、従事者数を〈役員＋正社員＋常勤パート〉として、それぞれの有効回答のあった法人数を分母として、1法人当たりの役員・正社員・常勤パート人数を公表している。ここでは、従事者数の有効回答法人数を分母として、同白書の公表数値から逆算して、1法人当たり役員・正社員・常勤パート人数を算出した。そのため、合計数値は一致しない。また、1法人当たり臨時パート人数も、同様に従事者数の有効回答法人数を分母として算出した。

（4）従事者数規模1～4人の農業法人は、外国人実習生受け入れ割合が2014年9.8％と低かったが、外国人実習生人数が3.1人と従事者数に対する割合が148％であった。しかし、2015年調査では従事者数規模1～4人の外国人実習生受け入れはゼロである。今後の動向に注目しなければならないが、2015年調査では従事者数規模の

92　　第2部　日本

　　大きい法人ほど外国人実習生受け入れ割合が高くなっており、従事者数規模5〜
　　9人の法人では受け入れ割合を低下させている。
（5）日本農業新聞、2017年2月24日号。

第6章
製造業における技能実習生雇用の変化
――中小企業から大企業への展開――

上林 千恵子

1．はじめに

　日本が受け入れている技能実習生数は、法務省「在留外国人統計」によると、2016年12月末時点で228,588人とこれまでで最高の人数となった。リーマンショック以前の2008年は191,816人であったが、その後、世界経済危機によって落ち込み、2016年は再び、過去の最大人数を更新した。技能実習制度のこのように拡大した原因は、受け入れる日本の需要側の変化に求められるのではないか、これまでは中小企業の労働力不足対策として機能してきた技能実習制度が、大企業間でもその利用が広がりつつあるのではないか、という問題を本稿で検討したい。技能実習制度は元来、中小製造業で開始されたものであり、技能実習2号移行申請者の業種をみると、その8割強が製造業であるので、製造業を中心とした技能実習生の雇用の変化を以下に見てみよう。

2．中小製造業における技能実習制度と縫製業

（1）中小製造業が抱えた人手不足

　外国人技能実習制度は1990年実施の入管法で、在留資格「研修」が活動ビザのカテゴリー内に独立して設定され、団体監理型研修生受け入れを認めたことに端を発している。この間の事情は上林（2015）に詳しく触れたが、要は人手不足に困った中小企業が従来の外国人受け入れ枠組み「技術研修」を拡大解釈する形で外国人労働者を確保してきた実態に対し、この実態に整合した新たな「研修」資格を設置したことである。移民政策上、制度それ自体よりも受け入れ実態が先行

94 第2部 日本

した典型例である。日本は移民送り出し国ではあっても、受け入れ国になり得る
という事態を1989年入管法改正以前の時点で誰が想像しただろうか。

戦後日本の移民送り出しは1952年に再開され、送り出し人数は1950年代がピー
クであるが、その後の日本経済の発展によって移民送り出しは1972年を最後に中
止され、オイルショックが起きる1973年にはブラジル向け移民船が廃止された[1]。
そしてその廃止と踵を接するかのように、1980年代後半のバブルの絶頂期には、
不法就労外国人の雇用を通じて実態として外国人労働者の受け入れが進展したの
である。

そこで、以下に縫製業と鋳造業という日本で最も早くから外国人労働者を受け
入れた業界の技能実習生の雇用を業種特性との関連から見ておきたい。この2業
種は技能実習生の雇用が企業にとっては必然的なものであったことを示しており、
現在でもその特徴は維持されているといってよいだろう。

（2）縫製業の技能実習生受け入れの背景

縫製業における技能実習生受け入れは、日本社会でもっとも早く始まったと言
える。その事例としては、縫製業が地場産業として立地している岐阜県岐阜市が
典型例である。この地では現在の技能実習制度が発足する12年前の1981年から中
国人研修生受け入れを開始しており、発足当時は8人を2年間の期間で受け入れ
た。その母体は岐阜県日中友好技能実習協同組合連合会であった。これは地場の
縫製業各社が連合して設立した業種別組合であり、後の団体監理型技能実習生受
け入れの一つのモデルとなった。

さらに「日中友好」というその名称が示す通り、当時は中国と人的交流を実現
するには、「日中友好」の旗印が不可欠であった。中国側の状況は1978年の改革
開放直後の時点であり、海外交流がようやく可能となったにすぎず、その僅かな
間隙を縫って中国人労働者を日本で受け入れるためには、「日中友好」の旗印が
双方にとって不可欠であった[2]。

現在の技能実習制度は、受け入れ国の日本と送り出し各国、そして実習生本人
の三者がそれぞれに経済的利益を求めており、またそれが相互に暗黙の前提とさ
れている。また民間ベースの送り出しを既定の事実としている。この現在の状況
と、技能実習制度の端緒となった中国人研修生受け入れ事業開始当初の状況は、

大きく異なっている。当時は、中国が第2次大戦の戦勝国であり、日本は敗戦国であるという事実を踏まえた上で、その亀裂を修復するという意味で「日中友好促進の実現」という大義が必要とされた。したがって地場産業としての縫製業各社が中国からの研修生を受け入れるためには、岐阜県選出の国会議員と岐阜県の県議会議員、および岐阜県知事などの行政関係者のイニシアティブが政治的行動として必要とされた。

こうした背景は存在したものの、受け入れ縫製業各社にとっては研修生、現在の実習生は当時も、また現在も、人手不足を補う貴重な労働力であった。その理由は、日本の縫製業という業種特性に由来する。縫製業は労働集約的産業の典型として、あらゆる産業がたどる「産業の軌跡の先行者」とも言われ、日本を始め各国の工業化はまずこの縫製業から始まった。そこでその業種特性を簡単に見ておこう。

繊維産業全体は大きな分業構造となっており、大企業が支配する川上（原糸メーカー）と川下といわれるアパレル・小売り段階の中間に、川中といわれる織物、ニット、染色、縫製の段階がある。この川中の段階はほとんどが中小企業で構成され、就業者に比して出荷額が低く、常に経営効率や競争力が問題となってきた。ファッション産業の名称から想像されるような企画、デザイン、販売などの付加価値が大きい段階は商社や大手アパレルメーカーなどが独占し、川中の縫製業者は賃加工の段階に甘んじている。したがって、企業としての利益の源泉は、低賃金労働者を雇用することに求められる。

もっともこうした繊維業界の分業構造にはそれを必要とする存立理由がある。岡本義行によれば、縫製業の産地の自立度が高いイタリアと比較して、日本の縫製業は産地外の商社や問屋、そしてアパレル企業から完全に自立した意思決定を行えず、川下の小売業そのものも価格決定権がないという（岡本 2007）。縫製業者もまたこのファッション産業の小売り業と同じ立場にある。この業界は製造した製品はすべて発注者に買い取られる構造となっているから、売れ残りや在庫のリスクはない。この経営上の危険負担が存在しない分、また織物やデザインなどの知識集約的部分がない分、さらに1人の縫製工が1台のミシンで縫う作業で技術革新の道がない分、また製品が消費者のし好に合わせて多品種少量生産で大量生産によるコストカットが難しい分、縫製業界は付加価値が低く、繊維産業の中

96　　第2部　日本

で低賃金で労働集約工程を担っている。

　縫製業の以上のような業種特性のために、戦後の発展の歴史を見ると、当初は岐阜市では地元である岐阜県の、東京の東部地区では栃木など北関東圏の出身者を労働力として求めていたが、その供給が途絶えると、岐阜では九州地方から、関東では東北地方からの労働力供給に頼った。そしてそうした地方出身者が途絶えたところで、海外からの労働力として技能実習生へ依存することとなったのである。この間、縫製業者自身も安価な労働力を求めて中国への海外進出を図ったが、これは1990年代までであり、その後、中国での労賃の上昇により、現在はミャンマー、ベトナム、バングラデッシュなどの東南アジア諸国へ生産拠点が移動している。

　以上のように縫製業の持つ業種特性が日本社会で早期の技能実習生受け入れをもたらしたといえる。

（3）事例にみる岐阜県縫製業の技能実習生受入れ

　そこで現在の縫製業における技能実習生受け入れ事例をみておこう。岐阜県はその戦後史からも明らかなように、技能実習生を雇用する縫製業の所在地として著名である。2016年10月末時点で岐阜県労働局がまとめた「外国人雇用状況報告」によると、外国人労働者数は25,054人であり、そのうち技能実習生が9,634人と38.5％を占める。全国平均では技能実習生の比率は19.5％であるので、岐阜県は外国人労働者の中でも技能実習生へ依存する比率が高いことがわかる。外国人労働者を業種別にみると、製造業が15,083人と最も多く、そのうち繊維工業は3,344人で第1位の輸送用機械製造業就労者4,538人に次いで第2位となっている。縫製業は岐阜県の地場産業として著名であるが、現実の外国人労働者雇用数からみると、名古屋を中心とする自動車産業関連の業種での雇用が上回っていることに注意したい。また繊維・衣服産業の職種での技能実習2号申請者数を2015年度で見ると、岐阜県は1,461人と全国1位であり、全国2位の愛知県685人の約2倍である。縫製業の技能実習生がいかに岐阜県に集中しているかが示されていよう。

　こうした縫製業での技能実習生受け入れは、縫製業全体でも受け入れられているものの、縫製業界では大手といわれる従業員20～40人規模の企業よりも、それより規模が小さい小零細企業で受け入れ効果を発揮しているという（岩坂

表 6-1 縫製業の技能実習生

企業名（仮名）	所在地	事業内容	経営者・家族従業者	日本人従業員数	技能実習生数	実習生受け入れ年	受け入れ理由	受け入れ効果およびコメント
A社岐阜工場	岐阜県各務原市	羊毛、合繊織維の精紡、染色		164	12	2009	女性精紡工不足	従来までは男性担当の職務であった深夜勤務を担当してし人件費削減
石田フクシー	岐阜県各務原市	自動車整備員用作業着製造		60	23	2000	1995年中国進出したが、生産に失敗し、国内製造に特化した	半分は受注生産であり、納品時期、商品リスクを考えると海外での大雑把な生産では間に合わない
F衣料プレス	岐阜市	婦人服プレス		38	18	2010	以前は上海から、今は西安から受け入れ。中卒女性の実習生。	月給15～16万円で、中国の10倍。パソコン使用が逃亡機会と繋がることを危惧。
サトー衣料	岐阜市	婦人フォーマル服縫製		10	9	1987	87年当時は韓国人研修生受け入れを試みたが失敗。受け入れ団体の紹介で中国から。	同敷地内のプレス工場でも6人実習生を雇用。いつまで中国から受け入れが可能かわからず不安。一度中国進出に失敗し、現在は中国経由の別の都市に子会社を経営。
太田服装	岐阜市	婦人服縫製	2	1	4	1990	主婦パートは多勤が多く、操業の安定を図るため。	中国人2人、カンボジア人2人の受け入れ。中国人は残業要求が多いので2人に限定した。外国人雇用をしていると世間の目が冷たいと感じる。
菊重	羽島市	紳士ズボン縫製		13	8	1993	若年者採用難	高齢化した女性パートの補充。サボタージュの管理が難しい。一度倒産し、経営者の交代があった。
ミツバ	東京都足立区	高級婦人服縫製	2	22	6	2002	当時雇用していた、日本人配偶者の中国人の技能を見て。来日希望者の面接では、候補者の人数合わせのためにだけクラがいるのではないかと用心している。	海外ブランド物の高額品を生産しているので、顧客の注文に合わせ短納期でも対応可となる。職場に活気が生まれた。

注：調査年は2011年～2013年

98　第2部　日本

2007）。なぜならば大手縫製業の場合、設備投資の規模も大きく、従業員に支払う賃金が固定費として大きな割合となるため、受け入れ人数に制限のある技能実習生の受け入れ効果は、零細下請け企業よりも小さいからだ。したがって夫婦2人で経営している縫製業者は発注の増減に経営が左右される度合いが低く、場合によっては廃業することも視野のうちに入るが、大手縫製業となると従業員を雇用しているために、相対的に経営の柔軟性に欠けるのである。

　表6-1は筆者が2011年から2013年にかけてヒアリングした岐阜県、および東京都の技能実習生を雇用する縫製業の内容である。A社のみは歴史のある原糸製造の大手企業で、精紡工として技能実習生を雇用しており、雇用類型としては後に触れる大企業型に分類でき、受け入れ年数も2009年からと新しい。その他の企業はF衣料プレスを除き、早くは1987年から、遅くとも2002年から技能実習生を受け入れている。また日本人従業員数と技能実習生数の割合を見ると、技能実習生が職場での基幹労働力となっていることがわかる。また、受け入れ理由、受け入れ効果を見ると、中国進出に失敗して日本に戻った、導入した韓国人研修生の定着に失敗した、地方工場の展開に失敗した、など過去に経営上の失敗があり、現在地で技能実習生を雇用して経営を遂行せざるを得ない状況下に置かれている企業であることが共通点である。

　以上の事例から、縫製業での技能実習生受け入れは、海外企業との競争に脅かされながらも日本で操業を継続せざるを得ない、労働集約型産業の存続を可能にしていることが理解されるだろう。

3．鋳造業での技能実習生受け入れ

（1）鋳造業の業種特性と技能実習生

　鋳造業もまた縫製業と並んで技能実習制度の成立以前から、技能研修生を受け入れてきた業種である。それは縫製業と同様に、その業種特性が中小零細企業で構成されているために規模の経済を活用できず、生産性が低くなりやすい。そのために労働条件が相対的に低いこと、また職場環境が高熱であり、粉塵も生ずるという製造工程の制約下にあるために若年者に好まれないこと、という労働条件と職場環境の2つの条件が重なって、鋳造業は日本社会が豊かになりサービス経

済化が進展すると共に、若年者の人材確保が困難となった。

　縫製業と同様に、鋳造業が含まれる素形材産業では、川上産業の金属素材を提供する分野は大企業中心に構成されている。また素形材産業が製造した金属部品を使用する川下産業も、自動車産業、建設用・工作用機械産業、情報通信機器産業のように大企業で構成されている。川下産業では、川中産業の素形材産業が製造した各種の金属製品をさらに加工し、それらを組み立てることにより最終製品を市場へと送り出すのである。

　近年は中国をはじめとして東南アジア諸国の技術レベルが向上し、金型などの高付加価値製品の製造品目も輸入品で賄えるようになった。しかし、鋳造製品のロットが小さく、最終品目の機械製品に組み付けるために高精度が要求されつつも、短納期を前提とする製造品目については国内製に一日の長があることは確かである。

　問題は、自動車の海外生産に代表されるように、最終製品の製造地が国外へと移転しており、それに伴い、量産鋳物の海外移転が進み、国内生産は減少を余儀なくされた点である。その結果、下請け企業向けとして国内に残された仕事は、ボリュームゾーンの一部と、非ボリュームゾーン（非量産鋳物）であり、国内での非ボリュームゾーンの生産比率が増加する一方、非量産鋳物も、ユーザーは国内外の価格差を見ながら発注を検討するようになったという（日本鋳造業協会2016：8）。下請け産業である素形材産業も海外での需要を前提に海外進出を選ぶか、あるいは先細りが見込まれる国内生産にとどまるかの選択を強いられるような環境下に置かれるようになった。労働力人口の高齢化を前提に、元来、人材確保が困難な業界では、基幹的な技能を継承する若年者の育成に注力するだけでなく、高齢者のシニア人材と女性の活用にも目を向けている。

　以上のような業界特性を前提として、鋳造業とそれを含む素形材業界は外国人労働者についてどのような雇用方針を持っているかを検討したい。資料は、2008年、経済産業省が高度技能実習制度（いわゆる再技能実習）へのニーズ調査を業種別に実施した際の、素形材業界に対するアンケート調査である。調査報告書は国際研修協力機構（JITCO）編『外国人研修生・技能実習生受入実態調査—高度技能実習制度の在り方について』（2009）として公表されている。この調査では、日本鋳造業界に所属する全企業731社にアンケート調査を実施し、212社（回答率

100   第２部　日本

表6-2　鋳造業が研修・技能実習制度を活用する理由（複数回答）

	調査計（252社）[注]	鋳造（114社）
日本人を雇用しようとしたが人が集まらなかったから	47.5	55.3
外国人の方が人件費が安いから	32.5	35.1
外国人の方がまじめに仕事に取り組むから	38.5	44.7
研修・技能実習生の場合３年間は安定して労働力確保ができるから	63.5	71.1
グローバル化に対応するための海外現地法人の幹部候補育成	15.1	8.8
グローバル化に対応するための海外現地法人の現場労働者育成	23.4	14.0
その他	7.5	7.0
無回答	7.0	0.9
合計	100.0	100.0

出所：国際研究協力機構編（2009）『外国人研修生・技能実習生受入実態調査—高度技能実習制度の在り方について』国際研修協力機構、p.183
注：調査対象全体は素形材業界（鋳造、鍛造、ダイカスト、金属プレス、金型、非鉄鋳物）

29％）からの回答を得た。

　その結果によると、正規雇用人員が「不足」あるいは「やや不足している」とした企業は、合計で39.1％であり、また外国人研修生・技能実習生を雇用している企業は48.0％であった。それら企業の実習生の雇用理由は、「３年間は安定して労働力確保ができるから」とした企業が71.1％で最も多く、第２位は「日本人を雇用しようとしたが人が集まらなかったから」の55.3％であった（**表6-2**参照）。巷間でいわれるように技能実習生が低賃金労働力であるという点が技能実習生を雇用する最大の理由ではなく、現実の雇用理由は３年間という期間を一つの単位として、実習生を次々と受け入れることで長期的な人員確保を可能とする、という点にある。

　技能実習制度に見られる「ローテーション方式の外国人労働者の採用」という人材確保の方法を企業が採用せざるを得ない理由は、他の人材確保の方法が企業にとって満足できるものではないからである。すなわち、往々にして技能実習生と交換可能な人材として考えられている臨時労働力の派遣労働者を技能実習生と比較した場合、生産量の変動部分を担うはずの派遣労働者の雇用では、労働力の定着と勤続期間の見込みが立たないという問題がある。職業安定所に求人票を出しても採用がままならない場合、求人企業は人集めに関して独自の情報とルートを持っている派遣業者に採用を依頼する。そこで採用された派遣労働者と、海外に採用ルートを持つ技能実習生受け入れの監理団体、いわば同じ人材派遣を業務とする会社であるが、そこから派遣された技能実習生とは、双方とも、企業から

第6章 製造業における技能実習生雇用の変化　101

図6-1　素形材企業の適正雇用バランスと現実の乖離
出所：表6-2に同じ、p.329

同じ役割を期待されている。それが受注の変動部分を担う労働力としての役割である。そして派遣労働者と技能実習生を労働力として比較した場合、日本語能力の点で技能実習生は不利であるものの、技能実習生の方が仕事への取り組みが真面目であり、非常に勤勉であるという判断がなされている。

　こうした労働力の利用状況を、先の報告書は図6-1のような理念図にまとめている（図6-1）。この図は、鋳造業を含む素形材産業そのものの雇用実態を抽象化した結果である。受注の変動分や単純作業について非正規雇用者もしくは技能実習生が担うことを理想としているが、現実には正規雇用者の不足により、彼らの雇用分まで非正規雇用者と技能実習生に依存しているという現状が示されている。そして企業から見ると非正規雇用者と技能実習生とは代替関係にあるが、実習生の方がよく働き、かつ派遣労働者の技術レベルが低くなったという判断から、同報告書の素形材分科会のまとめでは非正規雇用者よりも技能実習生に対して正社員代替の期待が高まっていることが指摘されている（JITCO編 2009：330）。ただし、個別企業によっては、ダイカスト企業の事例として、「より正社員に近い存在として活用している派遣社員に対し、研修生・実習生は、あまり技術が必要でない職場に配置している」（同書：284）という記述もあった。したがって、派遣社員と技能実習生との関係は、代替関係にある場合も、また相互に補完関係にある場合もあり、現状では一律に決定されているわけではない。

102　　第2部　日本

（2）事例にみる埼玉県川口市鋳造業の技能実習生受け入れ

　以上のような鋳造業の業種特性から、縫製業と同じく、この業界では技能実習生受け入れ比率が高い。そこで鋳造業の典型的な技能実習生受け入れ事例を川口市の地場産業である鋳造業にみておきたい。

　川口市の鋳造業組合では、中国からの研修生受け入れを企図して1981年6月に海外鋳造研修生受入協議会（海研会）を発足させた。当初の中国からの研修生受け入れにあたっては、岐阜市と同様に日中友好協会川口支部の協力も大きく、両者は緊密な関係にあったが、中国からの実習生受け入れに伴う政治的色彩が薄まったためか、海研会は日中友好協会から2013年に退会している。この海研会は第1陣の研修生を、1983年に2年間の研修期間で20人受け入れたことを皮切りとして、1985年、1987年、1989年に各60人ずつ受け入れた。入管法の改正に伴って1991年から技能研修生制度が発足するまでに、すでに延べ200人の研修生を受け入れた実績を持つ。そして技能研修制度が発足して団体監理型受け入れ制度が認められたために、海外鋳造研修生受入れ協議会も、協同組合川口鋳造海研会として再発足した。

　鋳造業は現在でも技能実習生に依存する割合が高く、川口市の地場産業である鋳造業が技能実習生の受け入れに先鞭をつけた理由は明らかに労働力不足対策である。当該産業の労働力不足の理由を松井一郎は次のように説明する（松井1993：195-196）。第1に、昭和30年代以降の高度経済成長の過程で、農村や地方都市の新規学卒者や潜在的な労働力を3大都市圏の産業が吸収したために労働力の需給がタイトとなったこと、第2に川口市の立地特性が東京に隣接しているために、東京が川口市の労働力を吸収すると同時に、東京から流入した企業が川口市の労働力を吸収し、川口市の地場産業が求人難となったこと、第3に鋳造業の労働環境が悪いこと、第4に中卒者の高校進学率が上昇して、川口鋳造業にとっての新規学卒労働力が縮減したこと、などの要因が労働力不足を招いたと考えられるとしている。

　この川口鋳造業を巡る労働市場の環境は現在も変わらない。生産工程の制約から職場環境が悪いこと、賃金をはじめとする労働条件が低いこと、東京圏の求人需要と競合すること、などの要因は現在も継続している。また川口市内では鋳造業以外の機械・金属業も集積しているために、こうした業種と比較して賃金水準

第6章　製造業における技能実習生雇用の変化　　103

表6-3　川口市の鋳造業の技能実習生

企業名	事業内容	日本人従業員数	技能実習生数	実習生受け入れ年	送り出し国	受け入れ理由	受け入れ効果およびコメント
A社	産業機械部品製造、機械加工	150	24	1983年	ベトナム	人材確保	人材の質が不安定、送り出し国の景気変動の影響を受ける
B社	建設機械の油圧部品製造	16	6	1983年	中国	人材確保	近年は中国での鋳造経験者の確保が難しいので、前職は問わなくなった。中国が現在は経済が安定してきているため来日希望者が減少している。
C社	産業用機械部品、免震装置製造	22	6	1992年	中国	人材確保、日系ブラジル人は定着しなかった	人件費の抑制。中国の鋳物業への対抗意識が生まれた。1～2年目はバリ取りなどの単純作業、3年目から一人前になるので、再技能実習生の受け入れを希望。
D社	公共用大型パブル、プレス機械部品	31	6	1989年	中国	人材確保。中国人留学生のアルバイト採用がきっかけ	以前よりも人材の質が向上。来日前に従事していた職種と同じ職種に近いものに就労してもらう。

注：調査時期　2016年8月

の低い鋳造業では同じ地域内でも求人が困難となっていることも予想される。正社員の年収額はほぼ400万円前後であるという。

　表6-3は、川口市の海研会所属企業のヒアリング結果である。海研会は発足当初の1991年は25社で構成されていたが、2016年時点では会員企業19社、実習生受け入れ人数117人である。異業種組合として数百人規模の受け入れ監理団体が少なくない現在では、比較的小規模の同業種組合といえるだろう。会員企業が減少した理由は、廃業した企業があったこと、また技能実習生に依存する必要性がなくなったこと、などの点があげられる。

　こうした背景を理解すると、**表6-3**で示した4社は技能実習制度創設期から技能実習生を受け入れており、長い企業では受け入れの歴史は33年に及ぶ。C社はその中で技能実習生受け入れ歴24年であるが、それ以前は日系ブラジル人を雇用しており、彼らが定着しなかったことから技能実習生の雇用に切り替えた。現在、大企業でも日系人から技能実習生へのシフトが起きているが、C社ではそれを10年以上前に実施したということになろう。

　またヒアリング対象企業はその歴史が長いだけでなく、大手建設機械メーカーや産業機械メーカーから安定して受注を受けるなど、技術力が高く経営状況も安定している。企業規模は16人から150人規模までばらつきがあるが、**表6-4**の川

104　　第2部　日本

表 6-4　川口市の産業別（中分類）従業者規模別事業所数

	計	4～9人	10～19人	20～29人	30～99人	100～299人	300～499人	500～999人
総数	1,486	826	386	150	108	13	3	－
金属製品	314	193	77	26	17	1	－	－
生産用機械	231	145	53	24	9	－	－	－

資料：工業統計調査（2013年度）
注：調査対象は、従業者4人以上の事業所。

口市の工業統計調査（2013年）からわかるように、川口市内には全体で100人規模を超える企業は16社しかなく、A社は規模の上からも業界のリーダー格であることがわかる。鋳造業が属する川口市の金属製品製造業は、事業所数314社のうち、19人以下の小零細企業が270社と86％を占め、川口市内の鋳造業が非常に小零細規模に集中していることが理解できよう（**表6-4**参照）。

　海研会が受け入れている技能実習生の送り出し国は当初は中国のみであった。しかし近年はベトナムからの受け入れ人数が増加し、2016年では全受け入れ人数116人中、中国人51人、ベトナム人66人と受け入れ人数の逆転が起きている。送り出し国としてベトナムが有力となった最大の理由は、送り出し機関に支払う管理費が異なることで、前者は1人につき1か月20,000円、後者は6,000円であり、この差がベトナムへのシフトを促しているようだ[3]。

　橋本由紀は、技能実習生受け入れ企業の生産性を比較することにより、受け入れ企業が安価な労働力を一時的に利用しているのか、経営再建の見込みが乏しい企業の単なる延命策としての技能実習生の利用か、を分析した（橋本 2010）。そして全般的には賃金競争力に劣る企業の制度利用が多いものの、3割の企業は実習生受け入れのない企業よりも高い賃金が支払われていることを示した。

　今回ヒアリングした**表6-3**の企業は、川口市の鋳造業でもリーダー的な地位を占め、経営的にも安定している。技能実習生の雇用は、明らかに企業の延命策ではない。こうした企業でも、職場環境条件の低さから人材確保が困難であり、技能実習生の雇用が継続されていることがわかった。今後も、新たな労働力の供給源が見つからない限り、そして当面は技能実習生以外にその供給源は見つからないため、技能実習生の雇用は継続・拡大していくものと考えられる。

　以上、縫製業や鋳造業のように典型的に中小零細企業で構成されている業種が、

人手不足のために技能実習生という外国人労働者に依存せざるを得ない状況をみてきた。しかし人手不足は必ずしも中小企業に限らない。大企業でもまた外国人労働者への依存度が大きく、そこで雇用されている外国人労働者が従来の日系人から技能実習生へとシフトしてきていることを以下に見たい。

4．日系人から技能実習生への雇用シフト

（1）日系人から技能実習生へのシフト

　機械・金属業に分類される自動車部品製造業および電機・電子部品製造業ではこれまで多数の外国人労働者を雇用してきた。その中心は日系中南米人である。日系中南米人は1990年入管法で定住者ビザが創設された後に急増したが、技能実習生と異なって就労職種に制限がなく労働移動が可能であったために、主として技能実習生が就労する中小企業ではなく、より高い労働条件が提供される大企業に派遣・請負労働者として雇用されてきた。

　日系人の雇用は、これまでの日本人出稼ぎ労働者の代替であり、高齢化によって農業就業者の出稼ぎという供給源が枯渇したために、その空白を埋めるためのものであった（上林 2015：27）。彼らは、建設業のほか、製造業ではテレビ、自動車組立・修理作業者として就労していたのである。この日本人出稼ぎ労働者の代替労働力として1990年以降に日系人が雇用されてきた。

　日系人は技能実習生と比較して企業の受け入れ人数に制限がないこと、また残業も可能であったこと、多数の派遣業者が相互に競合していたために大人数を一度に雇用できたこと、など技能実習生には求めることが出来ない労働力としての特質をもっていた。そのため大量の柔軟な労働力を必要とする大企業に派遣・請負労働力の形で雇用されていた。

　しかしながら、労働力としての日系人の受け入れはリーマンショック前の2007年をピークとして、その後は徐々に減少した。法務省の在留外国人統計によると、2007年末のブラジル国籍の登録者数は316,967人であり、2016年末は180,923人となっている。またこのうち、永住者数は110,932人となり、今やブラジル国籍者はその人数の減少と共に、日本での永住権を獲得し定住化した存在となってきた。

　図6-2は、厚生労働省が毎年10月に発表する「外国人雇用状況報告」の結果を

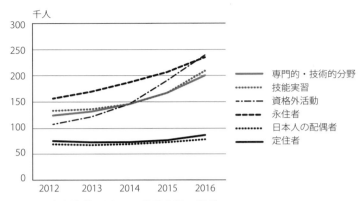

図6-2　在留資格別外国人労働者数の推移
出所：厚生労働省（2016）『外国人雇用状況報告』から作成

在留資格別に整理した図である。ここでは日系ブラジル人に代表される定住者の人数は過去6年間、横ばいであること、また技能実習生と、留学生に代表される資格外就労者、および永住者の人数が伸びていることが示されていよう。

（2）事例α社にみる技能実習生へのシフト

以上は日本全体の外国人労働者の内訳の変化であるが、その理由を大手自動車部品メーカーの事例から探ってみたい。

①α社の概要

α社は、自動車用シート製造の独立系メーカーで、完成した部品を最終メーカーに納品する第1次サプライヤーである。2015年度の売上高は1,189億円、国内の従業員数は1,450人であるが、連結子会社となっている海外企業を含めると海外従業員数は8,032人となっており、海外従業員は全体の従業員数のおよそ8割を占めている。2015年度の経常利益はおよそ30億円であり、過去5年間に大きな変動は見られない。安定的に推移しているといってよいだろう。

②α社の技能実習生の雇用

α社での技能実習生の雇用は2008年から開始され、比較的歴史が短い。受け入

第 6 章　製造業における技能実習生雇用の変化　　107

表 6-5　工場現場の技能系従業員数（2015 年 10 月時点）

工場名（いずれも仮称）	技能実習生の雇用開始年	正社員	派遣社員	技能実習生
関東工場	2015 年	111 人	70 人	16 人
愛知工場	2008 年	0 人	200 人	53 人
近畿工場	2014 年	37 人	0 人	45 人

れのきっかけは、2008年のリーマンショック時に生産減から正社員100人をリストラしたが、その後に景気が上向いたために人員不足を技能実習生の雇用で解消したことにある。もっとも a 社から積極的に技能実習生を探したというわけではなく、当時、技能実習生を企業に派遣する受け入れ監理団体から話が持ち込まれ、そこで技能実習生の雇用に至ったという。

表6-5は a 社の国内事業の工場現場作業員のうち、雇用形態別の内訳を見た結果である。もっともはやく技能実習生を雇用したのは愛知工場で2008年であり、この現場は派遣社員と技能実習生のみが自動車シートの組立作業に従事している。その後、近畿工場、関東工場でも技能実習生の雇用が2014年、2015年と比較的近年に開始された。近畿工場では正社員と技能実習生の人数がほぼ1対1、関東工場では正社員の技能者に対してその1割が技能実習生である。派遣社員の人数は変動が大きくて正確につかめなかったが、関東工場と愛知工場でそれぞれ70人と200人ずつであり、技能実習生よりも企業としての把握状況は緩やかなようである。

関東工場における技能実習生の配置工程は、フレーム生産、機構部品組付け、シートアセンブリーであり、労働集約的で機械化が難しい箇所に配置されている。技能実習生の受け入れ職種は「溶接」であるが、関東工場の設備の状況から半自動溶接であると思われる。また技能実習生は、受け入れ職種以外にその関連・周辺作業を行えることが監督官庁から許可されているため、フレーム生産のための溶接以外に、座席シートの配線作業、部品供給（座席シート組立に必要な部品を棚から取り出して専用の箱に収める作業）を行っていた。また工場見学当日は、たまたまビデオカメラで従業員の作業動作が撮影されており、作業の能率化向上への努力が図られていた。

関東工場の16人の技能実習生はすべてベトナム人男性で、18 ～ 21歳の若年者ある。ベトナムの人材派遣会社が経営する現地の職業訓練校の卒業生で、体力と手先の器用さを基準として採用された。日本の受け入れ機関である協同組合（人

材派遣会社）が工場近くにアパートを借り上げ、技能実習生の生活管理も行っている。また関東工場でも日本語能力1級の資格を持つベトナム人女性を正社員として雇用し、技能実習生の相談業務にも従事させている。

　これまで技能実習生の失踪者はいなかったが、ホームシック、病気（結核）などの理由で途中帰国者が4～5人出たそうである。ベトナムからの技能実習生受け入れをα社が希望した理由は、これまで他の工場でそれと分からないまま中国人不法就労者を雇用した苦い経験があるからとのことであった。

③派遣社員と技能実習生の比較

　α社ではこれまで派遣社員に依存する程度が大きかった。その理由は、生産量の変動幅が大きいからである。関東工場の生産台数を見ても、ピーク時の2008年は236千台であったが、2013年はその生産量が124千台とほぼ半減し、その後2015年には199千台へと復活の見込みであった。こうした生産量の変動が大きい要因として、最終製品を消費者に販売する自動車メーカーの発注量が大きく変動するだけではない。特定メーカーの系列に所属しない独立メーカーは、受注は系列メーカーが優先された後に初めて行われるので、系列のシートメーカーと比較してより生産量の変動が大きいという。いわば業界内の産業組織構造に由来する要因も指摘できる。

　α社の2015年度の有価証券報告書によれば、事業等のリスクの要因として、製品の欠陥、新製品開発力、グローバル展開、自然災害の影響、と並んでその第1位に、業績変動が指摘されている。すなわち、特定のメーカーの系列に属さないことから特定の自動車メーカーへの依存度は高くないものの、販売先各メーカーの評価、販売動向によって業績に変動が起きること、またそうしたメーカーの発注方針の変更、生産調整、特定車種の生産工場移管、工場再編に影響を受けること、さらにグローバル展開の中での為替レートの変化、が業績変動要因であると指摘している。このグローバル展開は、現地の法規、税制の変更、社会的混乱などの要因を含み、販売先である自動車メーカーの海外展開に伴ってα社でもその施策に追従するものの、各種変動要因はα社にとって大きなリスク要因と見なされている。

　このようにα社では変動要因への対策として、人件費が固定している正社員よ

第6章　製造業における技能実習生雇用の変化　　109

りも、その費用を変動費と見なすことが可能な非正規従業員への依存度を高めている。「人件費の変動費化」という2000年代に入ってからの企業の雇用方針の変化は、a社でも確実に実現されていることが理解された。

　ちなみに関東工場では、現場作業員のうち、6割弱が派遣社員と技能実習生であった。派遣社員の人数の多さから見て、常時、必要な人数の派遣社員を確保していくことは工場の人事労務担当者にとって大きな課題である。2015年の調査時点で関東工場では17社の人材派遣会社に常時、募集をかけており、1か月に1回、派遣会社と情報交換会を開いて、納入先メーカーから示された生産量等をもとに募集人数を決めている。

　こうした製造業の企業は生産変動への対応策として非正規従業員の雇用を増加させてきたが、非正規従業員に対する求人は公共職業安定所経由では充たされないことを経験的に知っている。そこで必要な労働者数を確保するために、17社もの人材派遣会社と取引を行っているのであろう。17社と派遣会社数が多いのは、数社だけでは人材派遣会社といえども a 社にとって必要な人数を集められないためであろう。

　派遣会社からの派遣社員の採用に際しては、国籍、日系人か否かという基準はなく、日本語によるコミュニケーションが可能かどうかが基準となっている。労働力として採用するのであるから、労働能力のある限り国籍が問題となることはなく、また外国籍者だからという理由で雇用するのでもない。採用時に3日間ほど試験的に就労してもらい、その中で就業する意思を持った派遣社員を採用している。

　派遣社員の問題は、離職率の高さである。1か月のうちに採用した半数が離職し、また連休明けの無断欠勤、就業中の逃亡などもあり、受け入れ時に研修を実施して採用コストがかかっているにも関わらず、その費用の効果が見いだせないという。

　他方、技能実習生の場合は、真面目で欠勤がなく、派遣社員よりもはるかに当てにできる労働力であるという。そのため、派遣社員に代わり、技能実習生の雇用を拡大していくことを検討中であるそうだ。しかし技能実習生の雇用は派遣社員の雇用と比較して、①職種の制限があって複数職種での実習は不可能であること、②受け入れ人数に制限があること、③減産時に配置転換が実施できず、日本

110   第2部　日本

人従業員の異動・応援で調整せざるを得ないこと、などの制約があるため、こうした制約を将来的には外してほしいとの要望が *a* 社から出ていた。

　以上のヒアリングは2015年時点のものである。2016年11月に新たに技能実習法が成立したが、その内容は技能実習生の雇用の適正化を図る施策と共に、優良受け入れ団体に限定してではあるが、受け入れ人数枠の拡大、複数職種での技能実習実施の措置、などが盛り込まれた。*a* 社の要望が限定的にこの法によって実現したともいえるが、反面ではこうした要望は何も *a* 社に限定されたものではなく、日本の技能実習生受け入れ企業全般に共通する要望であることが、技能実習法が成立したことで示されたともいえるだろう。*a* 社の事例は一つの事例に過ぎないものの、実は大手製造業に共通する派遣社員へのニーズの存在と派遣社員の不足、そしてその不足を補充する労働力としての技能実習生という図式を端的に示しているのではなかろうか。

5．おわりに

　外国人技能実習制度は周知のように、中小零細企業で構成されている縫製業や鋳造業で開始された。それは主としてこうした業種での人手不足が原因である。これまで、典型的な労働集約的業種で技能実習生などの外国人労働者が雇用される場合、低賃金、低労働条件で就労する労働者を雇用することにより、産業の高付加価値化が進まず、構造的な衰退産業の延命策となっている、との議論がなされた。確かに外国人労働者の雇用、あるいは技能実習生の雇用にそうした側面が存在することは否定できないだろう。第2節、第3節で触れたとおり、こうした企業は現在でも存在し、日本の産業構造の中でその地位を保っている。必ずしも衰退産業とは言えないが、周辺アジア諸国が目覚ましい発展を見せる中で、今後に大きな発展が見込める産業とも言えない。

　これまでの技能実習制度の展開過程において、現在注目すべき点は、そうした低賃金労働力に依存する中小零細企業に限定されず、日本の技術の最先端を活用している自動車、電機産業の大規模製造業でも派遣労働力の代替として技能実習生の雇用が拡大していることだ。その拡大の実態が2016年技能実習法を成立させ

第 6 章　製造業における技能実習生雇用の変化　　111

たと同時に、またこの法の成立によって、技能実習生雇用の一層の拡大が予測される。

　大企業が技能実習生を雇用する場合、明らかに中小零細企業での雇用とは異なる点が存在する。大企業は中小企業と比較して組織の官僚制化が進んでいるが、技能実習制度も成立後30年ほどの経緯を経て、よりシステムが合理化され、官僚制化が進展した。成立当初の日中友好、あるいは技術移転といった建前としての目的が背景に退き、より利益追求目的の制度形成へと変化した。制度としての官僚制化が進んだために、いつでも、誰でも、どこでも（まだこの点については職種制限など制限が付されているが）技能実習生を雇用できる体制へと変化している。こうした制度自体の変化は、大企業にとって技能実習生の雇用を促進させる要因となっている。

　また大企業としての社会的責任の上から、労働基準法や入国管理法が遵守されることは間違いなかろう。一部の技能実習生受け入れ企業にみられる人権無視の実態[4]や、労働基準監督署と受け入れ企業との間のもぐら叩きのような摘発の問題、悪徳ブローカーの利用の問題、なども大企業では起きる可能性は低いだろう。

　また技能実習生の受け入れる以前に実施されている派遣前の教育訓練も、これまでとは別の様相を見せる可能性もある。従来ならば、技能実習生はその雇用期間が限定されているために使い捨て労働力として受け入れ企業は教育訓練費用を惜しむ傾向にあり、それだからこそ、事前講習などの徹底化が入国管理局や労働基準監督署のチェックポイントともなっていた。しかし大企業の場合は、そうした費用を惜しむことよりも、より高い生産性を求めて日本語訓練を技能実習制度が規定している以上に長期に実施する、あるいは現地の海外派遣企業の訓練施設に自社の訓練指導員を派遣して自前の訓練を実施している事例も見られた[5]。

　以上、外国人技能実習制度が従来の中小零細企業を対象とした制度から大企業も利用するように拡大していること、そこには制度自体が海外からの労働力受け入れ制度としてシステム化され官僚制化が進展しているという制度自体の変化が制度利用者拡大の後押しをしていることを指摘した。こうした変化の実態は2016年の技能実習法の成立をもたらしたものであると同時に、この法の成立がさらに技能実習制度の制度化を進展させ、技能実習生受け入れ人数を増加させることが

予測される。

　今後は増加しつつある技能実習生が日本の労働市場と日本社会に与える影響について考察しなければなるまい。新法では滞在期間が従来の３年から５年間へと延長された。滞在期間が長期化すれば、その期間に結婚する、あるいは長期滞在が可能な職業を見つけることによって定住化する元技能実習生も出てくるだろう。こうした受け入れの準備はなされているだろうか。

　また技術移転よりも労働力受け入れの性格が強められた新しい技能実習制度の在り方について、技能検定を厳しく実施して技能移転の性格をより強く求めるか、あるいは労働力受け入れとして技能検定の要件をより緩やかにするか、などの論議が必要とされよう。

　本格的な技能実習生の受け入れは、技能実習制度30年の歴史の中でこれから始められようとしている。考えるべき課題は多く残されたままだといってよいだろう。

注
（１）日本の移民送り出しから移民受け入れへの変化を、日本経済との関連から論じた論文として依光（2003）がある。
（２）岐阜県が日中友好を実現するための努力は土屋（2013）に詳しい。岐阜市に隣接する各務原市の地下軍需工場での工事事故や戦災で死亡した中国人俘虜の遺骨を収集してそれを中国へ返還したこと、日中不再戦の碑文交換、碑の建立など、後のピンポン外交といった派手な外交以前にこうした地道な活動を、岐阜の政治家や自治体が率先して実行することにより、ようやく、日中友好を実現するための手段の一つとして中国人研修生受け入れが実現したといってよいだろう。
（３）日本企業が技能実習生送り出し国を中国からベトナムへシフトしている理由については、日本ではもっぱら中国の賃金上昇と、ベトナムの経済発展という経済的要因から説明されている。しかし、中国側では、近年の日本への実習生送り出し人数の減少を、経済的要因のみならず、2012年以降の尖閣諸島問題に端を発する日中間の政治的不安定さから説明していた（中国大連市における大手派遣会社からのヒアリングによる。2017年３月21日聞き取り）。これまでの日本と中国との間の技能実習生送り出し・受け入れ関係と同様に、日本側は経済的要因を重視し、中国側は政治的要因を重視する姿勢がここでも見られたことは興味深い。
（４）この点は、（上林 2015）の第７章でふれた。
（５）2010年８月６日における中国山東省威海市大手派遣会社でのヒアリングから。

参考文献

岩坂和幸（2007）「洋間の父ちゃん・母ちゃんの組織化と岐阜アパレル産地の復権」『中小商工業研究』第91号、中小商工業研究所

植草益・大川三千男・冨浦梓編（2004）『素材産業の新展開』NTT出版

岡本義行（2007）「アパレル産業の日本的特徴と課題」『中小商工業研究』第91号、中小商工業研究所

上林千恵子（2015）『日本社会と外国人労働者：受け入れ政策のジレンマ』東京大学出版会

国際研究協力機構（2009）『外国人研修生・技能実習生受入実態調査―高度技能実習制度の在り方について』平成20年度経済産業省委託事業、国際研修協力機構

土屋康夫（2013）『ナツメの木は生きている―日中友好のかけ橋となった人たち』岐阜県日中友好協会

日本鋳造協会（2016）『鋳造産業ビジョンの全体評価について』日本鋳造協会、http://www.foundry.jp/vision.html（2017年5月5日取得）

橋本由紀（2010）『外国人研修生・技能実習生を活用する企業の生産性に関する検証』RIETIディスカッションペーパーシリーズ、10-J-018、経済産業研究所

松井一郎（1993）『地域経済と地場産業―川口鋳造工業の研究』公人の友社

丸川智雄（1998）「日本繊維産業の中国展開」『アジ研ワールド・トレンド』No.34、アジア経済研究所

依光正哲（2003）「日本における外国人労働者問題の変遷と新たな政策課題」『一橋大学研究年報　社会学研究』第41巻

第7章
漁船漁業における技能実習生の役割と熟練の獲得
―マルシップ等で外国人導入を先行させた海上労働―

三輪 千年

1. はじめに

　沿岸や沖合の家族経営に依存した漁家経営を除き、遠洋や沖合の経営規模の大きい漁船や養殖業を営む企業では従事者を雇用しないと経営は成り立たない。慢性的な漁業労働力不足状況下で、雇用労働力を必要とする経営は日本人労働力に替わって外国人技能実習生（以下、実習生）や外国人漁船船員（以下、漁船員）などの外国人労働者（以下、外国人）を雇用することで生産活動を維持する現状にある。

　漁業分野に従事する外国人の数を推計すると（第13次漁業センサス　**表7-1**）、2013年11月1日の海上作業従事者総数（日本人＋外国人）は17万7,728人で、そのうち雇用者（同）は8万2,314人。雇用従事者のうち外国人は6,206人（7.5％）となる。外国人が従事する分野を詳しくみると、沿岸の漁船漁業に943人、養殖業に796人の計1,820人が従事し、その殆どは実習生とみられる。実習生の人数に関してはJITCO（公益財団法人国際研修協力機構）の統計から（**表7-2**）、漁船漁業に2011年から2013年までの3年間の実習二号移行申請者の数は1,043人、養殖業の申請者は3年間計796人であり、2013年の実習生は両者合わせて1,839人となっている（実習生の日本滞在期間は3年間で、2013年の人数は2011年からの3年間の累計）。これら2つの資料から漁業分野に従事する実習生の数は約1,800人前後と推計できる。残りの4,386人は中小漁業層（所有漁船50トン〜1,000トン階層）や大規模漁業層（同1,000トン以上階層）が営む近海や遠洋漁場で操業する大型漁船の漁船員となる。大型の遠洋漁船で働く彼らは漁船マルシップ制[1]で労働者として雇用されている。漁船マルシップ制は外航海運等で導入された外国人船

表7-1　漁業種類・漁船規模別経営体及び漁業従事者（外国人従事者を含む）の数（11月1日現在）

第13次センサス（2013年）			経営体数	漁業従事者		雇用者				外国人雇用制度
				計	家族	計	日本人	外国人（人）		
								実数	％	
漁船漁業	定置網	大型・さけ	1,252	11,332	390	10,942	10,866	76	0.7	技能実習生
		小型	2,867	7,428	3,061	4,367	4,362	5	0.1	
		計	4,119	18,760	3,451	15,309	15,228	81	0.5	
	その他漁船漁業	1トン未満	26,608	22,542	20,006	2,536	2,535	1	0.0	
		1～10トン	43,436	55,119	45,039	10,080	10,030	50	0.5	
		10～20トン	3,643	12,065	4,000	8,065	7,369	696	8.6	
		20～30トン	559	2,930	542	2,388	2,351	37	1.5	
		30～50トン	466	3,655	296	3,359	3,200	159	4.7	
		計	74,712	96,311	69,883	26,428	25,485	943	3.6	
沿岸漁業	養殖経営	魚類等	1,612	6,901	1,660	5,241	5,219	22	0.4	
		ホタテ貝	2,466	8,648	4,715	3,933	3,924	9	0.2	
		カキ貝	2,018	5,323	2,424	2,899	2,152	747	25.8	
		のり類	3,819	11,643	7,065	4,578	4,562	16	0.3	
		その他	5,029	10,980	6,090	4,890	4,888	2	0.0	
		計	14,944	43,495	21,954	21,541	20,745	796	3.7	
		計	93,775	158,566	95,288	63,278	61,458	1,820	2.9	
中小漁業層		50～100トン	293	3,587	92	3,495	3,313	182	5.2	マルシップ等（4,386人）
		100～200トン	252	4,986	32	4,954	4,439	515	10.4	
		200～1,000トン	131	5,216	2	5,214	4,026	1,188	22.8	
		計	676	13,789	126	13,663	11,778	1,885	13.8	
大規模漁業層 1,000～3,000トン			56	5,373	0	5,373	2,872	2,501	46.5	
合　計			94,507	177,728	95,414	82,314	76,108	6,206	7.5	

資料：第13次漁業センサス（2013）に基づき作成

注：1）漁業作業従事者数は、調査年2013年の11月1日現在の数である。
　　2）沿岸漁業を漁船漁業と、養殖経営に分類し、いずれも主として営む漁業種類に基づいて分類。
　　3）漁業センサスでは中小漁業層を10～20トン、20～30トン、30～50トンの3階層をその他沿岸漁船漁業に含めて集計している。
　　4）中小漁業層を所有する漁船トン数を50～100トン、100～200トン、200～1,000トンの3階層に分類した。
　　5）沿岸漁業層のうち大型定置漁船や1トン階層までの漁船漁業と養殖漁業に従事する外国人は外国人技能実習制度による技能実習生と推計した。
　　6）漁業センサスにおける沖合漁業は、10～1,000トン階層までを含めているが、ここでは10～50トン階層までを沿岸漁船漁業と推定した。
　　7）大規模漁業層（1,000～3,000トン）が運営する遠洋漁業層の外国人マルシップ等は、沖合漁業の上層階層と同じく海船協による外国人漁船員を雇っている。
　　8）外国人欄の比率は雇用者数に占める外国人の割合となっている。
　＊海船協方式は、最近では殆どこの形式が「漁船マルシップ」方式となっている。

116   第2部　日本

表7-2　職種別技能実習2号移行申請者の推移

(単位：人)

分野	職種	2011年度	2012年度	2013年度	3年間の計
漁業	漁船漁業	300	352	391	1,043
	養殖業	167	242	387	796
	計	467	594	778	1,839

資料：公益財団法人国際研修協力機構

員を低賃金で雇用できる制度の漁船版であり、漁船分野では技能実習制度より3年早く実施されている（1993年に導入された当時は、漁船マルシップではなく海船協方式[2]が主流）。

　水産物市場が飛躍的に拡大した高度経済成長期には、漁業も量的な拡大を目指して生産に特化していた。しかし減速から安定期に入ると、200カイリ規制による漁場の縮小、資源・環境保護意識の高まりなどから高コスト時代へと移行し、漁獲した魚の付加価値いかんで経営が左右される時代となる。漁業労働も量を稼ぐ単純な力仕事から、付加価値の高い商品を作り込む熟練を要する労働が求められ、質の高い労働へと転換することになる。

　本稿では、沿岸や沖合の漁船で働く実習生に焦点を絞り、技能実習制度の実状と船内での彼らの役割を明らかにする。技能実習制度は制度の建前から、日本の技能を習得する実習生は単純作業や補助労働を行う未熟練労働者と位置づけている。ところが、現在の日本漁業が実習生に求める労働は未熟練な補助的労働の範囲を超え、日本漁業が置かれた厳しい環境と市場条件を反映したクオリティの高い作業で、未熟練労働力ではとても務まらない。クオリティの高い労働を要求される実習生のスキルや熟練を技能論の視点から整理し、技能実習制度が抱える今日的な課題を提起したい。

2．漁業労働の戦後における展開過程—外国人労働力の導入との関係で—

　漁業経営に必要な経営資源に、生産の対象である水産資源と生産の場である漁場、生産を行う漁船や漁具といった漁業機器にその他生産設備、いわゆる生産手段に、経営を維持し拡大する資本や運転資金などの金融資源、これらの経営資源を駆使して経営や生産を担う人的資源（労働力）がある。これら資源に加えて、

第7章　漁船漁業における技能実習生の役割と熟練の獲得　　117

過去の経営で蓄積してきた経営独自の生産技術やノウハウなどの情報も経営資源として必要となる。

　この間に著しく減少した経営資源が人的資源である。200カイリ問題や環境及び資源問題との関わりで水産資源に対する関心は高いものがあるが、日本漁業を担ってきた人的資源（特に若年労働力）は危機的な状況にあるといえる。日本漁業の存続を考えるなら、担い手である人的資源（労働力だけでなく経営の後継者も含めて）をいかに育成するか、重要な論点となろう。

　日本漁業の物的生産性（漁業生産量／漁業従事者数）は、漁業生産量が1988年にピークを迎えるまでほぼ一直線に伸びたが88年以降は減少に転じる。その後2000年頃まで減少傾向が続くが、2000年代に入って漁業従事者が一段と減少すると物的生産性は上昇に転じる。当時、人手不足に対応して漁船や漁労器機等で省人・省力化投資が進められと同時に、漁獲物の船凍化（船内冷凍加工の増加）など漁船の装備化が近代化資金で意識的に進められた[3]。道具の時代から機械・装置への時代へ、である。

　一方、価値生産性（漁業生産金額／漁業従事者数）も70年代までは物的生産性とほぼ同じ傾向で推移するが、魚は獲れるが価格は上昇しない魚価低迷の時代が続く。70年代から80年代にかけて価値生産性は急激な上昇を示し、石油危機と200カイリ問題の同時進行が操業コストを増大させ魚価に跳ね返り、魚価高傾向の中で価値生産性の上昇が顕著となる。90年代以降は、物的生産性を上回る形で価値生産性の伸び率が維持される。

　80年代までの日本漁業を振り返ると、大量生産大量消費経済が生産と市場を拡大することで成長していたことから漁獲量を確保することが優先されていた。低成長時代へとシフトした90年代になると経済は多品種少量生産へと転換し、日本漁業も他産業と同じく量から質への転換が模索されたのである。現在では、消費者のクオリティを求める声に応えて、より一層質への拘りを求めて食糧供給から商品選択幅を高め消費者のニーズに応えた食料や食品の供給産業へと転換している。こうした時代に、実習生を始めとする外国人が漁業分野に導入されたのである。

3．品質重視を重んじる実習生の労働

　実習生に対しては、伝統的に日本人が従事したがらない3K労働[4]を行う未熟な単純労働力との見方と位置づけが行われてきた。彼らを日本人漁船員が行う労働の補助的な作業や、マニュアルに基づいた単純な作業の繰り返しを行う人材と決めつけていた。ところが、実習生は日本人と共に装置化した漁業機器を操り、付加価値の高い水産物を作り込む熟練を要する作業に今では従事しているのである。

（1）実習生に求められる労働

　漁船操業の現場で求められている労働は、機械や装置・ロボットに置きかえれることができる単純な作業ではない。また、量的な生産性だけを追求するレベルの労働でもない。消費者が求める安全や安心といった商品の質とともに、消費者の願いや夢に応えた創造的な商品を創り出す労働が求められており、実習生にもそうした質の高い労働が求められている。市場から求められている品質に拘った高付加価値生産労働の担い手として、実習生は期待されているのである。

　今日、日本では、水産高校や水産系の大学を卒業しても漁船に乗って働こうとする若者は極めて少なく、そうした青年が1人でもいると地方ではテレビニュースで話題となる程である。実習生を送り出しているインドネシアでは、高等教育機関への進学率は日本より低いが、来日する実習生は義務教育を終えて水産高校や水産専門学校に進学したエリート達である。彼らは漁業に関する専門的知識と技術、技能を持ち、職業教育を受けた半熟練労働者なのである。実習生を受け入れる漁船経営者も、実際に操業する漁船に彼らを乗船させてOJT（on the job Training）で鍛え上げ、熟練労働力に育てることが可能な能力を持った人材として受け入れている。それだけに、経営者自らがインドネシアに赴き、水産高校や専門学校を訪れて優秀な青年を見つけ出す努力が、毎年行われている。

　現地インドネシアの面接で人選された実習生は、挨拶程度の簡単な日常会話や生活習慣などを現地で6か月間学んでから来日してくる。現地での研修に実習生には手当が支払われ、手当と研修に係わる費用は経営者（船主）の負担である。

第7章　漁船漁業における技能実習生の役割と熟練の獲得　　119

実習生は来日してからも、2か月間の座学を中心とした研修が義務付けられる。2010年に制度改正が行われるまでは、研修期間は6か月であった[5]。

　外国人技能実習制度が導入されて今日で四半世紀が過ぎ、この間に実習生に対する位置づけに大きな変化が起こっている。導入された93年当時は彼らを単なる単純労働力として扱っていた。しかし最近では専門技術者の予備軍として半熟練労働者あるいは熟練労働者として位置づけられてきている。この変化は、今日の日本の漁船漁業が置かれた厳しい現実を反映しているのである。実習生に求められる労働の質や技量は、未熟練労働者では務まらないものとなっている。実習生の日本での滞在期間は3年と短いが（2016年に制度改正が行われ5年となる）、経営者は若手日本人漁船員に替わる重要な働き手として彼らを育てようとしているのである。

（2）市場が求める船内労働

　従前には、他船より効率よく資源を漁獲すればよいとする効率至上の経営が行われていた。しかし今日では、量を多く獲ってもそれが市場において高値で取引されなければ経営は成り立たない。資源の状況も悪化しており、せっかく獲った資源を無駄にできない側面もある。それだけに、市場が求める高付加価値生産を行わないと利益は得られない。漁船では漁獲量を競うのではなく、価値の高い水産物商品を船上で生産することが優先される。

　漁船の生産システムは、当然に実習生の存在を前提として構築されている。3年間という短い期間であっても、実習生を使いこなし、高付加価値生産が実現できる生産システムを漁船内に作り出している。彼らを受け入れている経営で、漁労機械や装置に加え、制御テクノロジーや情報システムの最新技術を導入した漁船が投入されているのも、そのためである。高付加価値生産を行う技術を導入した漁船で働く労働者が、単純な力仕事しかできなければ対応しきれない。装置化した機械やロボットを操作できるメカに強い能力と、操業トラブル、故障などのアクシデントに即応できる判断能力が求められる。また、水産物市場の求めに応じた商品造りを行うために、漁獲後の漁獲物の処理の点で鮮度やサイズ、形態などの品質や見栄えを商品毎に作り込む繊細な労働が実習生に求められている。

　漁業分野の技能実習制度を、漁船漁業、養殖業、水産加工業のそれぞれが持つ

120　第2部　日本

技術と技能、さらには市場を読み取る経営戦略や経営マインドといった経営学的な視点からの考察が必要となる。この制度には、途上国の若者たちに日本の進んだ技術・技能を習得させるという期待と目的がある。この制度の建前からも、実習生の技能と生産技術との関係や技術移転なども視角に入れて分析し直すことが求められる。

4．実習生の技能の位置づけ

漁船で働く彼らを単なる単純労働力として位置づけている建前にこだわると、実習生が現実に置かれている事態と、果たしている役割を捉え切れない。漁船漁業に従事している実習生の多くは水産加工業で実習している者と比べると[6]、来日してきた段階で漁船員としての基礎的な訓練を受けた者たちで、漁船でのOJTにより操業に必要な知識を習得することができる能力を持った青年たちである。彼らは、来日してから従事する漁業、マグロ延縄なら延縄技術を、また、底びき網ならそれぞれの地域で営まれている底びき網の技術を、実際に操業する漁船で働きながら積み重ねて経験を積んでいくのである。

（1）熟練を要する実習生の労働

操業で求められる彼らの働きは、漁船に搭載された漁具や漁業機械・装置を、漁獲対象である水産資源の状態や、その資源が存在する海の状況（水温や海流、風向きに海底の地形や底質など漁場の環境）に、漁船、漁具など上手く対応させる能力、すなわち操業する技能である。

実習生に要求される技能は単純労働力の域を越えたものである。これらの労働を一人でマスターするには、来日してから相当の経験を積まないと身には付かない。単純労働力（もしくは未熟練労働力）の素人が、2か月の研修で習得できるものではない。見よう、見まねであっても求められた作業に応えるには、漁業と漁船に関する相当の知識と技能を既に身に付けていないとできるものではない。

インドネシアからの実習生は、この2か月間の研修でも多くのことを習得し、一人前とはいえないまでも船上での作業がこなせるまでに育てられる。乗船して直ぐの彼らは、漁具や漁業機械の運搬とその設置作業や、漁獲された水産物の拾

い集めや箱詰めされた漁獲物の運搬といった補助的で簡単な作業から始めるが、半年も漁船での操業を経験（実習）すると、彼らは熟練漁船員（日本人）が行う作業をまねて仕事を覚え、一人前の漁船員に成長していく。未熟練な者では行えない労働を短期間の実習でこなせるようになるのは、彼らが既に熟練に達する一歩手前の技能を身に付けている人材だからである。

　実習生には日本人との間に言葉や生活習慣に違いがあるだけでなく、生産現場においては日本人との間でコミュニケーションが上手く取れないというハンディキャップもある。今日の日本漁船労働は漁獲に特化している訳ではなく、品質にこだわった作業が同時に求められる。漁獲物を取り扱うにも、実習生が経験したことのない細心の注意を払わなければならない。漁船内の生産現場で、市場での評価を常に心がけた繊細な作業が求められている。実習生を積極的に受け入れている漁船では、彼らがこうした繊細な作業を行う半熟練労働者であることを前提に漁船の生産設備が整えられており、と同時に船内作業のマニュアル化も行われている。

（2）帰国後の実習生の進路

　外国人技能実習制度は、途上国の発展に必要な産業技術と技能を、日本での3か年間の実習を通じて習得させることにある。しかし実習生が日本に来るのは、自国で得られるよりも高い賃金が日本で得られるからであり、途上国産業への寄与は建前でしかない。彼らは帰国しても、習得したスキルを活かせる職業がないのが現実である。実習生は、帰国すると雇用の場を求め、再度、韓国や台湾、シンガポールに働きに出る。実習を終えると、暫く休養した後、日本の漁船マルシップや台湾やシンガポールの便宜置籍船[7]化した漁船に再び乗船するケースが多い。日本の漁船マルシップや台湾などの便宜置籍船漁船の間で、帰国後の実習生が移っていく就労サイクルが出来上がっている。日本漁船で実習を終えたインドネシア人が乗船する漁船マルシップは、技能実習を行った漁業種類と同じ漁船に乗船することが多い（**図7-1**）。技能実習をマグロ延縄漁船で行えばマグロ延縄漁船に、まき網漁船では海外まき網漁船、沖合底びき網漁船では遠洋トロール漁船やエビトロール漁船といった具合に、日本の漁船で習得した技能を活かし熟練労働力として漁船マルシップや便宜置籍船で雇用される。日本で経験を積むことで

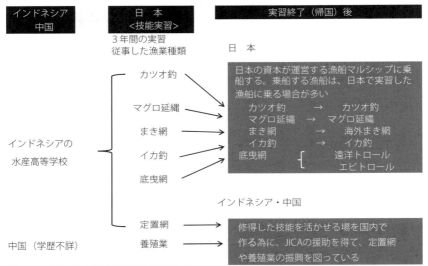

図7-1　帰国後の技能実習生の就労先

　漁船マルシップの漁船員としての引き合いがあるのは実習生らが半熟練あるいは熟練労働者に育っているからである。今日の技能実習制度は、単純労働力としての実習生の単純再生産システムでないことは明らかである。

　しかし最近では、技能実習を終えた者で漁船マルシップに乗船希望するのは少ない。漁船マルシップの賃金が実習生で得ていた実質賃金より低くなっているからである。漁船マルシップでは、日本漁船を用船する海運国の基準に従った雇用条件でよく、実習生に対する最低賃金などの保障はなく、漁船マルシップの賃金が実習生の賃金を下回る結果となる。また韓国や台湾など外国人労働力を求める国も増えているが、彼らに対する賃金も国際的な競合関係にあり、漁船マルシップの賃金の方が優位ともいわれている。漁船マルシップや便宜置籍船漁船における彼らの雇用関係と賃金は、混沌とした状況となっている。

5．労働組合の組合員である実習生──実習生を見守る労働組合の役割──

　漁船分野での実習生には、失踪事案や彼らへの人権抑圧などの問題は他分野と比べ著しく低いと関係者（経営者やその家族と漁協職員など）から聞く。こうし

たトラブルが低いのは、彼らが経営者家族や地域住民など地域社会に融け込んで生活しているからといわれている。トラブルが抑制されていると考えられる要因に、彼らを漁船労働の職能を有した船員として扱い、かつ漁船労働を専門とする半熟練労働者としてみていることによるものと思われる。

（1）船員として扱われている実習生

漁船分野が外国人技能実習制度を運用するに当たって、幾つかの特徴ある仕組みを働かせていることを「水産振興」（2015年4月号）で詳しく書いた[8]。それらの仕組みに、生活上の不満やトラブルを抑制する機能が働いているからである。

その一つに、実習生の職種が船員として扱われていることにあると思われる。彼らが船員であることから、他分野には見慣れない彼らの職業的存在を証明する機能が仕組まれている。日本船籍の漁船も含めた船舶で働く場合、船員法の規定で日本国政府が発給する船員手帳の所持が求められる。船員手帳は日本国籍を有する者にしか発行されないが、日本漁船で働くためには実習生を船員として受け入れる必要がある。彼らには、日本政府が発行する『オレンジブック』と呼ばれる外国人向けの船員手帳の所持が義務付けられる。もう一つは、実習生を船員労働組合の組合員として迎え入れることである。経営者（船主団体）と船員労働組合の間で労働協約が締結されており、支給される賃金（基本的に船員法で規定された業種別の最低賃金が適用される）や手当、その他雇用条件は協約に基づき決められている。基本的に、実習生の雇用や実習に関する条件などの待遇は労使交渉で決まる仕組みとなっている。こうした仕組みを運用するため、漁業技能実習制度協議会には全日本海員組合（全日海）が構成メンバーとなっている（**図7-2**）。

（2）技能実習生は労働組合員

全日海は協議会に参加するだけでなく協議会の事務局であり、労働組合のサイドから制度が経営者に有利に運用されないようチェックしている。漁船で働く実習生は労働組合員として、実習期間中は組合費の負担（月2,000円程度）がある。また、実習生を船員としていることから、船員保険に加入し保険料が源泉徴収され、経営者は経営者負担分を負担している。船員保険は健康保険と年金部分が一

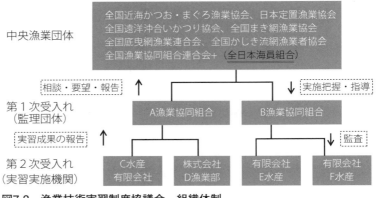

図7-2　漁業技術実習制度協議会　組織体制

体となった保険制度で、年金部分の約3か年間の積立金は実習生が帰国する時点で返却される。

　このように、漁船で働く実習生の場合は、国内の受入団体の指導やチェックだけでなく、実習生自身が労働組合の組合員であることから、労働組合が雇用条件を始め、生活面での不満や要求を聞いて企業と交渉を行う仕組みが作られている。そうした機能が働くことにより、失踪などのトラブルが抑制されているのである。

6．実習生の賃金と経営者負担

　実習生の賃金システムは、基本的に最低賃金（月額）[9]をベースにした固定給賃金が一般的で、日本人漁船員の賃金制度と違った枠組みとなっている。実習生の待遇を賃金面からみると、彼らを半熟練ないしは熟練労働力とする評価は未だ定着したものではない。実習生を受け入れてきた経緯からして、今なお単純労働力に固定化している。技能実習制度が多くの産業分野に取り入れられたのは不足する単純労働力を補うことが目的で、最低賃金をクリアしているとはいえ低賃金である彼らを受け入れた経緯からして、そうした評価が今なお定着していると考えられる。しかし、彼らを受け入れている経営者の中には、未熟練な労働力でないことを十分承知している者も多い。3年間の限られた期間ではあるが、彼らを熟練乃至は半熟練労働力として扱っている。優秀な働きをした実習生にはボー

ナスや特別手当が、賃金以外に別途支払う経営もいる。山口県下関市の以東底びき網漁船では、技能評価試験を受け技能実習一号から二号に移行した実習生に対して1年経験（2年目から）を積むと、若干ではあるが賃金に格差を設けた昇給システムを取り入れている。

（1）実習生は日本人漁船員と別枠の賃金制度

日本人漁船員の賃金は大仲・歩合制賃金を採用する経営が多い。大仲・歩合制賃金は、操業経費を経営者（船主）と漁船員（乗組員）が共に持ち合い、水揚金額から操業経費（大仲）を差し引いた残り（粗利）を経営者と漁船員が決められた比率で分配する。漁船員に分配された金額を、職務別に割り当てられた歩合（持ち代）で按分して歩合制賃金が支払われる。従って大仲・歩合制賃金は、水揚や漁獲物の価格の変動が激しく、水揚金額が不安定なことを理由に多くの漁業で採用されている。大仲・歩合制賃金は水揚金額が上がれば、漁船員の賃金がスライドする刺激性の強い賃金システムでもある。それぞれの地域と業種で、何を大仲（燃油代、市場手数料、氷代、魚箱代、手袋、食費、入漁手数料などの操業経費）とするのか、また経営者と漁船員の取り分比率をどうするのか、漁船員の持ち分（歩合、代数）など、経営者と漁船員との力関係を反映する。仕事の厳しさや3K労働などのイメージの悪さから漁船員のなり手が少なくなった最近では、漁模様で手取り額が変動する不安定な賃金には魅力がなく漁船員を集めることが難しくなっている。今日では、漁模様の如何に関わらず最低保障付き歩合賃金や固定給賃金を日本人漁船員に支給する経営が増えている。

また、日本人漁船員の賃金が大仲・歩合制を採ることから、実習生の賃金が別枠で決まるシステムとなっていて、実習生を増やしても日本人漁船員の手取り賃金に直接影響することは少なく、日本人漁船員は実習生の受け入れに反対する者が少ないのも、漁船での特徴といえる。

大仲・歩合制賃金の基本は操業毎に精算するのが建前で、操業が休漁となる月は雇い止めされた日本人には賃金は支払われない。といっても休漁期間中であっても、次の操業に向けた網繕いや操業準備の作業、ドック時の保安要員などの雑用がある。休漁中にこれらの仕事に日本人が従事すると手当や日当が支給される。休漁期間中の日本人が行う雑用は、雇い止めしている日本人を次期操業時まで繋

126　第2部　日本

ぎ止める役割もある。歩合制賃金の対象外である実習生も休漁中にはこれらの作業を行うが、彼らの固定給にはこの部分の賃金も含まれていて、手当や日当の支払いはない。

（2）技能キャリアを評価した賃金形態

　因みに、山口県下関市の沖合底びき網漁船の実習生の賃金システムを佐々木貴文の報告からみる（**表7-3**）。1年目の技能実習一号では、基本給は11万5,700円で雇用保険や厚生年金、所得税など19,957円が控除されて手取り額9万5,743円。2年目以降の技能実習二号では基本給は1年目から月額9,800円昇給した12万5,500円となる。そこから2万4,277円が控除され手取りは10万1,223円となる。帰国時に控除額のうち、厚生年金部分の9割が払い戻される。3年間の月平均支給額は、10万6,298円（3年間の支給総額382万6,728円）となる。1年目の技能実習一号と2～3年目の二号とでは控除額を含めた基本給は月額9,800円の差が設けられている。インドネシアの2014年の最低賃金が、首都ジャカルタで月額約240万ルピア（2014年12月現在の為替レートで約23,000円）であると、日本で得られる賃金は彼らにとって魅力的なものである。

　1年目と2年目以降に基本給に格差を設け、実習生の技能・能力差を賃金で評価するシステムがとられている。技能実習二号になるとボーナスを支給し、勤務の態度が勤勉な者や業績の優秀者に特別ボーナスが支給されるなど、実習生の能

表7-3　技能実習生の月額（2013年9月現在）

（単位：円）

		技能実習1号	技能実習2号
基本給		115,700	125,500
控除額		19,957	24,277
	雇用保険	578	627
	厚生年金	10,290	10,987
	船員保険	5,369	5,733
	所得税	720	1,130
	市県民税	0	2,800
	海員組合費	3,000	3,000
支給額		95,743	101,223

注：山口県以東機船船曳網漁業協同組合「実習生賃金（UPAN MAGANGTEKHNIS）」より作成。

力を評価する制度や仕組みを取り入れている山口県下関市のような地域が現れているのである。

　経営サイドは賃金以外に実習生を受け入れるための経費が必要となる。飛行機代を含め入国・帰国費用や毎月、マンニング会社（厚生労働省の認可を受けて船員の手配を行う会社）に管理費を支払い、陸上生活（休漁期間中含む）にかかる費用など、月に10万円弱が必要となっている。人件費負担は日本人船員のおよそ半分程度に抑えることができることから、彼らを受け入れるメリットはある。

　船内での実習生の位置づけが単純労働力として扱われていた時代から、船内生産のあり方が高付加価値生産を求める質の時代に移行して以降、実習生の実質的な労働は未熟練労働力の扱いのままでは許されないと考えられる。彼らに半熟練あるいは熟練労働者としての力量が求められている。3年も経験を積むと、彼らの漁船内での働きも熟練の域に入る。

7．課題と方向性

　最後に、漁船分野における今後の課題や方向、特に日本の漁業労働関係面に与えると思われる問題を整理しておきたい。

　実習生の受入れ人数は、受入を希望する業種の経営者が各々人数を定め、経営者自身が現地に赴き優秀な青年を募集する方法が採られている。漁業種類や経営及び地域において計画的に受け入れ総数を決めているわけではない。常勤人数に対して50人以下は毎年最大3人の特別枠が定められている。漁船操業にとって労働力を確保する上で実習生が必要な存在となっている現段階では、彼らを必要とする業種は必要とする人数を計画的に募集するなど、経営サイドが将来設計を描けるシステムの確立は検討課題である。また、現在の制度では実習生として一度来日すると再び同じシステムで日本に来ることは認められていない。再来日の制限を撤廃し、日本で習得した技能を再活用できるように改善することも考えられる。実習生の再来日を可能とすることで、彼らにモチベーションを高めるインセンティブが働く。さらに、半熟練ないしは熟練労働力を持つ実習生のモチベーションを高めるには、習得した技能が日本国内及び送り出し国でも活かせる機会を作ることである。そのためにも対象職種の拡充、実習期間の延長、来日回数の撤廃

など大胆な制度改正が必要となる。

　漁業操業の実態に即して外国人技能実習制度を有効に機能させるために必要と思われる課題を以下に整理してみよう。

　①漁船分野の技能実習を、不足する労働力の補充や低賃金雇用といった日本における労務政策の補完的な位置づけのままでよいのか、捉え直す時期に来ている。

　日本人漁船員の高齢化や不足する労働力に対して、実習生を乗船させることでこれを補うものとなっている。船内での実習生の存在は、不足する労働力をカバーする補助的な存在から、高度化した機械体系の中で高度な作業が熟せる人材へと転換している。最低賃金で雇用できる実習生を乗せてはいるが、労働コストの圧縮効果だけを狙っての漁船は少ない。多くの漁船は、彼らを漁船での生産に必要な要員として位置づけているのである。

　今日では、市場が求める漁獲物に対する厳しい規格化や品質への要求に、鮮度を保つためにスピーディな漁獲物処理作業が漁船上で求められている。中高年齢者を多く抱えた現場では、日本人だけではこれらの要請には応え切れない。生産性を改善していくためにも、インドネシアで漁業の知識をある程度学び、船員として迎え入れられる20歳前後の若い実習生が十分に役割を果たしてくれる存在となっている。

　②外国人実習生の制度を柔軟に改定することで、いずれ専門労働者化させ、アメリカのグリーン・カード[10]のような永住権を付す方向も考えられる。

　アメリカも日本と同様に、単純労働者には門戸を開放していない。農業やレストラン等のサービス業の単純労働に米国人は就労したがらないことから、仕事の種類を指定し就労ビザを発行して外国人の就労を認めている。受入れが歓迎されている専門労働者は、米国で働きこの評価が高ければ、一定のポイントでアメリカでの永住権を保障したグリーン・カードを持つことができる。こうした移民化の制度も、実習生の仕組みの発展形態として検討の一つと思われる。

　③この制度の建前である技術移転にこだわるなら、学びの領域を拡充する必要がある。帰国後に、日本の開発投資などにより、習得した技能が活用できる雇用の場を創設することも検討されてよい。

　実習生が日本で技能を習得しても、国に帰って修得した技能を活かせる雇用の場が十分に用意されていない。送り出し国にとって、青年たちが日本に行くのは

技能研修としながら、雇用の場を日本に求めているのが実状である。帰国後の彼らに雇用の場を保障する経済協力事業などを、取り組むことが望まれる。例えば、海外漁業協力財団（OFCF）など、実習生経験者を対象とした事業を海外に展開するのも一案と思われる。

　④実習生を受け入れている産業では、不足する労働力を彼らに頼っているが、そうした産業分野では、基幹的労働力として今まで産業を担ってきた日本人労働力の不足状況が続いている。技能実習制度を充実させる一方で、漁船漁業を担う日本人後継者の養成もあわせて緊急の課題といえる。

　日本の若者が漁業に就労したがらない状況が続いているが、日本人が漁業界で少なくなると、これまで蓄積してきた漁法や漁労技術などの固有の技能が伝授されなくなる危険性がある。半熟練ないしは熟練労働力である実習生に日本の漁業生産が担われる現状がこのまま続けば、日本人自体の熟練労働力は育たず危惧は現実となる。危機的状況から抜け出すには、早急に日本の技術・技能を日本人に習得させる研修システムを検討すべき時期に来ている。

　日本の漁船に従事している実習生は、優秀な青年が多く３年間という短い期間でも、期待通り技能を高めている。といっても、彼らを経験豊かな熟練した日本人が指揮監督しているから可能なのであり、指揮・監督できる日本人後継者の養成が必要なのである。

　最後に、この論文を纏めるにあたり、漁船での生産過程における労働者の技能や技能を巡る技術論的な位置づけや評価について、貴重な助言を元水産庁長官の佐竹五六先生からいただいた。実習生の帰国後の就労機会を確保するため、海外漁業協力財団などが支援策を展開する必要があること等の指摘も頂いた。記して謝辞を表したい。

注
（１）日本の漁業会社が船舶登録税などの事業税が安く、諸規則が緩やかな海運国（ギリシャやパナマ等）に関連子会社を開設し、その子会社に漁業会社が所有する日本船籍の漁船を丸ごと用船し、用船した漁船に賃金の安い外国人漁船員を乗せて日本の漁業会社（親会社）に外国人を乗せたまま再度用船して運航する方式をいう。
（２）海外を基地とする遠洋漁船では、1990年に一定の比率（導入時乗員定数の25％、

130　第2部　日本

99年から45％に変更）で外国人を乗船することが可能となった。この方式を「海外漁業船員協議会」（略して「海船協」）方式という。協議会は、政（水産庁、国土交通省）・労（全日本海員組合、漁船同盟連絡協議会）・使（大日本水産会、船主団体）の三者で構成される。

（3）過大な設備投資を近代化資金等の借り入れにより行い、重装備化が債務不良を引き起こす要因となり、社会問題化したこともあった。

（4）3Kは「きつい」、「汚い」、「危険」のローマ字表示の頭文字をとったもの。

（5）研修6か月の時代には、研修期間は労働を伴う実習は行わないものとなっていたが、この間に実習を強いることが多く問題となっていた。研修中に、実習生に支払われるのは研修手当であり、労賃は支払われない。実習期間に移行すると実習生は雇用契約に基づく労働者となり、月極の労賃（船員法に定める最低賃金額）を支払うシステムとなっている。

（6）三木奈都子（2005）「水産加工業における外国人労働の実態と課題―千葉県銚子市の中国研修・技能実習生を中心に―」『漁業経済研究』第50巻第20号。

（7）便宜置籍船はアメリカやヨーロッパなどの外航航路の商船が1970年代中頃から採りだした運航方式。マルシップと同様に海運国に設立した関連子会社に本国の船会社が所有する船舶を買い取らせ海運国の船籍船とした上で、幹部船員は日本人を、甲板員や機関員などは賃金の安いアジア系船員を乗せて、その船を日本の船会社が子会社から用船して運航するもの。なお船籍自体が海運国であるため「漁業法」などに抵触することから、日本は漁船の「便宜置籍船」は認めていない。

（8）佐々木貴文・三輪千年・堀口健治（2015）「外国人労働力に支えられた日本漁業の現実と課題―技能実習制度の運用と展開に必要な視点―」東京水産振興会『水産振興』第568号。

（9）最低賃金法第35条第4項の規定により準用する最賃法第11条第1項及び船員の最低賃金に関する省令第7条第1項の規定により、船員の最低賃金は国土交通省の交通審議会（各地運輸局単位で開催）で決定されるものとなっている。また、漁船の最賃に関しては、見習い、未経験、年少などの理由で1人歩船員に達しない船員を認めており、技能実習生もそれに含められる。その場合、1人歩の0.8歩で計算されるが、0.8歩が最低賃金に合致するように支払われる。

（10）アメリカ国内で、滞在期間の制限無く住むことができる権利を与えられた人に交付される証明書。グリーンカードの取得方法に、①米国市民の最近親者（配偶者、21歳未満の未婚の子供、婚約者など）に移民ビザ、②米国市民（市民の未婚の子供、21歳以上の兄弟・姉妹など）や永住者（配偶者の子供など）の優先家族、③雇用に基づく移民ビザ（請願者の提出はスポンサーになる雇用主が行う。米国内で、その仕事ができる労働者がいない、卓越技能労働者や専門職の人が対象）、④移民多様化ビザ抽選プログラム（通称DV：Diversity Visa Lottery Program　グリーンカード抽選プログラムと呼ばれ、米国政府が年に1回公式に実施する）のビザ4種類がある。

参考文献

安里和晃編著（2011）『労働鎖国　ニッポンの崩壊—人口減少社会の担い手はだれか—』ダイアモンド社

安藤光義・堀口健治（2013）「Japanese agricultural competitiveness and migration」『Migration Letters』10(2)

井口泰（2001）『外国人労働者新時代』筑摩書房

出井康博（2016）『ルポ　ニッポン絶望工場』講談社＋α新書

奥島美夏（2005）「日本漁船で働くインドネシア人—プロフィールと雇用体系の変遷—」専修大学現代文化研究会『現文研』81号

海外漁船船員労使協議会（1998）『遠洋漁船における新たな混乗方式の導入と漁船マルシップ方式の概要と手続きⅠ』

海外漁船船員労使協議会・漁船マルシップ管理委員会（2003）『漁船マルシップ方式の概要と手続き』

軍司聖詞（2012）「外国人技能実習生の監理におけるJAの役割」日本農業経済学会『2012年度日本農業経済学会論文集』

軍司聖詞・堀口健治（2014）「外国人技能実習制度活用の現況とJAおよび事業協同組合の役割」日本農業経済学会『2014年度日本農業経済学会論文集』

佐々木貴文（2014）「カツオおよびかつお節の生産維持に果たす外国人労働力の役割—日本とインドネシアに注目した生産と労働の実態分析—」地域漁業学会『地域漁業研究』第54巻第3号

佐竹五六（1997）『国際化時代の日本水産業と海外漁業協力』成山堂書店

佐野孝治（2010）「外国人労働者政策における「日本モデル」から「韓国モデル」への転換」『福島大学地域創造』第22巻第1号

大日本水産会（2002）『外国人漁業研修・技能実習の手引き（制度概要編・附属資料編）』

八山政治（2014）「外国人技能実習制度の現状と課題」全農林労働組合『農村と都市をむすぶ』2014年2月号

堀口健治（2012）「カリフォルニア農業の今・第一回・違法滞在者に依存する農業」全農林労働組合『農村と都市をむすぶ』2012年7月号

――（2012）「日本農業を支える外国人労働力」農林中金総合研究所『農林金融』第66巻第11号

――（2013）「酪農で働く技能実習生の状況と雇用条件—道東を主に—」全農林労働組合『農村と都市をむすぶ』2013年12月号

堀口健治編（2014）「農業の労働力調達と労働市場開放の論理」研究報告書Ⅰ、平成25年度文科省科研費補助金基盤研究（B）

――（2016）「農業の労働力調達と労働市場開放の論理」研究報告書Ⅲ、平成27年度文科省科研費補助金基盤研究（B）

三輪千年（2000）『現代漁業労働論』成山堂書店

――（2005）「漁業・水産業分野における労働力の国際化」東京水産振興会『水産振興』

132　第2部　日本

第457号

──（2014）「漁業就業および漁業労働力構造」戦後日本の食料・農業・農村編集委員
会編『戦後改革・経済復興期〈2〉』、農林統計協会

三輪千年・佐々木貴文・堀口健治（2017）「漁船漁業に従事する外国人技能実習生の重
みとその特徴—熟練獲得からみた技能実習生の位置づけ—」『漁業経済研究』第61巻
第2号

参考　漁業種類別漁船規模別　外国人従事者の数（11月1日現在　第11次、第12次漁業センサス）

区分	第11次センサス（2003年）経営体数	漁業従事者 計	家族	雇用者 計	日本人	外国人 実数(人)	外国人 %	第12次センサス（2008年）経営体数	漁業従事者 計	家族	雇用者 計	日本人	外国人 実数(人)	外国人 %	外国人雇用制度
地曳網	151	963	397	566	566	0	0.0	1,086	11,023	296	10,727	10,712	15	0.1	技能実習生
定置網　大型・さけ	969	10,992	4,078	6,914	6,910	4	0.1	3,575	9,406	4,021	5,385	5,385	0	0.0	技能実習生
定置網　小型	4,457	10,560	7,376	3,184	3,182	2	0.1	4,661	20,429	4,317	16,112	16,097	15	0.1	技能実習生
定置網　計	5,426	21,552	11,454	10,098	10,092	6	0.1	8,236	29,835	8,338	21,497	21,482	15	0.1	技能実習生
その他漁船漁業　1トン未満	35,032	41,167	40,442	726	726	0	0.0	31,460	28,159	25,227	2,932	2,932	0	0.0	技能実習生
その他漁船漁業　1～10トン	61,758	87,606	80,471	7,135	7,113	22	0.3	53,255	70,575	59,149	11,426	11,400	26	0.2	技能実習生
その他漁船漁業　10～20トン	4,602	15,704	7,137	8,567	8,278	289	3.4	4,200	14,536	5,099	9,437	8,870	567	6.0	技能実習生
その他漁船漁業　20～30トン	661	3,488	1,245	2,243	2,243	0	0.0	610	3,252	618	2,634	2,619	15	0.6	技能実習生
その他漁船漁業　30～50トン	537	4,028	1,049	2,979	2,922	57	1.9	485	3,730	357	3,373	3,255	118	3.5	技能実習生
その他漁船漁業　計	102,590	151,993	130,344	21,650	21,282	368	1.7	90,010	120,252	90,450	29,802	29,076	726	2.4	技能実習生
養殖経営　魚類	2,816	10,523	4,088	6,435	6,428	7	0.1	2,191	3,097	2,504	593	593	0	0.0	技能実習生
養殖経営　ホタテ貝	3,859	8,673	7,548	1,125	1,125	0	0.0	3,411	10,080	6,330	3,750	3,750	0	0.0	技能実習生
養殖経営　カキ貝	3,308	6,682	5,378	1,304	1,257	47	3.6	2,879	6,329	4,102	2,227	2,187	40	1.8	技能実習生
養殖経営　のり類	6,065	15,699	13,530	2,169	2,157	12	0.6	4,868	14,675	9,421	5,254	5,253	1	0.0	技能実習生
養殖経営　その他	7,019	15,844	11,339	4,505	4,503	2	0.0	6,297	18,923	8,654	10,269	10,268	1	0.0	技能実習生
養殖経営　計	23,067	57,421	41,883	15,538	15,470	68	0.4	19,646	53,104	31,011	22,093	22,051	42	0.2	技能実習生
沿岸漁業　計	131,234	231,929	184,078	47,852	47,410	442	0.9	114,317	193,785	125,778	68,007	67,224	783	1.2	技能実習生
中小漁業層　50～100トン	455	5,314	501	4,813	4,663	150	3.1	351	4,397	122	4,275	4,055	220	5.1	マルシップ（海船協力方式）等
中小漁業層　100～200トン	313	6,001	597	5,404	5,194	210	3.9	275	5,062	53	5,009	4,754	255	5.1	マルシップ（海船協力方式）等
中小漁業層　200～1,000トン	304	10,553	349	10,204	7,808	2,396	23.5	182	6,797	8	6,789	5,063	1,726	25.4	マルシップ（海船協力方式）等
中小漁業層　計	1,072	21,868	1,447	20,421	17,665	2,756	13.5	808	16,256	183	16,073	13,872	2,201	13.7	マルシップ（海船協力方式）等
大規模漁業層　1,000～3,000トン	111	10,757	1	10,756	6,478	4,278	39.8	71	7,066	1	7,065	3,879	3,186	45.1	マルシップ（海船協力方式）プ等
合計	132,417	264,554	185,526	79,029	71,553	7,476	9.5	115,196	217,107	125,962	91,145	84,975	6,170	6.8	

資料：第11次漁業センサス(2003)、第12次漁業センサス(2008)に基づき作成

注：1）第11次、第12次漁業センサスの漁業従事者数は、いずれも調査年の11月1日現在の数である。
2）沿岸漁業を漁船漁業と養殖経営に分類し、いずれも主として営む漁業種類に基づいて分類。なお、地曳網は第12次以降はその他の漁船漁業に含めている。
3）中小漁業センサスでは中小漁業層に含められている10～20トン、20～30トン、30～50トン層を、その他の沿岸漁船漁業に含めて集計している。
4）中小漁業を所有する漁船トン数を50～100トン、100～200トン、200～1,000トン層の3階層に分類した。
5）沿岸漁業のうち大型定置網や50トン階層までの漁船漁業や養殖経営に従事する経営を含む。
6）漁船漁業センサスにおける沖合漁業層は、10～1,000トン階層を含めているが、ここでは10～50トン階層を雇われ外国人は外国人技能実習制度による雇用実習生と推計した。10～50トン階層の漁船漁業に従事する。
7）大規模漁業層（1,000～3,000トン）が運営する遠洋漁業等の漁船マルシップは、沖合漁業の上層階層と同じく海船協力と同じく海船協力方式となっている。
8）外国人欄は雇用者総数に占める外国人の割合となっている。
＊海船協力方式は、最近では雇どの形式が「漁船マルシップ」方式となっている。

第３部
海外

送り出し国の実状と
短期労働者が期待するもの

第8章

技能実習生・研修生の最多送出し国から急減した中国

—中国の海外労働者派遣の仕組みと日本—

大島 一二・金子 あき子・西野 真由

1．課題の設定

　本章の目的は、海外からの農業関係研修生・技能実習生（以下「研修・実習生」と略す）に関して、近年日本の受け入れ総数が急激に増加するなかで、主要な送り出し国の一つである中国からの派遣が近年減少し、供給国が多様化している現実をふまえ、中国の研修・実習生派遣にかんする制度、および派遣企業の利益構造の実態などからその要因について考察し、今後の展望について検討することである[1]。

　表8-1は、2010年、2013年、2015年の訪日研修・実習生の出身国・地域別数の推移を示したものである。この表によれば、2010年以降、日本向け研修・実習生の総数は一貫して増加傾向にあり、2010年にはわずか2.6万人の規模に過ぎなかっ

表8-1　「技能実習1号」の在留資格による国籍・地域別新規入国者数の推移と構成比

(単位：人、％)

	2010年		2013年		2015年	
総数	26,002	100.0	68,844	100.0	99,157	100.0
中国	20,133	77.4	45,263	65.7	39,598	39.9
ベトナム	2,184	8.4	10,216	14.8	33,047	33.3
フィリピン	1,212	4.7	4,906	7.1	10,119	10.2
インドネシア	1,454	5.6	4,160	6.0	7,334	7.4
タイ	641	2.5	2,540	3.7	3,776	3.8
カンボジア	68	0.3	329	0.5	2,122	2.1
モンゴル	48	0.2	220	0.3	339	0.3
ネパール	40	0.2	220	0.3	94	0.1
ラオス	58	0.2	134	0.2	131	0.1
スリランカ	21	0.1	76	0.1	140	0.1
その他	143	0.5	780	1.1	2,457	2.5

資料：法務省入国管理局編（2016）から作成。

たのにたいして、2015年には10万人に達する勢いであることがわかる。しかし、その供給国構成には大きな変化が発生している。つまり、2010年当時、日本向け研修・実習生の送り出し国・地域に占める中国の比率は高く、全体の77.4％を占めていたが、2015年には、ベトナム、フィリピン、インドネシア、タイ等の東南アジア諸国にシフトし、分散化の傾向が強まっている。この結果、中国は2015年でも、依然としてもっとも主要な供給国ではあるものの、その全体に占める比率は39.9％まで低下している。よって、日本農業における研修・実習生の今後の動向を予測するうえで、給源地域としての中国の動向は無視できないものの、東南アジア各国の動向にも留意しなければならない状況といえよう。

　さて、このように、日本向け研修・実習生の受け入れ全体数がここ数年急速に増加するなかで、これまで圧倒的な人数の研修・実習生を日本に供給してきた中国からの研修・実習生の供給が、逆に減少傾向を示しているのはなぜであろうか。この点が本章のもっとも大きな関心点である。

　この疑問に答えるため、本章作成にあたって、中国の派遣企業を対象にヒアリング調査を実施した[2]。そこでの中心的な関心は、中国の関係する諸制度の変化、派遣企業の利益構造、さらに派遣される研修・実習生の経済状況の把握である。

　これまで、日本における研修・実習生問題研究においては、日本国内の低賃金、長時間労働等の劣悪な就労環境問題を検討、告発する研究が多く発表されてきた。この一方で、中国等の送り出し側に関する研究については、研究成果は全体としては多いとは言い難い。そのいくつかの研究に注目すれば、以下の研究成果があげられる。

　たとえば、田嶋（2010）は、中国における海外への労働者送り出し政策と研修事業、さらに、送り出し機関が抱える問題等について中国の実態調査から考察を行っている。また、常（2005）は、研修生派遣に関わる中国側の行政部門、派遣の仕組みを明らかにし、山東省威海市を事例に、研修・実習生派遣事業の実態とその問題点について考察を行っている。これら二つの研究では、中国政府の政策変化、企業事業の実態については述べているものの、中国側の派遣企業の成立の経緯、利益構造、近年の派遣企業が直面する問題などに関する分析は十分とはいえない。また、黒田（2010）は、北海道雄武町における実態調査から、研修・実習生の送り出し地域や機関についても言及しているものの、これも分析の中心は

138　第3部　海外─送り出し国の実状と短期労働者が期待するもの

日本における研修・実習生の生活実態や就労にかんする意識の変化などとなっており、派遣企業の利益構造の分析は限定的である。

　このように、本章で問題にしているような、送り出し国の労働力需給の動向、海外への派遣費用と派遣企業の利益構造等についての研究は、かなり限定されているといわざるを得ない。そこで、本章では、今回前述した課題を掲げたのである。

　このような問題意識から、本章では、中国における研修・実習生派遣企業の調査結果を中心に、中国全体の派遣状況と制度の変化、研修・実習生の募集状況、派遣企業の経営、赴任者の負担の実態等に注目する。とくに本章の注目点は以下の点である。

　①近年の中国の日本向け派遣人数の減少の背景について検討する。とくに、派遣費用と派遣企業の利益構造について検討する。

　②日本の研修・実習生の今後の受け入れに大きな影響を与える、中国からの今後の派遣の見通しについて検討する。

　中国の現地調査では、とくに東部沿海地域に位置する山東省、江蘇省に注目した。この両省は、北京市・天津市・上海市などの大都市に隣接し、地域経済が相対的に発展しているものの、いずれも省内に広範な農村地帯を抱え、人口密度も高いという共通の特徴があり、これまで多数の研修・実習生を日本へ送り出してきた実績を有しているからである。この点について**表8-2**では中国の省別海外派遣労働者数を示したものであるが、この表からは山東省、江蘇省、広東省、福建省等の東部沿海地域の諸省からの海外派遣労働者数が多いことが理解できよう(3)。

2．調査対象企業の概要

（1）山東省青島市A社の概況

　表8-2に示した諸省の中から、我々は海外派遣者数のもっとも多い山東省に注目し、2010年11月、2013年8月に、青島市の青島A有限公司（以下、A社と略す）を訪問した。A社は、1998年に設立され、資本金500万元、山東省政府から認可を受けた研修・実習生送り出し機関である。

第8章 技能実習生・研修生の最多送出し国から急減した中国　　139

表8-2　中国省別海外派遣労働者数（2012年）

	省別	2012年		省別	2012年
1	山東省	51,425	17	陝西省	8,408
2	江蘇省	46,497	18	雲南省	8,075
3	広東省	41,032	19	黒竜江省	7,047
4	福建省	35,364	20	江西省	6,081
5	河南省	26,113	21	広西壮族自治区	4,658
6	遼寧省	25,495	22	内モンゴル自治区	4,641
7	湖北省	24,662	23	新疆ウイグル自治区	3,708
8	上海市	21,244	24	重慶市	3,643
9	浙江省	20,020	25	山西省	3,264
10	天津市	16,553	26	新疆生産建設兵団	2,544
11	吉林省	13,935	27	貴州省	2,178
12	安徽省	13,370	28	甘粛省	1,982
13	北京市	12,501	29	青海省	1,208
14	湖南省	11,964	30	寧夏回族自治区	280
15	河北省	11,533	31	チベット自治区	153
16	四川省	10,442	32	海南省	20

資料：中国商務省HPから作成。

　A社は、設立当初は海産物や特産物の貿易などを中心に業務を実施してきたが、2002年より、研修・実習生の派遣業務を開始した。現在、青島市だけでなく、山東省東部の乳山市、威海市にも事務所を構え、研修・実習生募集の拠点としている。

　A社の従業員は36人で、主な業務は、研修・実習生の派遣、海外への人材派遣、商品及び技術の輸出入、国外の工事請負事業など多岐にわたる。

　山東省では、国外へ人材の派遣を行う場合（ほとんどの場合、研修・実習生はこのカテゴリーに含まれる）、山東省商務庁が認可している「外派労務訓練機関」によって、人材の選抜、教育、訓練を行う必要がある。2010年の調査時点では、商務庁より認可を受けた教育、訓練機関は山東省内に115機関あり、そのうち、7機関が商務庁直属の訓練機関として、山東省内全域において研修・実習生の募集、教育が許可されている。他の108機関は地域限定での募集や教育のみが認められている状況であった。調査対象のA社は前者の7機関の一つとして登録されている。

（2）江蘇省南通市B社の概要

　江蘇省は山東省についで海外派遣者数が多い省である。そこで、2013年12月、

140　　第3部　海外─送り出し国の実状と短期労働者が期待するもの

2014年12月に、江蘇省南通市の派遣会社「江蘇B労務有限公司」（以下、B社と略す）において調査を実施した。このB社では、近年の日本向け派遣業務の変化を調査の主要内容とした。ヒアリング対象者は、2回の調査ともB社営業本部長のC氏である。

　江蘇省南通市には、派遣企業は10社ほどあり、省内最多となっている。江蘇省内他市にも派遣会社が数社存在するが、南通市ほどには集中していない。B社は比較的規模の大きい派遣企業である。

　B社は、南通市工商局から承認された海外派遣機関であり、日本を中心とした海外労務派遣業務を中心とする専門会社である。研修・実習生は、東京都、大阪府等の10か所余の地域に派遣されている。派遣先業界としては、縫製業、建築業、機械加工業、水産加工業、農業など広い分野に、年間200～300人を派遣（主力部分は工業部門であるが、農業部門も一定数派遣している）している。

3．中国および派遣企業の海外労働力派遣の現状

（1）中国の海外労働力派遣の現状

　もう一度、**表8-2**をみてみよう。この表からは、前述したように、中国の海外労働力派遣[4]の実績が山東省・江蘇省・広東省・福建省などの沿海地域の省に偏在していることが読み取れる。これにたいして、内陸地域からの派遣人数は、ごく限られた規模に留まっていることがわかる。

　中国の沿海地域諸省が、研修・実習生の主要な送り出し地域となっている点は、別の資料からも読み取れる。中国の日本向け研修・実習生送り出し企業の業界団体である「中日研修生協力機構」で、日本の国際研修協力機構から認定されている機関（企業）数を省別にみると、**表8-2**と同様に、山東省、江蘇省、遼寧省、北京市等の沿海地域に集中していることがわかる（**図8-1**参照）。

　これらの資料から、中国からの労働力海外派遣は、経済が比較的発展した沿海地域の省からのものが中心であることがわかる。とくに現地でのヒアリングによれば、沿海地域の比較的経済が発展した省の都市地域に比較的近い農村が、主要な供給源となっていることが明らかになっている。

第8章　技能実習生・研修生の最多送出し国から急減した中国　　141

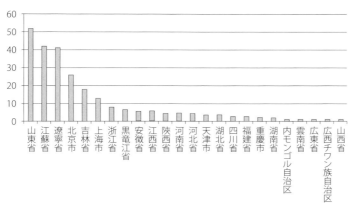

図8-1　中国の「中日研修生協力機構」に認定された送り出し機関の分布（2014年）
資料：国際研修協力機構HPより作成。
注：2014年5月7日時点の企業数。

（2）調査対象企業の研修・実習生派遣実績

①A社の研修・実習生派遣

　A社は、2002年以降、帰国生約1,000人、派遣中の研修・実習生約400人と、計約1,400人を送り出した実績を有している（2013年8月の調査当時）。A社派遣の研修・実習生は、年齢は20代前半が主で、男女比は4対6、学歴は大部分が中学校卒業程度である。

　A社は日本の5～6の研修・実習生受け入れ組合と提携しており、調査当時は、A社が派遣する研修・実習生は、すべて日本向けであった。そのうち農業研修・実習生が約7割を占めていた。農業以外では、畜産業、水産加工業、工業分野への派遣を行っている。これまで、畜産業では千葉県、茨城県、北海道、水産加工業では宮城県、三陸地方、工業分野への派遣として大阪府、名古屋市等へ派遣を実施してきた。

　A社でのヒアリングによれば、これらの派遣先は、日本国内の経済状況によって大きく変化してきたという。例えば、2000年代前半では縫製業界への派遣が高い比率であったが、その後の日本国内の縫製業界の空洞化に伴い、この業界への派遣は2010年後にほぼ皆無となった。また、2008年前後の金融危機の影響で、とくに自動車産業が影響を受け、中京地域への派遣が激減したという。

142　　第3部　海外─送り出し国の実状と短期労働者が期待するもの

②B社および南通市における研修・実習生の海外派遣状況

　南通市の海外派遣企業における全体的な動向として、2013年前後から日本向け派遣業務が縮小傾向である点が説明された。この要因として、中国国内の賃金上昇と円安による研修・実習生の受取賃金の減少により、日本赴任のメリットが減少している点があげられた。

　これまでの経験では、研修・実習生は日本赴任中の3年間で、30〜40万人民元程度を貯金し、それを中国に持ち帰り、新たな事業資金とすることを目標にしてきたが、その目標額に円安が原因で達しないこと、その反面で中国内の労賃が上昇していることから（**表8-3**に示すように、全国平均で2006年から2013年に3倍以上に増加している）、日本への派遣は収入において相対的に魅力が低下し、赴任希望者の減少結果になったと説明された。この状況下で、多くの派遣企業では、派遣人材の確保において困難が発生している。その反面、2011年の東日本大震災に伴う原発事故の影響、2012年の反日デモ等の日中間の政治問題の発生等の要因は、今回の派遣希望者減少の大きな要因ではないとの説明があった。

　こうした江蘇省内での募集活動の困難化のなかで、B社では、人材確保対策のため、やむを得ず募集対象地域を拡大している。元来地元の江蘇省内、とくに南通市近郊農村での求人活動が中心であったものが、この求人範囲を安徽省・河南省・四川省・湖北省など、内陸地域に向かって、拡大させているという。この動向は、前述のように、江蘇省・山東省等の沿海地域は、経済発展に伴う賃金上昇と円安による受取期待賃金の減少により、募集が困難となっているためである。

表8-3　中国の在職労働者平均賃金の上昇

（単位：年間、元）

年	全国	江蘇省
2006	21,001	23,657
2007	24,932	32,738
2008	29,229	31,297
2009	32,736	35,890
2010	37,147	40,505
2011	42,452	45,987
2012	47,593	51,279
2013	52,338	57,984

資料：『中国統計年鑑』各年版、『2012年度人力資源・
　　社会保障事業発展統計公報』から作成。

第8章　技能実習生・研修生の最多送出し国から急減した中国　　143

　2010年前後においては、人材派遣企業が所在地以外の省で募集行動を行うこと
は、制度的に規制している省もあったとのことで、事実上ほとんどみられなかっ
た。現在は派遣企業が各省に支店を配置する方法で、制度的には可能となったが、
現実には他省での募集は容易ではないとのことである。つまり、たとえば江蘇省
の派遣企業は、これまで省内を募集の拠点としていたため、他省の求人状況に疎
く、実質的には他省で募集活動ができない、あるいは進めにくい状況にあるため
である。しかし、多くの派遣企業は、ここ数年地元での求人が困難となるに従っ
て、求人範囲を内陸各地に広げざるを得ない状況に追い込まれているという[5]。

4．派遣会社の経営構造と制度規制

（1）派遣会社の許認可と地方政府との癒着

　今回の調査の際には、A社の総経理L氏からのヒアリングが可能となったが、
L氏によると、山東省の「外派労務訓練機関」の認可を受けている派遣企業のほ
とんどが、かつて山東省商務庁に勤務経験がある者によって経営されていること
が説明された。このことは、山東省の海外派遣業界が一種の天下り構造によって
成立していることを示していると考えられる。以下に述べるように、B社でも同
様の状況であったことから、おそらく他省も同様の事態であると推察できる。

　L氏自身も山東省出身で、大学卒業後、山東省商務庁に勤務した経歴の持ち主
である。A社が海外派遣業に参入した2000年代初頭の時期は、海外派遣業務は、
収益性が非常に高かったために参入を希望する企業が多かった。こうした事態へ
の対策として、限られた関係者グループが利益を独占するために、省政府・関係
機関との太いパイプがなければ、事実上参入できない仕組みが作り上げられたと
推察できる。結果的に、公務員関係者による独占状態となったことが推測できよ
う。

　また、B社でのヒアリング結果によれば、現在の江蘇省の海外派遣企業20社程
度の経営者は、その大部分が、A社の事例のように、政府機関からの天下り公務
員であることが多いという。基本的に山東省と同じ構造が存在していた。

144　　第３部　海外─送り出し国の実状と短期労働者が期待するもの

（２）派遣会社の利益構造

①派遣に伴う費用徴収

　現在、中国政府は、派遣会社が研修・実習生から徴収する手数料を１人当たり25,000元以下と定めているが、B社においては、実際には30,000〜40,000元が必要と説明された。これは南通市における多くの同業にほぼ共通した水準にあるという。2013年調査当時の江蘇省の農民１人当たり年間純収入（2012年）は12,202元であったことから、この金額は、研修を希望する農村出身の青年にとっては、容易に準備できる金額ではないことが予想できる[6]。

　この手数料はA社でもほぼ同水準である。A社では研修希望者は、A社に諸手続き費用25,000元〜35,000元（2010年調査時の費用、A社の場合航空券代を含む）を支払う。この手数料に、学費、宿費、食費等を合算すると、派遣希望者は、およそ30,000〜40,000元の資金を用意する必要があるという[7]。山東省における調査当時の農民１人当たり年間純収入（2011年）は8,342元[8]と、これも容易に準備できる金額ではない。

②中国政府の巨額な許認可費用

　ただ、このように派遣会社が多額の手数料を得ているからといって、即、彼らが暴利を得ていると判断するには、いくつかの留保点がある。

　その一つは、法外に高額な許認可に関わる費用である。今回のヒアリング調査と関係資料からは、中国政府による許認可の際の法外な手数料水準が明確になった。2012年８月から実施された中国の関係制度の改革では、派遣企業は地方政府の管理部門に登録時に登録料600万元を支払い（改正前は500万元）、さらに保証金300万元（改正前は100万元）を預託しなければならないこととなった。この後者の保証金とは、派遣先の日本企業が倒産した場合、研修生の賃金として充当するとの名目である。つまり現在では、会社創業当初で900万元（約1.4億円相当）が必要となるのである[9]。

　この新制度が実施されてから、中小零細の派遣会社は自動的に淘汰され、江蘇省で施行前の100社から20〜30社程度に激減した模様である。実際に、前述した中日研修生協力機構の登録派遣企業数も、2012年７月の改正前では281であったが、2014年５月時点では、257に減少している。

第8章　技能実習生・研修生の最多送出し国から急減した中国　　145

③募集費用の増大

　今ひとつの派遣会社にたいする圧力は、前述の募集の困難化である。B社での
ヒアリング結果によれば、募集の困難化に伴って、派遣会社は、募集する現地で
実際に研修生を集めるエージェントに、日本に派遣が可能となった場合の成功報
酬として、多額のマージンを支払うことが常態化しているという。この金額は、
ここ数年1人当たり6,000 ～ 10,000元で推移しており、求人の困難化に従って、
2012年前後からは1人当たり10,000元が相場となっているという。また、前述し
たように、募集範囲の広域化は現地エージェントへの依存を高めているという⁽¹⁰⁾。

　こうして、政府の許認可費用圧力と、求人の困難化によるエージェントへのマー
ジンの増大により、派遣企業の利益は従前より大きく減少しているという。その
結果、たとえ募集が困難化しても、手数料水準の引き下げを実施できないのであ
る。

5．研修・実習生の見込み所得の減少と派遣希望者の減少

　多額の費用を支払っても、なお、2012年以前において研修・実習生希望者が後
を絶たなかった理由として、日本での研修・技能実習が、ある程度の金額の貯蓄
を可能にしてきた点があげられる。現実に、企業調査の際、A社の研修・実習生
の約8割は、日本への研修の主な目的として「貯蓄」を挙げていた。

　日本における研修・実習生関係法の改正による最低賃金の適用（2010年）によ
り、基本給が月額13万円⁽¹¹⁾に増額された上、これに残業手当等が加わり、月
給が20万円～ 25万円程度に増額された。この金額から生活費等を差し引いても
3年間で数百万円の貯蓄が可能であったためである。

　ただ、その後、ここ数年の円安傾
向により（**表8-4**のように、2012年
4月から現在までに日本円が人民元
にたいして40％以上下落している）、
研修・実習生の人民元手取金額は確
実に減少し、一方で出身地域の平均
賃金が上昇していることが、近年の

表8-4　円・人民元為替レートの変動

	円/1元
2012年4月27日	12.92
2012年12月28日	14.21
2013年12月30日	17.65
2014年12月30日	19.30
2015年3月31日	19.27

資料：「みずほ銀行外国為替公示相場」から引用。

146　　第３部　海外―送り出し国の実状と短期労働者が期待するもの

応募者の減少に大きく影響していると考えられる。

　貯蓄可能金額の多寡は、当然、研修・実習生のもっとも重要な関心事である。これまでも、派遣した研修・実習生のほとんどが、日本入国直後に携帯電話等を購入し、他地域の研修・実習生と情報交換を始めたという。情報交換の結果、待遇面での格差の存在が明らかになると、研修を進める上での大きなトラブル（たとえば失踪等）が発生してきた。このためA社・B社とも日本に駐在員を配置し[12]、定期的な巡回によってこれに対応してきたのである。

　つまり、研修・実習生にとって、かつては日本に到着後の、所得格差、待遇格差の存在が主要関心事であったわけであるが、それが近年の円安傾向により、派遣前にはっきりと所得の減少が予測できるほどの事態に至ったことにより、ここ数年の派遣希望者の減少をもたらしていると考えられよう。

６．まとめにかえて

　以上、企業調査結果を中心に、派遣企業と地方政府との関係、派遣費用と派遣企業の利益構造、近年の日本向け派遣者減少の背景を述べてきた。

　周知のように、日本における研修技能実習制度は、諸外国への技術移転を目的とする人材育成という目標を掲げる一方で、日本国内では、国内での労働力確保が困難な産業における労働力不足問題への対応策として機能している実態がある。業界、職種によっては、企業経営・農業経営に研修・実習生の存在が不可欠となる事態が発生しており、研修・実習生の確保は、日本側受け入れ機関、農家等にとって重要な問題である。

　今回の中国の派遣企業A・B社の調査結果から、中国からの派遣にかかわる政府・派遣企業・研修・実習生の利害関係が派遣動向に大きく関与していることが明確になった。現在の、日本への派遣希望者の減少問題は、まさに、その派遣に関わる費用対効果（収益）の問題と強く関係している。

　調査結果から明らかなように、派遣費用は現地の農民の数年分の収入に相当する金額となり、研修・実習生本人にとっては、かなり早い時期から一貫して過大な負担であった。このように高い手続き費用は、派遣会社と地方政府との癒着、高額な政府への預託金、さらには一握りの企業による独占状態によってもたらさ

第8章　技能実習生・研修生の最多送出し国から急減した中国　　147

れていた。こうした、派遣される研修・実習生の賃金をめぐる、政府、派遣企業、各地エージェント間の利益争奪構造が変わらない限り、中国からの派遣人数の大幅な増加は今後も期待できないと思われる。

こうした構造が存在するにもかかわらず、これまで一定の人数の研修・実習生の派遣希望者が存在してきた要因としては、高額の負担を帳消しにする、日本での研修・実習による一定金額の貯蓄が可能であったため（あるいは可能となると予想されたため）であるが、近年の円安による来日後の手取り人民元報酬の減少、さらには中国国内の賃金上昇などの要因が加わり、この前提が大きく崩れているのである。この前提の崩壊により、日本向けに派遣される研修・実習生の減少という事態が結果されていると考えることができよう。この前提の崩壊が存在する限り、今後も日本への派遣数の減少には歯止めがかからないと予測できる。

ただ、この結論には留保点もある。それは、従来の研修・実習生の主要給源地域が、山東省・江蘇省等の経済が発展した地域に偏っ

表8-5　農民1人当たり年間純収入の格差

（単位：元、％）

省、自治区、直轄市	2012年	
	実数	指数
上海市	17,804	395.0
北京市	16,476	365.6
浙江省	14,552	322.9
天津市	14,024	311.1
江蘇省	12,202	270.7
広東省	10,543	233.9
福建省	9,967	221.1
山東省	9,447	209.6
遼寧省	9,384	208.2
黒竜江省	8,604	190.9
吉林省	8,598	190.8
河北省	8,081	179.3
湖北省	7,852	174.2
江西省	7,829	173.7
内モンゴル自治区	7,611	168.9
河南省	7,525	167.0
湖南省	7,440	165.1
海南省	7,408	164.4
重慶市	7,383	163.8
安徽省	7,160	158.9
四川省	7,001	155.3
新疆ウイグル自治区	6,394	141.9
山西省	6,357	141.0
寧夏回族自治区	6,180	137.1
広西壮族自治区	6,008	133.3
陝西省	5,763	127.9
チベット自治区	5,719	126.9
雲南省	5,417	120.2
青海省	5,364	119.0
貴州省	4,753	105.5
甘粛省	4,507	100.0
全国	7,917	175.7

資料：中国国家統計局（2013）p.400 から作成。
注：所得最低の甘粛省を100.0とした指数で示している。

てきたことが、賃金上昇の直接的な影響を受け、派遣人材確保の困難化に拍車をかけているという事実である。

周知のように、中国の地域間経済格差は著しく、とくに経済的に発展した沿海地域の諸省と、取り残されつつある内陸地域の諸省との所得格差は大きい（**表8-5**の「農民1人あたり年間純収入の格差」参照）。この表からは、最低所得省（**表8-5**では甘粛省農村）と最高所得省（同、上海市農村）との格差は4倍にも達していることがわかる。この状況で、とくに所得水準の高い地域を主要給源地域と

して求人活動を展開していたのでは、当該地域の農民にとって魅力がより少なくなり、労働力供給が減少するのも当然のことである。

換言すれば、表8-2、表8-5から理解できるように、中国には低所得の農村地帯がいまだ広範に存在し、しかも、こうした地域からの海外派遣は、ほとんど手つかず状態であることに注目する必要があろう。

ここまでみてきたように、中国の農業関係研修・実習生の日本への派遣は、その時点の経済動向に伴って、現地農民のきわめて冷静な経済的行動に基づいて大きな影響をうけていることが明らかである。よって、今後は相対的に高い所得地域からの派遣を想定することは困難であり、もし今後も中国からの派遣を想定するのであれば、内陸地域の労働力にその募集対象を移す必要があろう。前述のように、こうした地域での求人に、B社をはじめ多くの派遣企業が参入し始めており、この地域での求人活動には今後も一定の発展可能性があると考えられる。

日本の研修・実習生市場への労働力供給における、東南アジアへのシフトという新しい動向とならんで、中国国内でもさまざまな新しい動向が発生している。注目する必要があろう。

注

（1）本章は、大島一二・金子あき子・西野真由（2016）「中国から日本への農業研修生・技能実習生派遣の実態と課題—派遣に関わる費用と派遣企業の利益構造を中心に—」『農業市場研究』第25巻第1号、を全面的に加筆修正したものである。

（2）後述する調査対象であるA社、B社は、いずれも農業関係の研修・実習生の派遣実績のある中国企業である。

（3）この数値は、日本向け研修、実習生に限定せず、中国全体の海外への労働力派遣者数を示したものである。

（4）中国の海外派遣労働者の主力は、発展途上国向け開発プロジェクトに派遣されている。

（5）現地調査の際のA社、B社のヒアリングでは、近年いくつかの中国の派遣会社が国の枠を超えて、東南アジアに支店を開業しているという動向が説明された。こうした中国系派遣会社の東南アジアでの活動には未だ不明点が多い。

（6）このような多額の費用負担のため、A社の研修・実習生は、借金により費用を用意するケースが多い。この徴収費用の細目については、今回の調査では明らかにできなかった。

（7）A社の派遣手数料は、派遣先の業種によって異なる。また、派遣前に用意できない場合は、交渉により派遣後に支払うことも可能という。

第8章　技能実習生・研修生の最多送出し国から急減した中国　　149

（8）『中国農村統計年鑑2012』中国統計出版社。
（9）今回の調査結果からは、なぜ許認可に関わる費用が増額されたのかについては不明であった。
（10）これは派遣企業が遠隔地の諸事情に暗いことが主要要因である。
（11）2010年7月以降、労働関係法令適用後の賃金の状況は、「技能実習1号イ」（企業単独型）12万8,923円、「技能実習1号ロ」（団体監理型）12万1,372円（いずれもJITCO支援の技能実習生の月額平均賃金）となっている。『2011年度版JITCO白書』p.114参照。この新規定では、他に労働時間の厳守も規定された。このため、実労時間の減少（＝賃金の減少）がもたらされ、研修生・実習生減少の一員となったとの見解もある。
（12）通常、日本側の第一次受け入れ機関（農業の場合は農協等）が研修・実習生を管理する原則であるが、難しい場合は、中国側の派遣機関が駐在員を常駐させ、研修・実習生の管理を行う。A社では、スタッフが日本に駐在し、トラブルが発生しないよう1か月に1回程度派遣した研修・実習生を見回り、生活や仕事上の悩みや不満を迅速に解決するよう対策を行っている。A社の日本駐在員は、研修・実習生の信頼関係を築くため、日本における研修の管理だけでなく、中国での研修・実習生の選抜、派遣前教育にも携わっている。入国の際も引率し、日本での研修にも一緒に参加することによって、個々の研修・実習生について細かく把握するように対策を行っている。

参考文献
JITCO（2012a）『JITCO白書』国際研修協力機構
――（2012b）『外国人技能実習制度概説』（第2版）国際研修協力機構
黒田由彦（2010）「地域産業を支える外国人労働者―外国人研修生・技能実習生というもうひとつのDEKASEGI―」『名古屋大学社会学論集』第30号、pp.53～70
常清秀（2005）「「研修生制度」と外国人労働力問題―中国山東省威海市の水産加工研修生を対象として―」『漁業経済研究』第50巻第2号、pp.65～88
田嶋淳子（2010）『国際移住の社会学』明石書店
中国国家統計局（2012）『中国農村統計年鑑2012』中国統計出版社
――（2013）『中国統計年鑑2013』中国統計出版社
法務省入国管理局（2016）『出入国管理』法務省

第9章

帰国した実習生と日系企業
—中国側の日本の制度に対する評価と実際—

佐藤 敦信

1. はじめに

　現在、日本は外国人技能実習制度に基づき、主に中国等のアジア諸国から技能実習生を受け入れている。来日した外国人技能実習生は、日本国内の受入機関において、各分野の技能を習得する。そして帰国した後については、母国において日本で学んだ技術を活かし、産業及び企業を発展させることが期待されている。そのため、外国人技能実習生及び外国人技能実習制度の真価は、母国に帰国した後の就職時に発揮されることになるだろう。

　帰国技能実習生の就職実態を明らかにする上で重要になるのは、①帰国技能実習生がどのような経緯で母国において習得技術を活かせる職を得たのか、②現職では習得技術がどのような意識のもとで活かされているのかという点である。というのも、公益財団法人国際研修協力機構（2013）から帰国技能実習生の実態をみると、その一部は、習得技術を活かして自国の産業の発展に貢献するという本来の趣旨どおりに就職していると言えないからである。

　近年、特に中国では、都市部を中心とした所得向上を背景に、同国で新たに消費者を獲得するため、日本企業が現地法人を設立し、中国市場向けの生産を開始している。このような現地法人では、通常、日本人駐在員はいるものの、従業員のほとんどは中国人である。日本人従業員と中国人従業員による日本の技術に基づいた生産を円滑に展開する上で、日本の技術を習得している帰国技能実習生は両者の橋渡し的存在として重要になると考えられる。これまでの外国人技能実習生に関する研究成果は日本国内における受入機関及び外国人技能実習生の実態について明らかにしたものが主であり、帰国技能実習生の実態、とりわけ現職に至るまでの過程等については、未だ十分に研究されていない。

第9章　帰国した実習生と日系企業　　151

　そこで本章では、まず中国で農業生産を展開している日系農業企業の事業を踏まえた上で、中国において技能実習時の産業の職を得られた帰国技能実習生に注目し、そのような就職が可能になった要因と外国人技能実習制度に対する意識から同制度に内在する課題について明らかにしたい[1]。

2．事例対象の概況

　調査対象として、中国山東省に拠点を置く日系農業企業である、SA社とHK社を選択した。本節では各社の事業展開と帰国技能実習生の雇用実態を整理する。なお、SA社については、実際は、野菜生産と酪農を担う企業と、牛乳の生産と販売を担う企業の2社に分かれているが、両社は事業面で連携している。そのため、本章では両社を合わせてSA社と表記する。

（1）SA社
①事業展開

　SA社は、日本の大手ビールメーカーと総合商社の共同出資により、2006年に野菜生産と酪農を担う企業が、2008年に牛乳の生産と販売を担う企業が、それぞれ設立された。2014年時点で、従業員数は前者が128人、後者が35人となっている。農場は約1,500ムー（約100ha）あり、全て前者の直営農場である[2]。また、牛乳生産工場の面積は2,380m^{2}で、生産能力[3]は約12トン/日である。

　SA社には野菜生産を担う栽培部、堆肥生産を担う循環部、乳牛を飼育する乳牛部があり、これらの部署は近隣の契約農家とともに循環型農法を実践している。SA社は自社で堆肥加工施設を所有しており、酪農部門で発生した牛糞は、同施設に搬入され堆肥として加工後、自社直営農場で使用される。この取り組みの効果として、SA社では野菜生産にあたり化学肥料の投入量を削減させることに成功している。自社製堆肥と減農薬栽培で生産したデントコーンや加工残渣は、近隣の契約農家からの調達分も加えて酪農部門で牛の飼育に再び活用される。

　これらの事業の中で、SA社の主力事業は酪農及び牛乳の生産である。酪農事業の飼育頭数をみると、開始された2007年は、オーストラリアとニュージーランドから輸入した乳牛の650頭であったが、2014年時点では1,500頭にまで増加して

152 第3部 海外—送り出し国の実状と短期労働者が期待するもの

いる。またそれに伴い、牛乳の生産量も増加傾向を示しており、2012年は前年比150％、2013年も前年比120％となっている。

SA社で生産された農産物は全て中国国内で販売される。中国での生産と販売に特化しているSA社の事業展開は、日本のノウハウで生産された農産物の中国国内販売という点から、重要な生産拠点と位置付けることができる。

②SA社における帰国技能実習生の雇用

SA社は中国で日本の農業技術を応用した生産体系を確立するため、これまで必要に応じて日本から農業技術者を招聘してきた。招聘した日本人農業技術者の役割は、主に、現地で雇用した従業員への指導や、中国の環境に即した生産資材及び栽培方法を検討することである。これらの取り組みもあり、現在では高品質農産物の生産に成功している。

しかし、近年、SA社は自社の従業員における中国人比率をさらに高めている。創業当初、乳牛部部長や栽培部部長といった自社の主要ポストは、そのほとんどが日本人によって占められていたが、現在では上記2部長は中国人従業員が担っている。

SA社はこのようなグループリーダーとなり得る中国人従業員を育成するため、帰国技能実習生を雇用した。これはSA社が、帰国技能実習生は日本での技能実習の中で、日本人とのコミュニケーション能力も向上させており、自社内での日本人従業員との円滑なコミュニケーションが期待できると判断したためである。言うまでもなく、上記のような主要ポストでは、日本人である総経理や副総経理との会話の頻度が高くなり、その重要性も増す。そして、総経理や副総経理からの指示を部署内のその他の従業員へ的確に伝達し、その一方で、従業員の要望や意見を上層部へ伝達することも求められる。そのため、SA社は現地採用従業員よりも日本人とのコミュニケーションに慣れていると思われる帰国技能実習生を雇用し、グループリーダーとして育成しているのである。2014年時点で、SA社が雇用している帰国技能実習生は4人で、そのうち2人が農業分野での外国人技能実習生だった。

帰国技能実習生の雇用にあたって、SA社は自社の人的ネットワークを活用している。SA社は一次受入機関や二次受入機関との情報交換を密にすることで、

第9章　帰国した実習生と日系企業　　153

グループリーダーとしての将来が見込まれる外国人技能実習生の情報を得て、必要に応じて日本人従業員が面接した上で採用している。

（2）HK社
①HグループとHK社の事業展開

HK社は、2007年にH社の100％出資で設立された。H社は、千葉県に拠点を置く農業生産法人で、花卉やカラーリーフ、野菜のプラグ苗を生産し販売している。資本金は1,000万円で、2012年時点での従業員数は正社員が50人、パート社員が100人、外国人技能実習生が35人となっている。

H社では自社製品の生産にかかる作業内容について、正社員、パート従業員、外国人技能実習生の区別はしてない。外国人技能実習生は最初、基礎的な作業内容を習得することになるが、その後は、H社の生産管理マニュアルに基づいて他の従業員と同一の作業を行い、ミーティング等を通じて改善点を指摘し合っている。外国人技能実習生にとっては、正社員とともにミーティングに参加し、業務の改善のために意見交換をすることで、H社の業務内容と方法を習得することになる。また、生産管理マニュアルを作成し積極的に更新していくという方針は、中国法人であるHK社でも採用されている。

H社はHK社等とともにHグループを構成している。図9-1は、Hグループにおける外国人技能実習生の受入からHK社での雇用までの過程を示したものである。

Hグループの中には、2005年に設立された外国人技能実習生の受入を担う一次受入機関がある。この一次受入機関は、Hグループの受入窓口として外国人技能実習生を同グループの各部署に配置させている。Hグループは、現在、全て同グループの一次受入機関を通じて外国人技能実習生を受け入れている。この一次受入機関における外国人技能実習生は、近年、ベトナム人も増えたものの、依然としてそのほとんどが中国人であり、出身地は主に山東省と吉林省となっている。

Hグループでの技能実習に臨む中国人技能実習生候補は、中国での送出機関において、技能実習の際に求められる日本語や基礎的技能を習得する。その後、同機関において面接、筆記、実技の各試験に合格した場合、日本に派遣される。実技試験では手先の器用さや計算能力が求められ、一次受入機関は試験に立ち会い、当年Hグループが受け入れる中国人技能実習生の水準を判断する材料にしている。

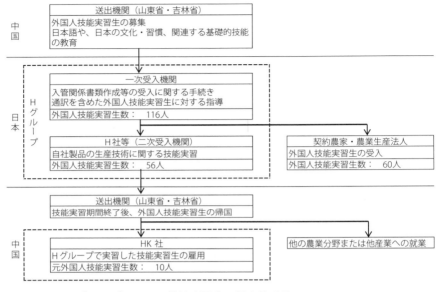

図9-1 Hグループにおける技能実習生の基本的受入フロー

注：1）H社とHグループ一次受入機関におけるヒアリング調査をもとに作成。
　　2）図中の破線はHグループの主体及び業務であることを表す。
　　3）図中の数値は2012年の数値である。

次にHK社の概況について述べる。HK社の従業員数は2014年時点で日本人2人と中国人60人のほか、繁忙期に臨時で雇用するパート従業員が15〜20人となっている[4]。HK社が所有している農場の総面積は4万3,000m^{2}である。H社が中国に生産拠点を設けたのは、自社の生産拡大を図る上で、中国における安価な労働力の雇用による低コスト生産が不可欠になると判断したからである。H社は、中国の直営農場で半製品を生産し、その後、日本へ輸出することで、生産コスト、とりわけ人件費を抑えることを可能にしている。その一方で、中国国内においてカラーリーフ等自社製品の需要が高まってきたことを背景に、2008年以降は、対日輸出のみならず、中国国内販売にも着手している[5]。HK社は、自社製品を上海市と杭州市の園芸用品販売店7店舗で販売するとともに、大型百貨店やスーパーで開催されている即売会や展示会等にも出店しており、中国での顧客獲得を推進している。

第9章　帰国した実習生と日系企業　　155

　さらにHK社は、Hグループで技能実習をする予定の中国人技能実習生を対象に、来日前に約1か月間、同社で事前研修を受けさせている。事前研修の内容は、技能実習で必要になる単語のテストや、技能実習に関するレポートの作成等である。これらの成績は日本のHグループに送られ、各技能実習生の配置部署を検討する際の材料になる。この方針はHグループの外国人技能実習生に対する早期育成の一環と捉えられる。大部分の外国人技能実習生は来日した後、二次受入機関で初めて実際の作業を習得し始める。しかし、Hグループでは予め技能実習にあたって求められる内容を一定程度習得したうえで、実習に臨むことになり、より円滑な技能習得が可能になると考えられる。これは他の大部分の受入機関にはない、中国法人があるHグループならではの育成方針と言えよう。

　②HK社における帰国技能実習生の雇用

　Hグループは、中国人技能実習生の一部をHK社の従業員として再雇用している。Hグループにとって外国人技能実習生の受入は、外国人技能実習制度の理念にあるような外国人技能実習生に対する教育だけではなく、自社の海外事業における従業員の育成にもなっているのである。

　HK社では、現在、中国人従業員のうち帰国技能実習生は10人となっている[6]。これらHK社に雇用された帰国技能実習生は、全て日本国内のHグループ系列企業で3年間技能実習をした経験を持つ。Hグループでは各年24人前後の外国人技能実習生を受け入れており、その中からHK社のグループリーダー候補者を選抜している。具体的には、技能実習2年目以降に、当年の外国人技能実習生のうち優秀な者を選抜している。HK社に雇用される人数は各年で異なり、多い年では4〜5人が採用されているが、採用された者が全くいない年もある。これは採用にあたっては、外国人技能実習生本人の意向や、日本語でのコミュニケーション能力も含めた技能水準、HK社における各分野の人員に関する需要等が総合的に勘案され、H社側からみれば要件を満たしていなければ採用しない方針をとっているためである。ただし、HK社の従業員の募集活動は毎年実施している。なぜなら、帰国技能実習生もHK社に就職した後、家庭の事情や結婚による居住地域の変更等により、やむを得ず同社を離職する場合があり、その分の人員を確保する必要があるからである。

156　第3部　海外―送り出し国の実状と短期労働者が期待するもの

　しかし、これらの取り組みには課題も残されている。それは帰国技能実習生が習得した能力とHK社が求める能力が乖離する可能性である。帰国技能実習生は施設園芸分野の技術を習得してHK社に就職しているが、HK社が最も必要としているのは、各従業員に適切な指示をだすことができるグループリーダーとしての能力である。このため、一部の帰国技能実習生はHK社が当初期待した能力を発揮できず、むしろ外国人技能実習生を経ずに採用した従業員の方がグループリーダーとしての能力を発揮しているケースもみられる。その場合、社内での地位は帰国技能実習生よりも後者の非帰国技能実習生の方が高くなる。HK社では帰国技能実習生を優先的に雇用したり昇進させたりすることはなく、給与体系も帰国技能実習生と非帰国技能実習生とで区別はない。先述のように当年にHK社の条件を満たす者が現れなかった場合は採用を見送るため、グループリーダーの確保にあたって、特に帰国技能実習生に依存しているわけではない。

　Hグループの外国人技能実習生は、その大部分が11月頃に日本へ行き実習している。HK社に採用される場合、3年目の概ね10月に面接し、春節明けに入社するというケースが多い。その後、3か月の試用期間中に、業務内容とスケジュール管理、さらにそれらの改善点に関する報告書を提出させた上で正式採用になる。

3．帰国技能実習生に対するヒアリング調査の結果

　本節では、帰国技能実習生に対するヒアリング調査から明らかになった現職に至るまでの過程や、外国人技能実習制度への意識について整理したい。なお、調査対象者はSA社の2名、HK社の4名で、**表9-1**は各調査対象者の基本属性について表したものである[7]。いずれも中国東北部の出身者で既婚者である[8]。またAを除き、ほとんどの帰国技能実習生は3年間の技能実習を経て現職に就いている[9]。以下では、①各帰国技能実習生の現在の業務、②応募から技能実習及び現職に至るまでの過程、③企業側が求める日本語の習得方法、④外国人技能実習制度への意識の4点に分けて整理する。

　なお、HK社の帰国技能実習生の実習先が千葉県と長野県に分かれているのは、両県にH社の直営農場があるためである。

第９章　帰国した実習生と日系企業　　157

表9-1　調査対象の帰国技能実習生の基本属性

調査対象企業	SA社		HK社			
帰国技能実習生	A	B	C	D	E	F
年齢	30歳	33歳	32歳	29歳	34歳	31歳
性別	男性	男性	女性	男性	男性	男性
職位	栽培部課長	乳牛部係長	生産係長	生産主任	生産主任	生産主任
入社時期	2006年	2012年	2009年	2009年	2008年	2009年
未婚・既婚	既婚	既婚	既婚	既婚	既婚	既婚
出身地	吉林省	黒竜江省	吉林省	吉林省	吉林省	吉林省
実家	農家	農家	農家	農家	非農家	非農家
技能実習期間	2005年3月～2005年10月	2009年10月～2012年10月	2005年12月～2008年12月	2005年12月～2008年12月	2005年～2007年	2006年～2008年
実習先	群馬県	北海道	千葉県	千葉県	千葉県	長野県

注：SA社とHK社におけるヒアリング調査をもとに作成。

（1）帰国技能実習生の業務

　まず各帰国技能実習生が担う業務の内容について整理する。AはSA社の栽培部に所属している。技能実習時には、育苗や栽培管理、雑草除去等に携わり、現職では野菜生産の栽培計画を立て、部内21人の従業員に農業技術の指導をしている。Bは、技能実習期間中に乳牛と肉牛双方の飼育に関して実習し、現職では乳牛の飼育を担当している。HK社の帰国技能実習生の実習内容をみると、Cは補植、ポット管理、挿し木、Dは用土製造、播種に携わっていた。現在では、Cは生産係長、D、E、Fは生産主任としてHK社での花卉生産に携わり、それぞれパート従業員を含めた各従業員を管理している。さらにCは後述するように、日本の顧客への対応等も担当している。

（2）外国人技能実習生への応募と技能実習過程

①応募動機

　応募動機についてみると、大きく、日本の技術への関心と経済的要因の２つに分けることができる。Bは実家でも牛を飼育しており、日本で畜産技術を習得したいと思い応募している。その一方で、D、E、Fは経済的要因を挙げている。また、Aも日本への関心はあったが、それだけではなく経済的要因からも応募したとしている。収入面を考慮した場合、中国国内での就労よりも期間は限定され

ているものの外国人技能実習生として日本で実習する方が良いと考えていたのである。そのため、経済的要因を挙げた帰国技能実習生の中には、外国人技能実習制度を日本への出稼ぎと捉えている者もいた。

②技能実習に関する情報の入手

外国人技能実習生に関する情報を入手した経緯では、AとBは人材派遣会社、Cは鎮政府の知り合い、Dは自身の祖父と県政府職員、Eは親戚のいる人材派遣会社から、それぞれ情報を得て応募していた。Bは技能実習の内容について中国で事前に説明を受けているが、概ね相違はなかったとしている。そのため、実際の技能実習についても違和感はほとんどなかったとのことである。CとDは、実習内容は事前の説明では分からなかったが、必要経費を差し引いた３年間の収入について15 ～ 20万元との説明を受けており、この点について相違はなかったと回答している。

③事前研修

外国人技能実習生は、日本への技能実習が決まった後、中国国内で事前研修に臨むことになるが、その際、外国人技能実習生にとって問題となるのが事前研修費の捻出である。Aは日本語等の研修費として３万元（宿舎使用料込み、食費別）を支払い、その費用は親戚・知人から借りることで捻出している。Cは、保証金として１万元、紹介料として４万元、日本語等の研修費用として7,000元を前金として支払っている[10]。またDは保証金として１万元、手続き手数料等に３万元、日本語等の研修費用（食費込み）に２万元を支払っている。CとDはいずれも親戚から借りている。Eは日本語等の研修費用として７万元（宿舎使用料と食費込み）、手続き費用として５万元を借金して支払っている。一部支払った金額が不明な者もいるものの、調査対象者に共通しているのは、自身にとって少なくない金額を事前研修段階で支払っており、個人のみでの費用の捻出が不可能であることから、主に親戚等の身近な者からの借金に頼らざるを得ない点である。このため、外国人技能実習生は技能実習による収入の一部を借金の返済に充てることが必要になる。例えばBについてみると、技能実習時の収入は１年目が６万円/月で、２～３年目になると14万8,000円/月となった。これらに加え平均20時間/月の残

業代も支払われている。Bはこの収入金額から食費と国民健康保険料の支払い以外に、中国への送金もしている[11]。事前研修費用も含めたその金額は1年目が70万円、2〜3年目が合計で70万円となっている。

④現職に至る過程

次に技能実習から現職に至る過程についてみてみよう。先述のとおり、SA社は受入機関との人的ネットワークから、HK社は日本国内でのHグループから、それぞれ自社の事業に貢献できる外国人技能実習生を探し出し、当該技能実習生を面接した上で採用している。調査対象者は、いずれも技能実習の3年目に現職への応募を打診されている。Aの場合、SA社の技術顧問と二次受入機関の農家が相談し、同氏を含め3人の候補者を選定した。そして、面接の結果、Aが採用された。Bは一次受入機関よりSA社での就職を打診され、同社の日本人従業員とまず実習先の北海道で面接した。その後、山東省で実際にSA社の現状を確認した上で、再度面接を受け採用が決定した。Cは3年目の6月頃にHK社での就職を打診され、自身も日本語を使った業務に就きたいと希望していたことから、その後応募している。DもCと同じ時期に打診されており、技能実習により予め業務内容が概ね分かっていたことから応募した。

（3）日本語の習得

通常、外国人技能実習生は出国前に3〜6か月、日本語を学習した後、日本での技能実習に臨む。日本での日本語学習の時間も確保されているが、その時間は少ない。このことから、調査対象者へのヒアリングの中で、農業技術に関する専門用語等が分からず、二次受入機関（実習実施機関）とのコミュニケーションが困難な状況が少なくなかったことが確認された。しかし、調査対象者は、そのような状況に遭遇した際に、自らコミュニケーションに対する積極性を示し解決しようとする姿勢をみせている。

例えば、Bは二次受入機関からの指示で不明な点が出てきた時のために、常にメモ帳を携帯しており、不明箇所を筆記してもらい、その後、辞書で意味を確認し覚えている。また繰り返し質問し確認することで、正確に指示を理解しようとする姿勢も見せている。Bによると、技能実習が始まった後、新たに他の外国人

160 第3部 海外─送り出し国の実状と短期労働者が期待するもの

技能実習生が同じ農場に来たが、同氏が最も多く二次受入機関とコミュニケーションをとり、その内容を他の外国人技能実習生に伝達することもあったとのことである。

さらに、このような外国人技能実習生の自発的な日本語学習の努力だけではなく、受入機関の取り組みも外国人技能実習生の日本語能力の向上に対するインセンティブを与えている。Hグループは自社で実習している外国人技能実習生を対象に、日本語能力試験1級に合格すると3万円、同試験2級に合格すると2万円、それぞれ報奨金を支給している[12]。その結果、CとDの同期生15人のうち、Cを含む3人が日本語能力試験1級に合格し、残る12人も全員が同試験2級に合格している。

Cについてみると、技能実習過程で習得した日本語のコミュニケーション能力は、現在の業務である顧客対応にも活かされている。というのも、HK社の主たる収益源である対日輸出では、日本語によるメール対応や問題発生時の対応策の検討がとりわけ重要になるからである。その他、D、E、FもCと同様に、現在の業務では日本人従業員と全て日本語で話しているため、技能実習で習得した日本語は現在でも活かされ、かつ業務には必須のものとなっている。

（4）外国人技能実習制度への意識

ヒアリング調査の結果、技術の習得といった面で、ほとんどの帰国技能実習生は外国人技能実習制度に基づく日本での技能実習に対して意義のあるものと感じていることが判明した。日本の農業技術は先進的なものであり、それを習得することが外国人技能実習生の本分であると捉えている。

ただし、Aは技能実習を経て日中間の農業生産の差異を感じ、日本の技術をそのまま中国で導入しても期待された効果が必ずしも出るとは限らないとしている。さらに、同氏は非帰国技能実習生の従業員に対して、自身が日本で習得した技術の有用性を認識してもらうことが困難な場合もあると感じている。このことは、帰国技能実習生が日本で習得した技術を中国国内の環境に合わせて現地化させることが必要であることを示している。

また、日本での生活全般について、意義及び好意的見解を示す帰国技能実習生もみられた。Bは、単なる技術習得ではなく、それと同時に日本社会や日本人の

礼儀等も学び身につけるべきであるとしている。また、日本ではタイムカードで実習時間が管理されていたことから、時間や規則を遵守することの重要性等も感じ、自身の生活習慣に取り込むことで、それまでの生活を改善することができたと明らかにした。EとFも日本での生活について、環境が良く、周囲の人が親切に応対したことや、社内で企画された日本国内旅行にも参加したことから、日本での生活は中国国内で事前に想像していたものよりも良かったと好印象を抱いていた。

　調査では、外国人技能実習制度に応募することのデメリットも挙げられた。例えばAは、それまでの人間関係が喪失する可能性があるとも感じている。つまり就職の機会が比較的多い20代の時に、技能実習のために3年間日本へ行くと、中国国内での人間関係を失い、帰国しても中国で仕事を見つけにくくなるという意識も持っているのである。

　これらのことを踏まえて、外国人技能実習制度への応募希望者がいた場合、応募を勧めるかどうかについて質問したところ、AとBは、現在の経済動向からみると、応募には慎重であるべきと考えていた。そして、近年、中国国内では給与水準が上昇していることと、外国人技能実習生としての収入を考えた場合、日本へ行くことのメリットは徐々になくなりつつあると指摘している。また、EとFは、自身の技能実習時に既婚者の応募が少なかったことと若年層で一次産業での就職を避ける傾向がみられることから、今後も応募者は未婚者が主となり応募者自体も少なくなると考えている。

　その一方で、Dは、外国人技能実習生として日本で実習したことについて、自身の意識改革と社会性の向上に繋がったとして、応募を勧めると回答している。日本の農業技術のみならず、それに付随する日本人従業員との信頼関係の構築等も習得すべきであると認識しているからである[13]。この点はB等の考えにも共通してみられ、日本人との高いコミュニケーション能力という企業側の要求にも合致するものであろう。

4．就職実態からみる帰国技能実習生の課題

技能実習中に途中帰国する者もいる中[14]、調査対象者はいずれも予定された

実習期間を終了しており、外国人技能実習生の中でも特に日本語を使ったコミュニケーションと日本の農業技術への関心が強い者と言える。中国国内で借金をすることで日本での技能実習に臨んでおり、農業技術の習得だけではなく、普段の生活から得られる経験によって対人能力も高めるべく意欲的に取り組んでいた。そして、調査対象者は外国人技能実習制度に基づく技能実習について自身の成長や就職に役立ったと捉え、技能実習中での日本語を使った受入機関の日本人とのコミュニケーションに積極性を示していた。

　しかし、一部の調査対象者は二次受入機関から他の外国人技能実習生への連絡係も担っていたものの、グループリーダーとしての能力は、技能実習の対象範囲外であった。そのため、企業側が求めている人材になるためには、実習で習得した技能以外にも日本人とのコミュニケーション能力をさらに磨いていかなければならない。そして、この能力は自ら積極的に日本人と関わっていくことで向上させるしかないことから、帰国後、技能実習と同じ産業、かつ日系企業で就職できるかは、3年間の技能実習時にどの程度、コミュニケーションに対して積極性を示せるかにかかってくると言えよう。また、就職すると、グループリーダーとして他の従業員に指示を出すマネジメント能力が求められる。よって、帰国技能実習生は、日系農業企業で従事するにあたって新たに求められる能力も習得していく必要がある。

5．おわりに

　本稿では、中国山東省に拠点を置く日系農業企業の事業展開を整理した上で、同企業に従事する帰国技能実習生の就職までの経緯と外国人技能実習制度への意識について明らかにした。調査対象者は積極的に日本語を使い、一次受入機関と二次受入機関（実習実施機関）に高いコミュニケーション能力を示していた。さらに、二次受入機関の取り組みも外国人技能実習生の就職に影響を与えている。外国人技能実習生と受入機関双方の取り組みが、外国人技能実習生の習得技術を活かせる業種での就職に繋がっていると言える。技能実習終了後、調査対象者が中国の日系農業企業での就職を果たしていたことを鑑みれば、本章における事例は、外国人技能実習制度の有効性を示す成果と位置付けられよう。

第9章　帰国した実習生と日系企業　　163

　最後に、本章での調査結果から、残された課題について2点触れたい。1つは、他産業に従事した帰国技能実習生の意識との比較と帰国後に習得技術を活かせなかった要因の検証である。冒頭で述べたとおり、本来、外国人技能実習制度の趣旨は日本の技術を習得し、帰国後、自国の産業の発展に寄与することである。しかし、帰国後に就いた職種は必ずしも技能実習と同じ産業とは限らない。3年間、日本の技術を習得したにもかかわらず他産業に従事している事例もある。このような事例は、帰国後の本人の意識が他産業に向いていることや、受け皿が用意されていないこと等が要因として想定される。その実態を明らかにすることは、今後、外国人技能実習制度の趣旨と実態の乖離を解消するためには不可欠になる。もう1つは、同じ農業分野でも、日系企業以外に就職した場合の帰国技能実習生の実態である。本章での事例対象企業は日系農業企業であるため、企業側は、帰国技能実習生に対して日本語によるコミュニケーション能力を最も重視し、帰国技能実習生側も日本語能力の重要性を認識していた。しかし、日系企業以外に就職した場合、業務を遂行するにあたっての日本語能力の重要性は異なってくることも考えられる。

　以上の2点については、今後、帰国技能実習生の実態をさらに詳細に明らかにしていく上で重要な点になるだろう。

注
（1）事例対象の日系農業企業及び帰国技能実習生である従業員へのヒアリング調査は2014年3月に実施しており、本章の事例に関する記述内容は、特に断りのない限り当時のものである。
（2）SA社の直営農場は、約660戸の農家と賃貸契約を結ぶことで集積された。契約期間は20年間で、地代は年間約1,000元／ムーである。
（3）生産能力とは、小売店で販売されるパック形態の製品の生産能力である。SA社では約20トン／日の牛乳が生産されているが、この生産量は自社工場のパッキング能力を超えているため、余剰分については中国資本の大手牛乳メーカーに販売している。
（4）HK社ではパート従業員を近隣地域から雇用しているが、近年は募集しても集まりにくくなっているため出勤時等はバスで送迎している。HK社が負担するパート従業員の給料は約2,000元であるが、社会保険にも加入しているため、手取り金額は約1,400元となる。
（5）HK社の中国国内販売による売上高は総売上高の10％前後であり、対日輸出が主

164 第3部 海外─送り出し国の実状と短期労働者が期待するもの

となっている。

（6）帰国技能実習生のうち、1人が生産係長で、3人が生産主任である。その他、生産主任の下位に位置する班長等にも帰国技能実習生が就いている。

（7）調査対象者の給料をみると、SA社での課長と係長の給料はそれぞれ6,000元/月と3,000元/月である。HK社での主任の給料は6～7万元/年である。

（8）C、D、Eは技能実習を通じて知り合った相手と結婚しており、CとDは夫婦である。

（9）Aの技能実習期間が8か月なのは、中国国内において日本での技能実習についての説明を受けた際、6か月、8か月、20か月の3つのコースを提示され、これらのうち8か月のコースを選択したためである。

（10）Cに対するヒアリングによると、保証金については、技能実習終了後、帰国した段階で返金されるとのことである。

（11）Bは、日本での技能実習期間中、食費を節約するために、休耕地を借用し自身で野菜を栽培していた。このことは、中国への送金等を考慮すると、自費での負担分については可能な限り節約する努力も必要であることを示している。

（12）中国国内の一部の日本語学校から日本語能力試験1級合格者と2級合格者にそれぞれ報奨金が別途支給されるケースもある。

（13）しかし、Dも、①中国の若年層は経済的問題を抱える者が少なくなったこと、②一人っ子が依然として多く、親元から離れられないケースが少なくないことから、応募者は徐々に減少していく可能性があるという考えを示した。

（14）Bに対するヒアリングによると、同氏と同時期に実習した者は5人いたとのことである。しかし、日本での生活に馴染めなかったこと等から、2人が実習期間の途中で帰国している。

参考文献

公益財団法人国際研修協力機構（2013）『2012年度　帰国技能実習生フォローアップ調査報告書』公益財団法人国際研修協力機構

──編（2013）『2013年度版外国人技能実習・研修事業実施状況報告（JITCO白書）』公益財団法人国際研修協力機構教材センター

孔麗（2005）「外国人農業研修制度をめぐる諸問題とその背景─北海道の中国人研修生アンケート調査から─」『季刊北海学園大学経済論集』第53巻第3号、pp.43-66

佐藤敦信（2014）「外国人技能実習生の帰国後の就業に向けた事業協同組合等の取り組みと課題─外国人技能実習制度の目的と実態の差異から─」『協同組合研究』第34巻第1号［通巻94号］、pp.69-76

堀口健治（2014）「農業における雇用労働者の重みと外国人の位置」『農村と都市をむすぶ』第64巻第2号［通巻748号］、pp.15-23

吉田美喜夫（2012）「外国人技能実習制度の現状と課題─JITCOの調査報告─」『立命館国際地域研究』第36号、pp.207-220

附記

　本章の一部は、佐藤敦信「外国人技能実習生の帰国後の就業に向けた事業協同組合等の取り組みと課題－外国人技能実習制度の目的と実態の差異から－」をもとにしている。

謝辞

　本章に関するヒアリング調査ではSA社とHK社の協力を得た。また、調査は、堀口健治氏（早稲田大学）、小島宏氏（同）、弦間正彦氏（同）、軍司聖詞氏（同）、安藤光義氏（東京大学）、大島一二氏（桃山学院大学）、朴京玉氏（青島農業大学）の協力のもとで実施された。

第10章
技能実習制度に新たな意義を付与したタイ
―受け入れ国でもあるタイの特徴―

長谷川 量平

1．序論

（1）タイの海外就労の変遷と現状

　タイにおいて労働者の海外送出しが始まったのは1970年代のことである。サウジアラビア、ドバイ、リビアなどの中東諸国に対し、2、3か月から2年ほどの間、労働し賃金をタイへ送金するいわゆる「出稼ぎ」である。当時は、制度整備が追いつかず、中東への送出しに行く者あるいは経験者に対しては、「パイシィアナー・マーシィアミヤ」（行くとき田を失い、帰ってくると妻も失う）、つまり出国まではブローカーに対して多額の手数料を支払うために田畑を売り、中東での稼ぎを送金しているうちに妻が遊びを覚え帰国すると何も残らないなどと揶揄されていた。それほどに海外への就労は一般市民、特に農村部での影響が大きいものであったにもかかわらず、悪徳なブローカーなどが暗躍し無法状態であったと思われる。

　1970年代後半および1980年代になってくると、労働関係法において労働争議解決システムが整備（1975年）され、雇用及び求職者保護法（1985年）、職業紹介および求職者保護法（1985年）などの法整備がなされた。

　このように労働関係法令整備とともに海外就労の制度整備を進めつつ、1979年には陸続きのミャンマー、ラオス、カンボジアなどから流入する外国人の就労を制限する「外国人が従事することを禁じる職業に関する王国令」が施行され、国内の労働市場保護も図られた。

　1980年代後半になると原油価格が下落し、中東での労働需要が減少した。1991年の湾岸戦争ではタイとサウジアラビアの外交関係が悪化し、それに代わる形で

東アジアへの労働送出が多くなってきた。日本においては、80年代の円高とともにタイ農村部での化学肥料の多投、自家製種子から購入種子への切り替えなどによる経済の疲弊、具体的には借入過多による農家家計の崩壊などにより、出稼ぎ労働者としての来日が多くなり、1997年のアジア通貨危機はそれを加速させた。

労働市場保護においては、タイでもいわゆる3K労働を嫌う風潮はあり、前出の法律が施行されていてもタイ人以外の単純労働者としての外国人労働者の増加には歯止めがかからなかった。

本来、タイにおける外国人労働者は外国人登録の他に、労働者登録をしなければならず、アジア通貨危機後は、タイ全土において登録上限10万人と制限されていたが外国人雇用登録の制限も2004年に撤廃された。

現在、タイにおける外国人労働者はミャンマー、ラオス、カンボジアの3か国に限られている。これら3か国とは労働力送出・受入に関わる覚書（MOU：Memorandum of Understanding）を締結している。その内容は、両国間での在留資格・就労手続きの進め方と人権保護、雇用者保護などを取り決めている。

2011年にはミャンマー人141万4千人、ラオス人19万9千人、カンボジア人41万6千人の合計203万人（タイ労働省労働福祉・保護局資料より）がタイ国内の外国人労働者として登録されている。

2013年には当時のインラック首相の提唱により最低賃金を全国統一300バーツ（日給ベース：1バーツはおよそ3.7円）にした。これは賃金の低いところから高い地域への労働力の移動を防ぎ、タイの国内労働者保護の目的があった。

しかし、最低賃金300バーツとは地域によって特に農村部においては、ほぼ倍増となる数値である。また、単純労働力としてのタイ国内の外国人労働者に対しても適応されるため、登録をしないでタイ国内で就労させ、最低賃金以下の賃金で就労してしまう不法就労が増加した。2013年以降近隣3国への不法就労による強制送還は数万人単位で行われている。

3K労働に対しては外国人労働者に頼っていながらも、労働市場全体としては労働力不足となっていたタイにおいては、2013年の最低賃金引き上げは雇用者の採用控えなど起こさせ、さらに労働力不足を加速させていると思われる。

タイはこのような外国人労働者の受入国としてのタイと、労働力派遣国としてのタイと、2つの側面のタイがある。

168　　第3部　海外─送り出し国の実状と短期労働者が期待するもの

表10-1　タイから日本への労働者派遣の推移

| 年 | 技能 | 技能実習 | |
		企業単独型	団体管理型
2011	4,054	845	2,885
2012	2,156	866	3,924
2013	442	1,302	3,325
2014	1,117	637	1,976
2015	1,133	659	2,419
2016	1,168	823	2,635

資料：タイ王国労働省海外派遣安全局資料を翻訳及び
　　　タイ王国大使館労働担当官事務所より筆者作成。
注：2016年は6月末現在。

　現在の労働者送出しは、労働省労働福祉・保護局によるとおよそ年間15万人の送出しである。そのうちアジアが62％で残りの多くがイスラエルである。

　アジアの半数近くが台湾であり、マレーシア、シンガポールと続く。日本には4千人を超える程度の技能実習生の派遣であり（**表10-1**）、2011年においてはタイ料理人などの在留資格「技能」での日本への派遣とほぼ同数である。

（2）課題の設定

　本章においては、周辺諸国から単純労働力を受入れつつ、労働力不足が言われながらも海外へ労働力を派遣しているタイにおいては、①政策的に単純に海外への「出稼ぎ」という意味合いでの渡航だけではなく、他の意味合いが政策的にあるのではないだろうか。

　また、日本への農業分野での実習生候補者、実習経験者（帰国者）へのアンケート調査から、②渡航前の意識と渡航後の意識を比較することで「外国人技能実習生制度」の実習生側からの評価を行ってみたい。

　上記の問題意識に基づき、2014年9月にタイ労働省、教育省、送出し機関、実習候補生の渡航前研修現場を訪問し、ヒアリング調査およびアンケート調査を行い分析した。

２．タイの職業教育と日本の技能実習制度

（１）タイの職業教育

　タイにおける職業教育は歴史が古く1898年から制度的に行われている。1909年にはタイの教育が「正規教育」と「非正規教育」に分けられ、「正規教育」では普通科教育、「非正規教育」では現在で言う職業教育がなされていた。「職業教育」という言葉が初めて出てきたのは1936年のことで初級、中級、上級との３つの「職業教育」に分けられた。

　1997年のアジア通貨危機以降、「国家経済開発計画」の中で、人材育成を重要項目の一つに位置づけている。経済が回復し、中核となる技能・技術を持った人材が各産業において不足し、経済発展の足枷となることが懸念されている。

　なぜならば、都市部の貧困層及び農村部の若年層の就学率が低く、労働力の質的向上が望めない状況であり、なおかつ上述のように周辺諸国からの単純労働者の流入がある状況においては、若者の職業訓練機会の提供は国内の労働市場をタイ人自らの為に維持するためにも急務であるからである。

　教育省職業教育局は職業教育プログラムを局内の職業教育委員会により認められた教育機関で行っており、調査時点で404もの高専、短期大学が職業教育機関として認定されている。

　農業分野においては、40の農業技術高専（高校３年＋短大２年の５年制、学生は高校３年終了時に短大へ進学するか否か選択できる）が認定されており、およそ４万人が農業技術及び農業周辺の技術・技能を学んでいる。

　労働省はこうした職業訓練を受け、技術・技能を身につけた若者を産業界へ送り出すべく、全国各地域に「職業技能センター」を設立し更なる技術技能の研鑽の場を提供している。

（２）職業教育と技能実習生制度

　農業部門の職業教育を担う農業技術高専では、タイ国内での農業技術教育とともに海外での１年ほどの長期研修を行っている。現在までにイスラエル、アメリカ合衆国、オランダへの派遣プログラムを持ち、特にイスラエルへの派遣は2016

年で17年目となり、派遣人数も全国の農業技術高専から通算で約270名の派遣であり、他のアメリカ、オランダと比較して群を抜いている。その他の電気分野などにおいても同様に電気技術高専が中国への派遣プログラムを行うなどしている。

イスラエルの派遣に関しては、タイが培ってきた海外への労働者派遣の経験が後ろ盾となっている。タイ人労働者を受け入れてきた農業生産を行う会社や地域の農業大学が農業技術高専の学生に対して10か月間面倒を見ている。

こうした海外派遣は農業技術高専にとってはインターンシップとして単位認定し、卒業単位に算入される。学生は学生としての身分で海外での実習を行い、実習に伴う労働対価を会社などから貰い、生活費及び渡航費にあてる。

職業教育としての海外派遣を行う中では当然日本への派遣意向も以前からあったが、日本でのインターンシップにおいての在留資格の問題などから未だに実現がなされていない。

タイ教育省担当者からは「日本は外国人受入をしたくないのではないか？」などの声があった。

周知のように、日本の「技能実習生制度」においては、未就業の学生は対象にならず、現業に就いている経験が必要になる。

このため、上述のイスラエル派遣経験者の中で農業を生業としている者を中心に日本に技能実習生として送り出すタイ王国ラヨン県所在のA社が2008年9月に設立された。

A社の設立にあたっての発起人は、タイ国立大学副学長のS氏であり、S氏自身も農家出身で、日本への留学経験もあり、タイの農業青年の職業教育の一環として日本への派遣をどうにかできないかと模索しているときに、日本の「技能実習生制度」への相乗りを考えるに至った。

現在までに180名の農業分野への送り出しを行い、50名ほどが3年間の技能実習を終え、タイに帰国している。残念ながら農業に従事しているものは半数程度で、多くのものが日本語力を買われ旅行会社や、自動車産業で働いている。

現在タイには日本への送り出しのタイ労働省からの認可を受けた人材派遣会社（送出機関）が24あるが、農業専門で、しかも人材の育成を主眼に行っているのはA社だけであるという。

人材育成に主眼をおくために、渡航前の研修費など通常の送出機関では20万

バーツ程度（1バーツはおよそ3.7円）である
のに対して15万バーツに抑え、日本への渡航
後の支払いも認めている。多くの農業を志す
青年に日本に行く機会を与えたいとの想いが
表れている。

このようなA社の姿勢を受けて、農業高専
も渡航前研修の場所として学生寮、教室、研
修圃場などの学校施設を貸出し、研修を行っ
ている（**写真10-1**）。

本当に農業を志し、将来農業を生業としよ
うとする農業青年を日本へ「技能実習制度」

写真 10-1　高専での日本語研修（筆者撮影）

を活用して派遣し農業の中核人材を育成することをA社は目指している。

また、教育省はこのA社および農業技術高専の取り組みを受けて、「連合農科
大学」4校の設立を2015年に認可した。

「連合農科大学」はタイ北部、東北部、中央部、南部の農業技術高専およそ10
校ずつが共同して設立し、お互いの教育資源を持ち合う形で運営している。

教育対象は、タイ国内の農業高専卒業者に対し2年間の就業年限を課す他、農
業高専卒業後、農業を志し技能実習生として日本に渡航し3年間の任期終了した
者である。技能実習修了者は、タイに帰国後、1年間の座学を中心としたカリキュ
ラムを受講することで3年間の日本での技能実習を総括することで「農業実践学
士」の授与をするものである。

すでに複数の日本の監理団体と職業教育の一環としての技能実習生の協力に関
する覚書（MOU）を締結しており、さらに日本の農業教育機関、大学と締結交
渉に入っている。2017年2月現在、学位認定機構としては認可されているが、技
能実習を海外プログラムとして単位認定できるか審査中である。

これはまさに長年のタイ職業教育の集大成として、「技能実習生制度」の本来
の目的の遂行にタイ教育省、日本の監理団体が共同でエリート農家の育成を行っ
ている（**図10-1**）。

他の技能実習生よりもさらに「実習」の色合いが濃いものとなる。タイ農業協
同省においては「Smart Farmer」の認定の要件として日本での技能実習生修了

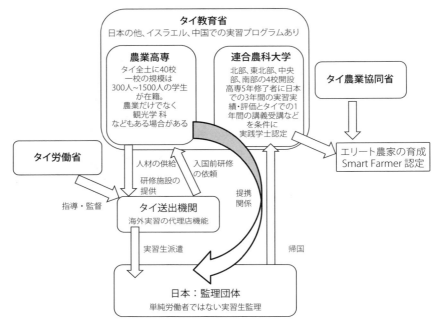

図10-1　農業高専と送出機関、管理団体の相関図

生で「連合大学」修了者を盛り込むべく検討中である。

3．実習候補生・修了者の意識調査

(1) 調査方法

　上述の農業技術高専で渡航前研修を行っている実習候補生に対して、アンケート調査票を作成配布し記入していただいた。つまりA社が行っている職業教育の延長としての技能実習候補生である。

　一方修了者に関しては、A社の修了者の他、facebookなどのSNSを利用して、農業分野での技能実習修了者に対して調査用紙を配布し、記入後返送いただいた。

　このように調査対象の出身背景、方法に若干の違いはあるので、それに留意しつつ分析してみたい。

（2）調査対象の属性と意識の違い

表10-2は今般行ったアンケート調査の概要である。合計66名の方から回答を得た。実習修了者23名のうち3名については台湾、同じく3名については中東での海外就労経験を経た後に日本へ技能実習生（研修生）として来日している。

表 10-2　アンケート調査概要

対象：技能実習生希望者及び技能実習修了者	
回収人数	
技能実習希望者	43 名
	男　30 名　女 13 名
	平均年齢 21.3 歳
	平均耕作面積　20.3 ライ
技能実習修了者	23 名
	男　15 名　女　8 名
	平均年齢 28.3 歳
	平均耕作面積　26.6 ライ

注：1）筆者作成。
　　2）1 ライは 1,600m^2　6.25 ライ＝1 ha

表10-2の平均耕作面積を見てみると実習候補生が3.25ha、実習修了者は4.26haとなり、実習修了者はタイ全国平均の3.52ha（タイ農業センサス2010）を若干上回っている。

表10-3を見てみると実習候補生の学歴の高さが見て取れる。タイは日本と同じく中学までは義務教育であり高校以降の進学率は高校72.2％、高校以上の高等教育は47.2％（2012年タイ教育省資料より）である。上記進学率は都市部、農村部すべての平均であるので、農村部での高専卒は高学歴に位置づけられる。一方実習修了者はタイの農村部の一般的な学歴分類であるといえる。

世帯年収（所得）に関してはタイの農業従事者の平均世帯所得が自営農で39,180バーツ（タイ統計局家計調査2010年より）あるので、実習候補生はばらつきがあるもののほぼ平均的、実習修了者は平均よりもやや高めである。

これを技能実習の効果と見ることもできるが、調査方法がSNSなどによることを考えるとスマートフォンやPCなどを持っている農業者と限られるため、後述により再考することとする。

送金金額（実習候補生は希望金額）および実習を希望する（した）理由に関しては、実習候補生がお金に関する意識を遠慮する傾向が見られる。実習候補生であるので、実習指導者および上述のA社の運営方針に迎合した形での回答と見ら

表 10-3　実習候補生と実習修了者の属性

項目	実習候補生		実習修了者	備考
最終学歴	高専卒 93％、高卒 5％、4 大卒 2％		中卒 57％、高卒 43％	高卒は高専 3 年卒を含む
現在の職業	学生 93％、農業 7％		農業 82％、製造工 9％、その他 9％	候補生の学生はすべて既卒で渡航前の日本語研修中のものである
世帯年収	1 万バーツ以下 1 万から 2 万 2 万から 3 万 3 万から 4 万 4 万から 5 万 5 万から 7.5 万	11％ 17％ 26％ 33％ 13％	 13％ 52％ 22％ 13％	1 バーツ＝およそ 3.7 円
送金（希望）金額	10 万から 20 万バーツ 20 万から 30 万 30 万から 40 万 40 万から 60 万 60 万から 80 万 80 万以上	54％ 38％ 8％ 	11％ 5％ 63％ 5％	1 バーツ＝およそ 3.7 円
実習を希望する（した）理由	お金を稼ぐため 農業を学ぶため 学位を得るため 借金の返済 訪日してみたい	9％ 55％ 6％ 30％	62％ 25％ 13％	
日本を選択した理由	賃金が高い 農業技術が高い 訪日してみたい 安全	7％ 68％ 25％ 	60％ 25％ 15％ 	

注：アンケート調査により筆者作成。

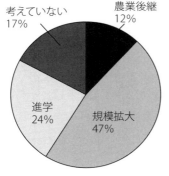

図 10-2　帰国後の希望は？
注：アンケート調査より作成

れ、実習修了者が正直な意識ではないかと推察される。

図10-2は実習候補生の実習終了後の希望であるが、農業後継や規模拡大が多く見られる。上述のように実習に伴う収入に対しての意識は遠慮しつつも、技能実習による収入を飛躍の好機として捉え、向上して行こうという意識が見られる。

それに呼応するものとして、**表10-4**は実習修了者の現在の世帯年収と実習時の送金額の相関を見たものである。

今回の調査では個別の帰国者に対しての経営

第 10 章　技能実習制度に新たな意義を付与したタイ　　175

表 10-4　実習修了者の現在の年収と実習時の送金額

		実習時の送金額					
		10万から20万バーツ	20万から30万	30万から40万	40万から60万	60万から80万	80万以上
世帯年収（所得）	1万バーツ以下						
	1万から2万						
	2万から3万	2				1	
	3万から4万		1	3		4	
	4万から5万					5	
	5万から7.5万					2	1

注：アンケート調査により筆者作成。

表 10-5　技能実習生制度の評価と実習時の送金額

		技能実習制度の評価						
		満足な賃金を得た	満足な技術を得た	事前研修は必要だった	3年間では短い	再度実習したい	訪日すべきでなかった	受入農家が厳しかった
送金額	10万から20万バーツ						2	
	20万から30万							1
	30万から40万							3
	40万から60万							
	60万から80万	9	4		1	3		4
	80万以上	1	1		1	1		

注：1）アンケート調査により筆者作成。
　　2）技能実習制度の評価に関しては複数回答のため合計数が回答者数 23 を超える。

状況、帰国後の資本投下状況などすべてを明らかにしていないので個々の状況にはそれぞれの事情があるものと思われるが、**表10-4**を見る限り送金額が大きいものが帰国後の収入が増える傾向にあり実習候補生の帰国後希望することが実現性の高いものであるといえる。

　また、実習修了者の技能実習への評価については（**表10-5**）、こちらも送金金額が大きいものが技能実習に対しての評価が高く、3年では短いといった声も60万バーツ以上の送金額が高い層での特徴といえる。また、送金額の多少にかかわらず、受入農家の厳しさを指摘している。これは、タイと日本の仕事への取り組み方への違いなどから少なからず起こるものであり、技能実習生だからといって厳しくしているものではないと推察する。

　「訪日すべきではなかった」と回答した2名のうち、1名にSNSを通じて若干のヒアリングをすることができたが、「思ったよりも稼げなく、家賃だの、ガス代などの日本の生活費によってほとんど送金できなかった。3年間家を空けてしまったので、こちらの水田もひどいことになってしまった。」といったコメント

176   第3部　海外—送り出し国の実状と短期労働者が期待するもの

が帰ってきた。

　こうしたことから、技能実習生制度は帰国後の収入の増加を期待できるものではあるが、それはタイへの送金額の大きさにより変化するものであり、実習生自身の技能実習生制度への評価も送金額により大きく左右されるものであるといえる。

4．まとめ

　以上のように、タイから日本への技能実習生の送り出しは、単純労働力として若者を送り出しつつ、長年の職業教育制度による農業の中核的人材育成と融合し、タイの農業に新たな潮流を起こそうとしている。それらは、日本の技能実習生制度が元々の狙いとしていたものであり、歓迎すべきものであると思われる。

　連合農科大学は、現在、日本など海外での実習を単位認定するか否か審議中であるが、海外経験と高度な農業技術を習得したタイのエリート農業者を作り出そうとしている。

　しかしながら、現状までの技能実習修了者の実習制度への評価は、実習時の送金額により左右される状態にあり、その額は60万バーツ以上という通常の年間所得の10倍ほどである。今後、連合農科大学において海外での実習が単位認定され、本当の意味での「技能実習生制度」が実現された暁には、日本でのお金の使い方、帰国後の資金の使途への指導も必要とされる。

　また、日本においても、高度な農業技術の実習の場であるという認識を持って実習指導にあたることが必要とされ、単なる単純労働ではないことを今以上に認識しなければならない。

参考文献

BUDSAEN Tanyapom（2012）「外国人研修技能実習制度：在日タイ人研修生の現状と課題」『人間文化創成科学論叢』

National Statistical Office（2010）The 2009 Household Socio-Economic Survey：Whole Kingdom

山田美和（2010）「タイにおける非熟練労働者の受入の現状と課題」『国際問題』No.626

第 11 章
日本との協力による事前講習が強化されるカンボジア

軍司 聖詞

1. 序論

　来日する外国人技能実習生はこれまで、その約8割が中国人といわれてきたが、その構造は近年、急激に変わりつつある。入国管理統計によれば（**表11-1**）、2013年に42,199人だった中国人の在留資格「技能実習1号ロ」取得者は、2015年に36,186人にまで激減した。一方、急増したのがベトナム人であり、2013年には9,323人だったが、2015年に31,629人となり、中国人実習生とほぼ同数となっている。しかし、急増しているのは、ないし中国からのシフト先として選ばれているのは、ベトナムのみではない。表の通り、フィリピン・インドネシア・タイ・カンボジア・ミャンマーからの実習生も、ベトナムほどのインパクトではないが、急増しており、中国に代わる新たな送出し国としてにわかに注目を集めている。

　中でも、特に注目されるのは、カンボジア・ミャンマーの両国である。急増5国のうち、フィリピン・インドネシア・タイの3国は、現行の実習制度が開始された翌年の2011年時点ですでに、年間千人から3千人規模の受入実績があり、ノウハウが蓄積されてきた。2013年から15年にかけて、中国から送出し国をシフトした監理団体・実習実施機関が、これらの国を選択したのは一理ある。一方、カ

表 11-1　在留資格「技能実習1号ロ」取得者数（2015年上位7か国・人）

	2011	2012	2013	2014	2015
中国	46,560	46,343	42,199	41,672	36,186
ベトナム	6,100	6,739	9,323	18,564	31,629
フィリピン	3,184	3,638	4,081	6,130	8,875
インドネシア	3,046	3,415	3,656	5,328	6,631
タイ	1,104	1,049	1,544	2,031	2,441
カンボジア	245	227	325	1,099	2,078
ミャンマー	41	13	65	643	1,719

出典：入国管理局（2015）をもとに筆者集計。

178 第3部 海外─送り出し国の実状と短期労働者が期待するもの

ンボジア・ミャンマーの両国は、2013年時点でも年間325人・65人と、ほとんど受入実績もなく、ノウハウも蓄積されて来なかった。にもかかわらず、2015年にはタイとほぼ同水準の2千人前後が受け入れられるという、急増がみられたのである。

　そこで本章は、この中からカンボジアを捉え、カンボジアの海外労働力派遣と日本のカンボジア人実習生受入状況を概観したのち[1]、カンボジアの農業実習生斡旋事例と日本のカンボジア人実習生受入事例を考察する。

2. カンボジアの海外労働力派遣と日本のカンボジア人実習生受入れの概要

（1）カンボジアの概要

　カンボジア王国は、インドシナ半島の南東部に位置し、東をベトナム、北をラオス、西をタイ、そして南をタイランド湾に囲まれた仏教国である[2]。約18.1万km^{2}の国土に人口約1,470万人を抱えており、その約90％がカンボジア人（クメール人）で、言語はカンボジア語（クメール語）である。

　カンボジアのGDPは、約177億ドル（名目：2015年）、1人当たりGDPは約1,140ドル（2015年）程度だが、2010年から14年までのGDP成長率は年間8.4％〜11.9％と経済成長が著しい。しかし、その産業構造は、サービス業がGDPの42.4％を占めるものの、農業が30.5％、工業が27.1％（2014年）となっており、農業の占める割合が依然として高い。農業従事者数は約860万人（2013年）と推計されており、全農用地の74.2％で穀類が耕作され（うち稲作は70.3％）、野菜作は1.3％程度しかない[3]。カンボジアの農業者の平均収入は、統計から確認することは困難だが、抽出調査によればカンボジア農村部の月収は1戸当たり1,163千リエル（約270ドル）程度、下記の在カンボジア日系送出し機関A社代表によれば、農村部農業者の年収は1戸当たり1,000〜2,000ドル程度である[4]。

（2）カンボジアの海外労働力派遣

　カンボジア人労働者の海外出稼ぎについては、統計が整備されておらず、また不法就労者も多いため、正確に理解することはできないが[5]、カンボジア国職業訓練省資料課によれば[6]、2016年1月から8月までの海外労働力派遣数は、

第11章　日本との協力による事前講習が強化されるカンボジア　　179

タイが13,180人と最も多く、次いで韓国が5,522人、日本が1,046人、シンガポールが400人[7]、マレーシアが122人となっている[8]。陸続きで往来の盛んなタイへの出稼ぎが多いのは当然として、韓国への出稼ぎ者数が日本の約5倍もあり、人気の出稼ぎ先となっていることが特徴的である。韓国が日本よりカンボジア人労働者に人気となっているのは、韓国側のカンボジア人労働力需要が高いことを基礎として、第1に労働者として受け入れており残業規制がないこと、第2に出稼ぎ労働力登録のための試験が語学（韓国語）のみであることがあるものと推察される。

　軍司・堀口（2016）によれば、カンボジアの海外労働者派遣ライセンス取得人材派遣企業は約80社あり、うち日本への送出しライセンス取得社は57社ある[9]。カンボジア労働職業訓練省も日本への実習生送出しを重要視しはじめており、省内で日本派遣を担当する「第3室」の職員には、実習生送出しに関するオリエンテーションの受講が義務付けられるなどしている。

（3）日本のカンボジア人実習生受入れ

　日本で受け入れられているカンボジア人実習生数を確認できる統計はないが、カンボジア人の在留資格「技能実習1号ロ」取得者数は**表11-1**の通り2,078人（2015年）である。これは、同取得者数のわずか2.3%程度しかないが、325人（2013年）から急増しており、今後も増加が見込まれる。カンボジア人実習生の受入業種も、正確に確認できる統計は無いが、技能実習2号移行申請者数をまとめた国際研修協力機構（2016）（**表11-2**）によれば、カンボジア人実習生を最も受け入れているのは繊維・衣服（45.5%）であり、農業（21.5%）は次いで2位となっている。

　都道府県別にみた**表11-3**によれば、カンボジア人実習生を最も受け入れているのは縫製業の盛んな岐阜（15.8%）であり、愛知（7.3%）、長崎（7.2%）、香川（6.7%）、徳島（5.1%）と続いている。カンボジア人実習生は主に、西日本で受け入れられていることが分かる[10]。これを、農業実習生に限定した**表11-4**によれば、カンボジア人農業実習生を最も多く受け入れているのは、農業分野の実習7道県（第3章参照）に入っていない香川（21.8%）であり、同様に長崎（12.8%）も第3位に入っていることが特徴的である。

180   第3部　海外—送り出し国の実状と短期労働者が期待するもの

表 11-2　2015 年度産業別技能実習 2 号移行申請カンボジア人数・割合

産業	農業	漁業	建設	食料品製造	繊維・衣服	機械・金属	その他	合計
人数（人）	334	0	261	93	706	34	123	1,551
割合（%）	21.5	0.0	16.8	5.9	45.5	2.1	7.9	100.0

出典：国際研修協力機構（2016）をもとに、筆者集計。
注：産業によって、技能実習 2 号移行職種・作業に含まれていないもの、産業特性によって技能実習 2 号移行が困難なもの（農業分野の寒冷地の畑作・野菜など）があるため、あくまで受入産業の傾向を理解できるものにすぎない。

表 11-3　上位 5 都道府県 2015 年度技能実習 2 号移行申請カンボジア人数・割合

都道府県	岐阜	愛知	長崎	香川	徳島
人数（人）	246	114	113	105	80
割合（%）	15.8	7.3	7.2	6.7	5.1

出典：国際研修協力機構（2016）をもとに、筆者集計。
注：表 11-2 注に同じ。

表 11-4　上位 5 都道府県 2015 年度技能実習 2 号（農業）移行申請カンボジア人数・割合

都道府県	香川	茨城	長崎	熊本	愛知
人数（人）	73	60	43	41	24
割合（%）	21.8	17.9	12.8	12.2	7.1

出典：国際研修協力機構（2016）をもとに、筆者集計。
注：表 11-2 注に同じ。

3．カンボジアの実習生送出し事例

（1）送出し機関A社概要

　以上をもとに、具体的な送出し事例を考察する。本章が捉えた日系送出し機関A社[11]は、カンボジア国プノンペン市に所在する、農業労働力送出しを中心とした国際人材派遣会社である。カンボジア政府の国際人材派遣ライセンスはタイと日本を取得しており、タイには2003年から、日本には2006年から人材派遣を行っている。2016年 5 月までにA社が送り出した実習生は総計約530人、うち同月現在日本に滞在しているA社送出し実習生は計約250人、うち農業実習生約200人、うち香川の農業経営受入れ約150人、長野の農業経営受入れ約40人となっている。A社が 1 年間に送り出している実習生をこの1/3程度ずつとすると、香川は約50人、長崎は約10人強であり、**表11-4**の上位 5 県受入数と比べれば、A社がカンボジアを代表する農業実習生送出し機関であることが分かる。特に、受入数第 1 位の香川において、約70人中50人程度がA社送出し実習生であることが特徴的であり、

第 11 章　日本との協力による事前講習が強化されるカンボジア　181

香川が受入数第 1 位となっているのは、A社による送出しのためであるといえる。

　A社が香川への大規模送出しが可能であるのは、A社が香川の受入農家（大規模分社化経営；第 3 章参照）群と連携して送出しを行っているためである。A社は、香川の大規模経営群が求める大規模かつ安定的な優良実習生の送出しのため、綿密な送出し体制を敷いて対応している。そしてその集大成として、A社と香川の大規模経営群は、共同出資して、香川の大規模経営群への送出し専用送出し機関B社とB社専用研修所を設立した[12]。

（2）A社の香川農業実習生送出しの特徴

①実習応募者募集の特徴

　A社の敷く送出し体制のうち、実習応募者の募集には次の 4 つの特徴がある。

　その第 1 は、募集にマスコミ広告を用いず、広告は口コミのみで、応募は実習帰国者をリクルーターとした紹介のみとしていることである。これは、カンボジアではマスコミの信用度が低く口コミが有効であるほか、信頼できる紹介者を介することにより応募者の素性や質を担保できるためである[13]。

　第 2 は、他の送出し機関にはみられない、充実した採用試験を行っていることである。受入経営によって重視する資質が細かく異なるため、実習応募者には「IQ試験」「数学試験」「体力試験」「技能試験」「面接試験」の 5 試験を課してその資質を詳細に計測している。

　第 3 は、A社が実習費用の本人負担分を貸与しないことである。国際人材派遣会社の多くは、多額の本人負担分を実習生本人に貸付け、実習賃金によって回収することで、原初資金の乏しい途上国の農民を送り出しているが、A社は応募者本人が調達できることを応募条件としている。すなわち、高額な本人負担分を借り入れられる信頼を、周囲から得られる人物であることが応募者には求められる。これを達成する応募者の多くは、家族や親族のほか、実習帰国者から調達しており、マイクロファイナンスによるスクリーニングがなされている[14]。

　第 4 は、採用試験に合格した実習内定者に対し、受入経営担当者による家庭訪問を行っていることである。家庭訪問には、実習生の家族が受入先担当者を確認することで、信頼をし、途中帰国を促さなくする効果がある。

②香川農業専用送出し機関・専用研修所の設立

A社が敷いている送出し体制のうち、最大の特徴は、上記の通り、香川の大規模経営層と連携して香川農業専用送出し機関B社とB社研修所を設立したことである[15]。プノンペン市郊外にあるB社・B社研修所は、木造2階建ての教室・宿舎4棟と、日本式農業の専用農場（雨季乾季両用4ha、ハウス含む）を備えており、午前・午後の二部制で座学と日本式農業実習が交互に行われている。上記の通り、この講習はA社教員が行っており、日本語教育等の座学を日本人教員2人が、農場実習は香川農家での実習を修了した帰国者教員2人が務めている[16]。

③事前講習の特徴

このB社研修所で行われる事前講習には、次の4つの特徴がある。

第1は、内定者に対してのみ行われていることである。国際人材派遣会社の多くは、応募者全員に事前講習を課してから採用試験に臨ませるが[17]、A社は香川の大規模経営群と連携し、十分な送出し規模を確保しているため、事前講習事業で実習希望者から利益を得る必要はなく、不採用者に経済的負担を掛けず、内定者にのみ充実した講習を課すようにしている[18]。

第2は、講習期間が長期間であることである。現地国での事前講習は、事実上、1か月以上と定められているが、A社は約8か月もの講習を行っている。これは、長期間の講習によって内定者から多額の講習費用を徴収しようとしているのではない。カンボジアの農村地域の若年層は学習経験に乏しく、1日3時間以上の学習は困難であり、また授業内容を理解しないことを問題であると感じにくい一方、香川の大規模経営群は即戦力を求めるため、人材育成に時間を掛けなければならないためである。

第3は、香川農業に即した実践的な農場実習が行われていることである。上記の通り、カンボジアの農家はほとんどが稲作農家だが、香川の受入大規模経営群は野菜作が中心であるため、農場実習では野菜作が中心となっている。

第4は、少人数制のきめ細やかな日本語指導を行っていることである。A社では習熟度別に分けられた複数クラスでの授業を行い、2週間ごとの習熟度テストによるメンバーの入れ替えを行っている。多くの国際人材派遣会社による事前講習では、受講者は内定者ではなく応募者であり、また講習コストを抑え講習時間

第11章　日本との協力による事前講習が強化されるカンボジア　183

を稼ぐため、受講者は全員同じ授業を受ける。一方、A社の受講者は全員、内定者であるため、追加費用を掛けてでも、渡航後に即戦力となるしっかりとした人材育成を行うインセンティブが、受入側と内定者の両方に生じている。

（3）実習帰国者の役割

　以上の、A社の送出し体制の構築には、A社と受入経営群のみならず、実習帰国者も２つの大きな役割を果たしている。

　その第１は、帰国者の実習賃金の使途についてである。本研究がヒアリング調査を行ったA社送出し帰国実習生９人の賃金使途は、**表11-5**の通りだが、これによれば、上記の通り、実習賃金が実習費用返済・実習費用貸付に使われているほか、家屋や土地の購入にも使われている。これは、カンボジア農村部には自然災害や治安に弱い木造家屋が多いため、母親のためにコンクリート造の安全な実家を建設する実習生が多いためである[19]。このコンクリート造の家屋を農村部の若年層が目にするので、訪日実習の希望者が増加するが、A社は応募をリクルーターの紹介のみとしており、また応募には家族・親戚や実習帰国者などから多額の借金をしなければならないため、訪日実習を希望する若年層は品行を良くするようになる。すなわち、実習賃金が安全な実家の建設に使われることで、村内の家屋が安全化するというハード面のみならず、若年層が品行を良くするというソフト面の農村開発にもつながり、かつA社にも潜在的応募者が掘り起こされるというメリットが生じる。

　第２は、帰国後の就職先についてである。**表11-5**によれば、実習帰国者のほとんどは、地元の農村で就農・就職するのではなく、プノンペン市内の日系企業に就職をしている。A社代表によれば、カンボジアの賃金水準は、農村地域では住み込みで月給80ドル程度、プノンペン市では現地企業（単純労働）で月給140ドル程度だが、日系企業（単純労働）は月給200ドル以上（または寝食付で200ドル程度）であるため、実習帰国者はこぞってプノンペン市内の日系企業に就職する。カンボジアの農村出身者は、通常、日系企業どころかプノンペン市内の現地企業にも就職することが困難だが、実習帰国者は日本語・日本式労働慣行を３年間学んだ経験を買われて、日系企業に就職することが可能となっている。すなわち、訪日実習がカンボジアの農村地域の若年労働者のキャリアアップにつながっ

表 11-5　A 社送出し実習帰国者の賃金使途と帰国後就職先

	実習先	実習修了年	修了時年齢	持ち帰り総額	主な使途								帰国後就職先
					家	土地	バイク	実習費用返済	実習費用貸付	学費	祭事費	その他	
1	C プラスチック工場（岐阜県）	2015	28	300	75	60	20	20	20	70		35	K 日系企業工場
2	D 果物経営（香川県）	2014	22	200	100		20					80	K 日系企業工場
3	E 果物経営（香川県）	2014	22	200	100		13	20				67	K 日系企業工場
4	C プラスチック工場（岐阜県）	2013	28	200		140	12	20				28	K 日系企業工場
5	F 養鶏経営（香川県）	2013	26	150		25	20	20	20		20	45	K 日系企業工場
6	G 養鶏経営（香川県）	NA	23	150	75			30				45	L 現地学校教員
7	H 果物野菜経営（香川県）	2013	22	350	100	60		20	20			150	（K 日系企業工場）
8	I 農業経営（香川県）	2014	29	(500)	90								M 日系飲食店
9	J 農業経営（香川県）	2012	21	(500)	90								M 日系飲食店

出典：軍司・堀口（2016）。

注：1) 金額は百ドル単位。円額回答の場合、1ドル120円で換算。

2) 全て女性。実習期間は3年間。実習先（実習職種）は実習希望者の元職に基づく。

3) 8番・9番の手取り総額は不明であるため、総賃金額を参考表記。8番・9番は、家を建て、残額は全て家族に贈与した。

4) 1番の学費は、兄の大学費・生活費4年分。5番の祭事費は、カンボジアで一般的に開催される、母親のための祭事費。

5) カンボジアでは、実家の新築費用・土地費用は母や姉妹など共同負担することが多いため、帰国者の家・土地支払いと家屋・土地代は一致しない。また、その他支払いは、主に帰国後の生活費や遊興費など。

6) 7番は、調査時点では無職だが、K 日系企業工場に就職見込み。

ているとともに、このキャリアアップによる収入増があるため、実習賃金で安全な実家を建設することが可能となっている。

（4）小括

カンボジアを代表する農業実習生送出し機関であるA社が、大規模かつ安定的に良質な実習生を送り出すことができているのは、香川の大規模分社化経営群と連携しているためである。大規模経営群との連携によって、大規模かつ安定的な送出しが見込めるため、A社は実習応募者に大きな経済的負担を掛けない送出し体制を敷くことができているとともに、大規模経営群が求める良質な実習生を送り出すための綿密な送出し体制、特に事前講習体制を敷くことができている。

この送出し体制の構築が、ハード面でもソフト面でもカンボジアの農村開発につながっているほか、訪日実習が現地日系企業の求める人材の育成につながっていることで、実習帰国者のキャリアアップにもつながり、このことがさらに実習帰国者も安全な実家を建設するなどの農村開発ができる要因となっている。この、送出しと農村開発が両立できていることが、カンボジア農村部から長期的に、大規模かつ安定的な優良実習生の送出しを可能にするものと推察される。

4．日本のカンボジア人実習生受入れ事例

A社と連携してカンボジア人実習生を受け入れているのは、第3章2（1）で論じた香川の大規模分社化経営群である。この経営群の受入概要や経営概況、そしてその特徴については同箇所を参照されたい。

同箇所に既述の通り、香川の農家群が実習生（旧研修生）の受入れをはじめたのは1994年であり、大規模分社化経営群が独自に設立した事業協同組合（以下事組）などにその監理が移管される2010年まで、JA香川県は中国・インドネシア・タイ・ラオス・カンボジアの5か国の実習生を斡旋してきた。しかし大規模経営群設立事組は、送出し国をカンボジアとラオスのみに限定しており、さらに今後、ミャンマーとバングラデシュを加えることになっている。香川の大規模経営群が、ベトナムではなくカンボジアに注目したのは、中国やタイなどの経済発展した国々では、実習応募者の質が低下しているのに対し、カンボジアは経済成長の著

しいタイとベトナムに挟まれているため、資本や労働がこれらに流出しやすく、経済成長が遅れると見込んだためである。同様の理由でラオス、ミャンマー、バングラデシュも選ばれ、ラオスではすでに現地研修所の設立計画が進行している。

　大規模かつ安定的な優良実習生の調達が不可欠である大規模分社化経営層は、実習生を送り出す途上国の経済成長に対し、常に新しい送出し国を模索し、また大規模かつ安定的な受入れを行うため、独自の送出し機関・研修所を設立するなどの取り組みを行わなければならない。香川の大規模分社化経営群は、前節のような、長期的な送出しをも見込んだ綿密な送出し体制をカンボジアに構築しつつも、すでに他国からの送出しにも動き始めている。

5．結論

　2013年に325人だった在留資格「技能実習1号」取得者数が、2015年には2,078人にまで急増し、にわかに注目を集めているカンボジアだが、農業実習生に限れば、香川や長崎といった農業実習生数上位・野菜産出額上位都道府県には挙がらない県が、カンボジア人実習生を多く受け入れているという特徴がある。

　本章が捉えた送出し機関A社は、香川や長崎に多くの実習生を送り出している、カンボジアを代表する日系農業実習生送出し機関だが、A社が香川に多くの実習生を送り出すことができているのは、大規模かつ安定的に優良実習生を調達することが不可欠である香川の大規模分社化経営群と連携しているためである。A社と香川の大規模経営群は、共同出資して香川専用送出し機関B社とB社専用研修所を設立したほか、連携して綿密な送出し体制を敷くことで、送出しと現地の農村開発を両立させており、長期的に優良な実習生の大規模かつ安定的な送出しを展望することが可能となっている。

　しかし、香川の大規模分社化経営群は、すでにラオスにも同様の研修所の設立を計画し、またミャンマーやバングラデシュからの受入れも予定しているなど、長期的送出し体制を構築したカンボジアのみならず、新たな送出し国を常に模索している。

　日本の農業実習生受入れにおける、カンボジアの現在の位置は、主に、先進的な大規模分社化経営層による先行投資先である。この受入れが大規模家族経営に

第 11 章　日本との協力による事前講習が強化されるカンボジア　187

も広がれば、中国・ベトナム、そしてフィリピン・インドネシア・タイに続いて、主要送出し国の位置を占めることも想定される。しかし、不安要素もある。

　現在は、大規模分社化経営群が豊富な資金力によって、カンボジア人農業実習生の綿密な送出し体制の確立と現地農村開発とを両立させているが、日本の実習生受入れの大半を占める家族経営には、その余力はない。今後、さらに激化すると見込まれる国際単純労働力調達競争の中で、タイや韓国に引けを取らない出稼ぎ先として、綿密な送出し体制の構築も現地農村開発も困難な日本の大規模家族経営が、カンボジア農村部の若年層に魅力的な出稼ぎ先として映るためには、実習制度のあり方を再考する必要があろう。一方、カンボジア側も、手をこまねいている訳にはいかない。カンボジアの農村開発を行っている大規模分社化経営群はすでに、他国からの送出し準備を進めており、カンボジアがこのまま経済発展を遂げれば、すぐに送出しを他国にシフトすることが見込まれる。ラオスやミャンマー、バングラデシュなど、カンボジアに代替する送出し国候補は少なくなく、大規模分社化経営群がカンボジアから去った後、大規模家族経営がカンボジアを選択する保証はない。カンボジア人実習生が、これらの国からの実習生以上に、日本の大規模家族経営に選ばれる存在となるよう、例えばカンボジア農業者の教育水準・農業技術の向上を図るなどカンボジア政府も取り組みを進めていくことが期待される。

　初出
　本稿２．は、軍司・堀口（2016）をもとに、加筆修正し、再構成したものである。なお、出典を明示しないデータは、初出論文・参考文献当時のものである。

注

（１）カンボジアの農業・農村事情については、矢倉（2008）に詳しい。
（２）以下、カンボジアに関するデータは、外務省（2017）、在日本国カンボジア王国観光省（2017）、National Institute of Statics（2014）（2015a）（2015b）に基づく。
（３）河原・吉田（2006）によれば、カンボジアの野菜作は主に11月〜２月の乾季前半に行われ、乾季後半はスイカや豆類のみ、雨季は稲作が行われているため、野菜作自体が盛んではない。ただし、農村部農家の収入の85％は野菜・果実部門が占めるとの商務省統計もある。板垣（2010）によれば、カンボジアの野菜作は自家消費されることも多く、実態が正確に理解されていない実情もあるが、軍司・堀

口（2016）によれば、例えばプノンペン市で消費される野菜のほとんどは、ベトナム国ダラット市から輸入されたものであり、プノンペン市近郊には野菜作農家がほとんどない現況がある。

（4）筆者によるこれまでのヒアリング調査によれば、3年間の農業実習での持ち帰り総額は3万ドル程度であるのが通常である（**表11-5**も参照されたい）。すなわちカンボジア農民にとって訪日実習は、農家年収の10倍以上を得ることができる機会である。

（5）矢倉（2016）によれば、地域・年齢によってタイへの出稼ぎは一般化しており、少なくとも、2014年にタイの役所に登録したカンボジア人労働者だけで約74万人（カンボジア生産年齢人口の約7.5％）にのぼるとしている。

（6）以下、カンボジアの労働力派遣事情については、和泉（2016）を参考にしている。

（7）シンガポールのカンボジア人労働力受入れはキャップ制が敷かれており、400人を上限として、欠員に対して補充ができるシステムとなっている。

（8）カンボジアと労働力派遣の二国間協定を締結しているのは、日本・韓国・タイ・マレーシア・シンガポールの5か国のみである。

（9）海外労働力派遣ライセンスは、5か国中3か国まで取得できる。

（10）ただし、**表11-2**注の通り、技能実習1号のみの受入れが勘案されていないことに注意が必要である。すなわち、ほとんどが3年受入れを行う繊維・衣服業に対し、農業では寒冷地などを中心に技能実習1号のみの受入れを行っている地域も少なくなく、全産業中の農業実習生の比率は、実際にはもっと高いことが推定される。同様に、農業実習生受入れの多い北海道・長野は、寒冷地であるためほとんどの農家が技能実習1号のみを受け入れているが、**表11-2 〜 4**にはこれが反映されていない。筆者によるヒアリング調査によれば、長野では南牧村などを中心として、カンボジア人実習生受入れが進んでおり、実習生全数では、これら寒冷農業地域も上位に挙がるものと推定される。

（11）A社代表によれば、カンボジア国内の海外人材派遣会社でA社のように農業実習生を中心とするものは、極めて稀であり、ほとんどは縫製実習生の送出しが中心である。A社は、農業実習生のほか、一部、建設実習生等の送出しも行っている。

（12）執筆時現在（2016年11月）、A社の香川農業実習生送出しは、順次、B社に移行中である。下記の通り、B社教員は全て、A社社員であり、B社経営は事実上、A社によって行われているため、以下、B社に移行されつつある取り組みについても、A社によるものとして論じる。

（13）応募を紹介のみとしているため、募集対象はおおむね村落単位となるが、トラブルを起こした実習生を送り出した村落は、村落単位で募集を停止している。すなわち、カンボジア農村部に残る地縁・血縁関係を、実習トラブルの防止につなげている。

（14）この借り入れのため、カンボジアの農村地域の若年層には、品行を良くするインセンティブが生じる。よって、農村地域の治安が改善されているものと推察される。

第11章　日本との協力による事前講習が強化されるカンボジア　189

(15) B社の出資割合は、カンボジア人3人（香川大規模経営群雇用通訳で名義上のB社社長、香川農業実習帰国者2人）が計51％、日本人3人（A社代表、香川農業経営群代表2人）が計49％となっている。ただしカンボジア人分は香川農業経営群の資金による。B社の設立費用は不明であるが、香川農業経営群代表2人出資分を除く香川農業経営群の出資総額は25経営で27万ドルであり、これがカンボジア人分出資額やライセンス料支払いなどに充当された（B社土地建物は農業経営群代表2人による出資分が充当された）ため、設立費用総額は50万ドル前後と推察される。なお、この香川農業経営群の平均販売額は、経営者ベース（多くは分社化している）で年間1億5千万円程度である。

(16) 香川の大規模分社化経営群から、日本式農業を指導する教員の出向が予定されている。

(17) 採用試験前の事前講習は、採用試験時に応募者の資質を把握しやすいメリットがある一方、不採用が続く応募者を採用させたいという思惑が送出し機関に生じるというデメリットがある。A社が募集した応募者は、募集段階でスクリーニングがされており、また綿密な採用試験が課されるため、資質が十分に把握されている。

(18) A社による送出しの本人負担は、総額約3,000ドルであり、応募者は採用試験合格後、渡航までに約2,300ドル、訪日実習中に約700ドルを支払うことが求められる。これは、カンボジア農村部住民の平均年収額以上である。

(19) カンボジアは女系相続である。

参考文献

和泉東（2016）「カンボジア人短期国際労働者の実情と日本の技能実習制度・その課題」『Agriculture Labor Market for Foreigners in Japan』2016, Institute of East Asia Studies, Thammasat University, Thailand、シンポジウム報告資料

板垣啓四郎（2010）「カンボジアにおける野菜の生産・流通事情について」『海外情報』農畜産業振興機構ウェブサイト

外務省（2017）「カンボジア基礎データ」外務省ウェブサイト

河原壽・吉田由美（2006）「カンボジアにおける野菜の生産・流通・貿易の現状」『海外情報』農畜産業振興機構ウェブサイト

GUNJI（2016）「Current Status of International Labor Migration and Studies on Sending Countries in Asia」『Agriculture Labor Market for Foreigners in Japan』2016, Institute of East Asia Studies, Thammasat University, Thailand、シンポジウム報告資料

軍司聖詞・堀口健治（2016）「カンボジア国における日本国への外国人技能実習生送出し」『農村計画学会誌』35論文特別号、農村計画学会

国際研修協力機構（2016）「都道府県別・国籍別・職種分野別技能実習2号移行申請者の状況（2015年度）」『業務統計』国際研修協力機構ウェブサイト

在日本国カンボジア王国観光省（2017）「カンボジアについて」在日本国カンボジア王

国観光省ウェブサイト

National Institute of Statics（2014）「National Account」2014, National Institute of Statics ウェブサイト

――（2015a）「Census of Agriculture in Cambodia」2013, National Institute of Statics ウェブサイト

――（2015b）「Cambodia Socio-Economic Survey」2014, National Institute of Statics ウェブサイト

入国管理局（2015）「国・地域別新規入国外国人の在留資格」『出入国管理統計』2011 ～ 15年、入国管理局ウェブサイト

矢倉研二郎（2008）『カンボジア農村の貧困と格差拡大』昭和堂

――（2016）「カンボジアにおける賃金上昇とタイへの出稼ぎ」阪南大学ウェブサイト

第12章
政府の規制強化が効果を上げるフィリピン
―トラブルの少ないフィリピン実習生とその背景―

堀口 健治

　フィリピン政府の規制は外国に出稼ぎに行くフィリピン労働者の負担を少なくすることに成功している。大きな借金をして応募することはあまり見られない。その分、良質な労働者を確保するためには、フィリピン側の出国前の準備費用や研修のコスト等を雇用する側が負担せざるを得ず、結果として受け入れ国側の負担が大きいといえる。

　しかも十分な準備、すなわち雇用者側がフィリピンに来ての選抜や労働条件の説明、さらに来日前の日本語等の研修は雇用契約を取り交わしたうえで行っているので、安心して合宿研修に応募者は入れる。そのことが日本に来ての仕事の慣れ方も順調でトラブルが少ないことにつながっているといえる。

　さらに日本の仕組みが往復の飛行機代等を負担する（義務として技能実習制度は帰国時の飛行機代の準備・負担を雇用者側に強制するが、受け入れの飛行機代も日本側が負担することが望ましいとしている）ので、フィリピン側から見ても労働者を派遣しやすい。

　1章の中で韓国の仕組みと実態も触れているが、その本文の注（2）で韓国に来たベトナムとフィリピンの労働者の自己負担額が、調査に基づいて、述べられている。それによると、ベトナムと比べてフィリピンの自己負担額は少ない。日本に来るフィリピンの労働者の負担も他国と比べて少ない[1]。

　なお1年未満の農作業で雇われているフィリピンからの実習生は、長野県や北海道にいるが、1年未満の非居住者であるため、租税条約により日本で得た所得も課税対象から外すことを明記している中国等と異なり、給与所得の20%を出国時に徴収されている。これはベトナムも同様であり、大きな所得でもないのにこの課税額の高さは驚きである。なお3年滞在の実習生は1年を超える居住者であり、日本人と同様に所得税を徴収されるが扶養控除等のメリットも同様に受ける

192　第3部　海外─送り出し国の実状と短期労働者が期待するもの

ことが出来るので、給与所得の2割の全額徴収とは異なるのである。

1．フィリピンでの調査

　2015年1月31日から2月4日までフィリピンを訪問した堀口・小島の調査グループは、送り出し団体のU社及び同社と緊密な関係を持つ日本の受け入れ監理団体S社の協力の下、現地で多くのアンケート調査や聞き取りを実施することが出来た。

　調査は、S社の社長F氏が現地を訪問し長野県の酪農経営で受け入れる1名の技能実習生選考を行うのでこれに立ち会うこと、U社及び同社長のP氏との協議の合間に我々も参加して事情を聞かせてもらう、等の方法で行われた。

　フィリピンは、永住者も含め1千万人が世界に散らばり、同国のGDPの1割をその人達の送金が占めるほど、海外へ出稼ぎに行く人が多い国である。2014年の送金額243億ドルは4割が米国、2割が中東からであり、英語を公用語とする同国の強みはよく指摘される。2013年では100億ドルの貿易赤字を、海外からの送金で、103億ドルの経常黒字にしているほどである（この情報は日本経済新聞2015年3月24日による）。

　だが日本、それも農業で働くフィリピンからの技能実習生にとって英語の強みは日本では発揮できず、他の国からの実習生と同様に日本語を学んで対応することになる。その場合、彼らの日本、特に農業での実習目的は何か、報酬等の受け入れ条件に満足しているのか、帰国した後、他の人に勧めるかどうか、等の我々の関心事について調査を行った。

2．酪農経営1戸のための1名選考とその面接

　今回は長野県の酪農家の技能実習生の選考であり、その農場は毎年この時期に1名の技能実習生の採用をS社に依頼して、面接選考もF氏にお願いしている。同農場は3年経過のフィリピンの技能実習生がこの時期に帰国するので、どうしてもこの期に募集せざるを得ない。この農場が最初に技能実習生を導入した時期がこの頃であったため、一定の人数を切れ目なく維持するためには今もそうせざ

第12章　政府の規制強化が効果を上げるフィリピン　193

るを得ないからである。

　長野の酪農家が住む南牧村野辺山地域は毎年、４月初めに100名以上、U社・S社から露地野菜の仕事で技能実習生を受け入れており、関係者が現地に選考に来て300名を超える面接を行っている。だが今回の面接はそれと一緒にはできない事情は上記の通りである。

　なおこの大量雇用は７～８か月間のみの露地野菜の仕事であり、冬季に仕事がないため帰国することから、１年未満の短期の技能実習生となる。その場合でも一回来ているので、再度の来日は技能実習生としてはあり得ない。この短期の実習生を雇う露地野菜農家の中には、実習生の雇用契約を１年間（結果として酪農と同じく３年間になる）に伸ばして安定雇用にするために、隣の山梨県等の高度の低い地域に農地を求めることで冬の仕事を作る農家・法人も最近現れて来ている(2)。

　なお酪農家を始め、この長野地域は募集対象の人に体力を求めるので、男性に限定する農家が多い。特に露地野菜農家は男性にすべて限っている(3)。

　今回の酪農の一人募集の場合は、U社（賃金条件や同じ雇用者の下で３年間の実習を期待されていること等は事前に告知）が同社の持つリストの中から酪農に向いた４倍プラスαの人数に連絡し応募を募った。その中で、２月２日に首都マニラの大学の教室を借りて行われる面接会場まで旅費を自己負担して来ると回答があったのは４人である。ただし当日、会場に実際に来たのは３名であった。そしてF氏とU社のスタッフで面接したが、主たる面接者及び採用の判断はF氏が行い、日本語をタガログ語に直しての通訳や試験の指示等の役割をU社のスタッフが果たしていた。

　そしてその場で候補者を決め、すぐに雇用契約を結んでいた。合格者は２週間後にU社の研修センター（マニラから数時間の車距離にあるヌエバ・エシハ州）に入り、５月の来日までの３か月間、日本語学習を主に、農作業、日本の生活・規律などを合宿形式で、期間や農業種類、行き先が異なる技能実習生候補者（契約は結んであるが、その発効は、来日後、日本での１か月の講習が終わってからである）と一緒に学ぶことになる。

　日本が制度として要求する講習は、１年目の12か月の活動期間に対して６分の１にあたる２か月以上をそれに充てなければならないが、この合宿はその義務講

194　第3部　海外─送り出し国の実状と短期労働者が期待するもの

習の1部をなす。むしろ強調すべきは、日本側が求める最低期間を超える3か月間（来日後の1か月を含むと計4か月になる）、研修所に合宿して学んでいることである。

　このように日本語でなんとか意思疎通できる水準をクリアするため、また日本ですぐに実質的な労働や農作業を担えるよう、2か月、余計に講習が行われていることに注目すべきである。このプラスαを含めて講習費用は日本側で実質的に負担するが、合宿施設等はU社が提供している。

　このことはU社、S社との緊密で永続的な関係を反映したものであり、実習期間中の失踪や誤解に基づく雇用主と実習生との対立を起こさせない要因になっている。S社の日本の農家等、受け入れ実施機関に対する熱心な指導、法の規制や結んだ雇用契約・残業に関わる三六協定等[4]を受け入れ、農場が順守することがトラブルを発生させない主要な背景になっているが、両社のお互いの理解がさらに緊密な関係を継続させていることを指摘しておきたい。

　緊密な関係がこの合宿形式を生み出し数年前にこれが始まったが、まだ日本に行く農業関連の技能実習生全員を賄うほどの受入れ規模の施設（現在は最大20人弱）にはなっていない。マニラ市内での教室を使っての日本語講習や農業以外の作業の訓練（例えば旋盤や簡易な溶接）は従来通りそこで行われているが、この受講生の数の方が未だ多い。だが合宿の方向を、期間を含め、さらに充実させる方向で両社は動いている。

　4人の男性の面接資料で、4人は、未婚者26歳・大学卒で畜産学、欠席した未婚者27歳・大学で同じく畜産学、未婚者26歳・高卒、既婚者26歳・高卒、であった。面接は、最初に長野の勤務先の様子、最低賃金の時給額、それでいくと月収13万から14万円になること等を説明した後、性格調査に関わる調査表をタガロク語で読み上げ、すぐに書きこませる作業をした。この集計をしている間、3人同席の面接を行った。酪農の仕事に従事した（水牛の改良品種による酪農がフィリピンにはある）ことがあると3人とも書きこんであったので、その作業の内容などを聞き、適性を確認していた。最終的には、最後の人が酪農の作業を適切に説明できており、書類に書きこんであることの確かさが確認できたとして選ばれた。その後、長野での酪農の仕事、冬の寒さ、それでも毎日2回の搾乳があり、しかもシフト制を敷いているので1日の労働時間の上限は守られているが割増賃金は

第12章　政府の規制強化が効果を上げるフィリピン　　195

無いことなど、説明を受けていた。

　なお採用されなかった２人はU社のリストに残り、今後の募集等の対象になるとのことで、これは従来のやり方と同じである。すなわち、同社はサイト等でそのたび毎に広く募集をするのではなく、日本の技能実習生が日本から帰国した地域やその事情をよく知っている人の地域での募集で、しかも経験者の推薦や日本の状況を聞いた人が応募してくる体制を作っていた。その方が正確に日本の制度の趣旨や作業内容・手取り等が伝わっていると考えるからである。

　そしてこの面接を受けた３人に、一人の決定が発表される前に共通のアンケートを書きこんでもらった。ただし３人のうち一人はほとんど書きこんでいなかったので、二人分の回答である。その特徴点だけをあげておこう。今の仕事は農業従事であり、水田経営規模はそれぞれ1.25ha及び１ha規模であった。今の世帯の農業を含む総収入は年間３〜４万ペソと２〜３万ペソであった。二人ともそれまでに海外で働いた経験は無く、日本での仕事を希望した理由は、技術を学ぶため、また日本は安全であるとの選択肢を２人とも選んでいた。そして親族が日本の情報を伝えてくれて、親族に日本で働いていた人がいると二人とも回答している。すなわち情報源は過去の技能実習生からのもの、ということである。なお帰国後は二人とも実家の農業の仕事に戻ると回答している。なお大卒で応募しているのは、フィリピンでは大卒者でも国内での仕事は十分ではなく、高卒者に交じっての応募が結構あるようである。

３．技能実習生の仕事を終え帰国した９人のアンケート結果

　首都マニラで夕刻に集まってもらったため、近いところに住む・日本の技能実習の経験のある人が２月１日に集まった。日本料理店で懇親を兼ねながら、共通のアンケートに書きこんでもらったものであるが、首都ないし近いところで働いている女性が多く集まり、地域の農業に戻っている男性は来ることが難しくこのアンケートに男性の事情が強くは反映していないと思われる。なお送りだし団体とは、女性を主に帰国後も連絡がとれているものが今回の呼びかけ対象になり、日本での技能実習生の経験を元に新たな仕事にチャレンジする志向の強い人が送り出し団体と日頃のコンタクトを持っているように見えた。

196 第3部 海外─送り出し国の実状と短期労働者が期待するもの

　今回集まってくれた全員は、当時、農家出身であり、男性４人（20歳台が主）、女性５人（20歳台二人、30歳台二人、40歳台一人・今回集まった女性は大半が既婚者で日本に行っている）となっている。男性は全員高卒、女性は短期大学卒が大半であった。帰国後の現在の仕事は、男性は３人が農業、女性は、一人は農業だが他は経営者、主婦、学校の先生、一人ずつという回答であった（回答数が、応じてくれた人数に比べて足りないのは、未記入のため）。回答者の海外での仕事は、日本以外は無い。日本に応募した理由は大半が収入と技術を学ぶ、を挙げていた。そして大半が行けるなら再度日本で働きたいとの個所にチェックしていた。なお男性は３人が2014年の４月から10～12月の間に帰国であり、１人が2005年５月から11月と回答していて、いずれも１年未満の短期滞在である。女性は、４人が３年、その内、期間に記入があったのは二人で2008年５月から2011年５月、2011年４月から2014年の２月であった。１年と回答したのは2002年５月から2003年５月までであった。

　働いていた場所は、男性の３人が長野、女性は二人が北海道、あと回答があった二人はそれぞれ岩手、広島であった。

　以下はアンケートから離れて、フリートークの時のやり取りだが、帰国した技能実習生は、日本の賃金の高さと高い技術を学べることを全員挙げていて、再度可能ならば行きたいとしている。また今の日本滞在３年間上限という制約がもし５年に置きかわった場合は、提示されれば受け入れたであろうと答えた。そして今後も他の人に日本に技能実習生で行くことを勧めると言っていた。

　また月毎、そして控除後の実質手取りは残業の多さでかなり異なっていたが、月に10万円を割る事例はなく、15万円を超えさらに多い額を記憶している人もいた。ただこの時点では受け取り額の大小は大きな話題にはならなかった。残業の多さなどが受取額に影響するが、それは雇われた先の事情だということで割り切っているように見えた。

　雇用先で異なると思われるが、教会へは半年に２回行けるとなっていたと述べた人がいるが、宿舎の門限が21時と早すぎるので改善すべきだという人もいた。

　なお７～８か月間しか仕事がない長野の高冷地野菜地帯へは低学歴の男性が多く、短大等の学歴を持つ女性は、未婚、既婚を問わず３年間（酪農も含まれているようだ）を日本で働き、帰国後はそれを契機に他の仕事等にチャレンジしてい

る人が多いようであった。集まった人のみから受けた印象だが、女性が訪日を契機に、所得を稼ぐ要因だけではなく、自分のキャリアアップに積極的に生かそうとする印象が強かった。もっとも地域に戻った多くの男性の意見やそのキャリアアップは聞いていないので、一部分の印象であるが。

4．出発前研修中の116名・技能実習生候補者へのアンケート結果

　対象者は、2月1日午前に訪問した合宿所で語学・農業その他を研修中の19人、翌日午後、マニラ市内のU社の教室で日本語を研修していた受講生97名である。マニラ市内での対象者は休み時間に5クラスお願いした。

　すでに日本での雇用者や仕事は、皆、決まっていたが、この内、耕種農業（露地野菜ないし施設園芸）43％、酪農8％、養鶏3％、と農業が半分以上を占めている。他は、食品加工6％、溶接・板金16％、プラスチック成型3％、機械3％、塗装3％、産業用包装7％、縫製8％、その他、となる。しかも日本の仕事と行先がバラバラでしかも訪日時期も異なり、日本語の学習レベルが不統一なので教え方に苦労していた。

　以下、全体の特徴をアンケートの項目順に述べ、日本での仕事が農業と非農業とで属性に差が見られる場合、付記することにする。

　男性が75％、女性が25％だが、農業だけを取るとやや男性が75％を上回ってより多い形である。年齢は20〜24歳35％、25〜29歳47％、30歳以上18％であり、その内農業は20歳台前半、非農業は20歳台後半が多いという特徴がある。未婚が75％、既婚が25％だが、農業は若い人が多いだけに未婚者が非農業よりも多い。学歴は中高卒54％、大卒28％、これ以外に職業校13％、高専や短大卒がそれぞれ3％となっている。この場合、農業は大卒が非農業よりもかなり多く、この点は予想とは異なるものであった。

　直前の本人の仕事は、農業46％、その他が37％であるが、農業に従事していた人はすべて農業での訪日であり、その他の仕事の従事者は非農業目的の訪日が多い。出身地は、ルソン島57％、ビサヤ諸島27％、ミンダナオ島17％だが、非農業はルソン島中部の人が圧倒的であり、農業は分散している。また地域を分けると、農村出身が80％、都市は20％となっている。

198 　第3部　海外─送り出し国の実状と短期労働者が期待するもの

　農地を耕作している場合は、面積は田が29％、畑が27％で、作物は耕作しているものを複数挙げてもらったが、米38％、トウモロコシ22％、野菜39％である。世帯収入は分散しているが、農業は低く10万ペソ以下の人が非農業よりも多い。

　日本の仕事に応募した理由は、複数選択のもと、それぞれ選択された率を取ると、出稼ぎが78％、技術を学ぶが34％、安全が14％である。しかし農業で日本に行くことを選択した人は、出稼ぎの割合がやや低く技術を学ぶとする者が多い傾向にある。日本を仕事先として選んだ理由は、高賃金37％、高度技術62％で、特に農業を選んだ人では高賃金と答えた率が低く、技術を高く評価していることがわかる。

　日本の雇用先事情で事前に知っていることは、賃金水準52％、規模18％、主要生産物34％、作業内容34％、残業時間16％となっているが、その内、農業に従事予定の人は作業内容、残業がやや少ない。日本に関する情報は、家族から15％、親族28％、出身地の友人16％、マニラの友人30％等となっているが、農業で訪日する人はマニラの友人という情報源は少ない。これは出身地を反映していよう。周りの人の中に日本で働いていた例は、家族の中にいるが15％、親族にいるが28％、出身地の友人で12％、マニラの友人で30％、となっている。ただし農業はマニラの友人は少ない。

　帰国後に予定される仕事は、実家の農業24％、農業起業33％、非農業起業16％、進学6％、他国への出稼ぎ16％となっているが、農業従事で訪日する人は実家の農業と農業起業と答えた人が多い。

　このように、日本の技能実習生の応募の理由は所得稼ぎと技術習得が主であり、農業、非農業という日本での仕事の違いによる差は大きくは無いといえよう。そして農村に住み農業に従事していてその所得が低い若者、学歴が低い若者、にとって日本に行った人の経験を聞くと、所得は多く技術も学べるということであり、飛躍を図る機会としてとらえている。この点は都会に住む若者も同じで、自分が従事している仕事が日本での技能実習生の仕事と同じ範囲であれば、所得と技術習得を理由に応募してきたものと思われる。

　しかも日本社会が安全という特徴を持っているだけではなく、周りの人の話は事実を反映していて、信頼できる情報と思っているようである。なお応募者には短大や大卒も含まれ、ほぼアンケートの回答者の3分の1を占めている。大卒者

にとっても訪日の機会は、所得確保、技術習得に役立つと見られており、大卒者が占める比率は他の途上国よりも高いように思われる。往復の旅費自己負担がなく、語学研修等の講習も日本側の負担なので、大卒の学歴を持つものにとっても魅力的なものとして捉えられているようである。

5. 送り出し団体 U 社と受け入れ監理団体 S 社の特徴

（1）フィリピンの海外労働者派遣の仕組み

　同国は、日本の2010年の入管法の改正を受け、政府の窓口を労働雇用省技術教育技能開発庁（TESDA）から担当部局を同省海外雇用庁（POEA）に変更した。そして実習生からは手数料、講習費等を徴収してはならないとし、代わりに送り出し機関が日本の受け入れ監理団体から1人7万～10万円の手数料を徴収している。また来日後の講習も手当として7万円以上の支払い義務を日本側に課している。これに対して、他の国では実習生から講習を含む準備作業として50万～80万円と高額のお金を受け取る事例が見られるのとは、大きな違いである。

　派遣後は実習生1人当たり毎月1万～2万円の管理費を受入監理団体から徴収するのは共通している。管理費は日本を定期的に訪問し、受入監理団体及び実施機関（農家等）を訪問するためのものであるが、通常、年1回ないし2回なので派遣する実習生の数が増えると、大きな収入になる。

　国別に国が認定した日本への送り出し機関数を2014年5月7日現在で見ると、中国265、ベトナム139、フィリピン66、ミャンマー73、等となっている。日本への送り出しはメリットがあるビジネスと見られているようである。

　フィリピンからの技能実習生、その具体的な受入れ手続きを見てみよう。POEAから必要な派遣状を発行してもらって出国の各種手続きを行なうには、事前にフィリピン大使館のPOLO（Philippines Oversees Labor Offices）から承認を得なければならず、その手続きが煩雑であり、このこともフィリピンからの実習生の数が急に増加しない原因のひとつになっている。すなわち、他の国では無いこと（なおタイの場合は同じような仕組みがある）だが、監理団体から送り出し機関へ実習生受入申込書兼求人票（農家等の受入れ実施機関の要請を踏まえての申し込み書）を送り、現地で送り出し機関が約2週間かけて候補者を募集する。

これは、期間は別にして、他の国も同様である。

そして候補者が確定すると、送り出し機関が監理団体へ求職票を送付するが、フィリピンの場合は、POLOからの事前承認が必要で、雇用契約書等の必要書類を送付し、POLOの審査がなされることになる。これを経て、初めて日本に求職票を送ることができる。

その後は他国と同様で、求人数に対し３〜５倍の求職者（候補者）が集まり、現地に行った日本の関係者による面接、適性検査や面談等がなされ、求める法人や農家毎に採用者が確定される。

U社の場合は、採用者が確定後、受け入れ手続きを３か月かけて行い、その間、現地では合宿研修が並行してなされることになるのである

なお前述の７〜10万円、往復旅費の12万円（飛行機代）、最初の支度金の５万円、日本での１か月の講習の手当ての５万円、等が日本側に対して求められ、その後は毎月一人当たり１〜２万円が求められることになる。

なおPOLOは、最低賃金を適用しての１か月の純手取りを、フィリピン労働者のために、最低６万円ないし７万円以上（残業代は別）になるような契約書を求めており、これに達しない場合は書類が返ってくることになる。

（２）送り出し団体のU社

日本への派遣に特化しているU社は、同国でのビジネスシェアは３位の位置にある。そしてさらに日本への送り出しを増やす姿勢にある。フィリピンは海外へ向かう事前の講習等も法により本人負担を認めていず、すべて関係団体の負担になる。その意味で日本の受け入れ企業等の負担が他国と比べ比較的高いという特徴がある。

U社は1994年にビジネスを始め、96年に農業派遣に参入し、97〜98年と急速に仕事が増えた。07年には411人を送り出したほどである。しかし2008年のリーマンショックで300人弱へ落ち込むものの、その後は前の水準に戻し、また2011年３・11の東日本大震災後も回復して、2014年ではその年、新たに404人を日本に送り出している（この中に長野を主とする８か月の120人を含む：なお2013年度は技能実習生２号移行者のみで150名となっていて同国で実績第３位）。内訳は耕種農業33％、酪農19％、食品加工４％、機械関連11％、溶接13％、技術関連12％、

塗装４％、残り４％となっている。しかし農業関係を強化してきており、安定的な関係を求め、受け入れ団体との関係を緊密にしている。

（3）受入れ監理団体のS社

同社は2008年に設立され、今は広島に本社、熊本と長野に事務所、管理事務所を設けている。2009年に第１期生として中国から２名を入国させ、2010年には外国人技能実習生が累計20名に至っている。2010年には法改正を踏まえ定款変更、事業に職業紹介事業を加えた。2012年には受け入れ累計が250名になっている。数を追って見ると、2009年20名、10年40名、11年83名、12年134人、13年164人となっていて、これらは１年目の受け入れだから順調に皆３年目まで勤めているとするとこの３倍の数になる。７～８か月の短期の実習生はこれに含まれていないので、同社が受け入れている数はもっと大きいものになる。なお当初は中国が多かったが、2013年では中国（84人）、フィリピン（84人）が肩を並べ、これ以降、中国減、フィリピン増、そしてベトナム（2013年は３人）が現れてくる。

最近の同社の職種分布は、耕種農業82％（なお施設園芸が10％含まれている）、畜産15％（うち酪農は10％）、溶接が３％であり、農業の内訳は露地野菜が79％、施設園芸が10％、酪農が11％となっている。この間、地域での農業に大きく貢献しようと農業に重点を強く置いているのが特徴である。

建設関係（造船も含む）で2016年から東京オリンピックまで、３年間という制限がある技能実習生をさらに２年間延長することが出来る特例が実行され、この特定監理団体にS社も応募している。応募の場合、法規違反、処分等が過去５年間ないことが必要で、同社は該当する。応募が認められれば、同じようにそうした違反がない受入れ実施機関にすでに３年を終えた実習生の中から、希望者を２年間さらに継続して勤務させることが出来るようになる。慣れた人をさらに２年間雇用できるとすれば、雇用する企業としては歓迎である。ただし昇給なり、従来とは異なる賃金の仕組みを考えねばならない（なお同社も、2017年７月時点で、11月から施行の技能実習法の下での許可された監理団体になるべく、膨大な書類を用意していた）。

現在進行している、農家との雇用契約書の１事例（九州の３年間滞在を予定する場合の2014年４月７日にサインした契約書：2014年７月９日入国、同年８月９

202　第3部　海外―送り出し国の実状と短期労働者が期待するもの

日から雇用開始）を参考に見せてもらったが、雇用契約期間は2014年8月9日から3年後の2017年7月9日までとなっている。契約更新は無い。就業場所の明示、従事すべき業務は、耕種農業・施設園芸となっている。入国予定は2014年7月9日であり、この後は研修生として日本での講習（座学）1か月に充てるので、雇用契約期間には含まれない。労働時間は1日の所定労働時間を7時間として、始業8時、終業17時である。変形労働時間制は取らない。休憩時間は120分、1週間の所定労働時間数は39時間59分となっている。年間の所定労働日数は1年目275日、2、3年目はそれぞれ297日となっている。休日は日曜、年間休日合計が68日、有給休暇は6か月継続勤務した場合、10日となっている。

　賃金は月給で11万5,038円（時給664円、これに2,079時間を乗じ年で138万456円、これを12か月で除している）、所定時間外は25％増し、法定休日は35％、法定外休日は25％、深夜は50％、となっている。月末締めの毎月5日の現金支払い。協定に基づく賃金支払い時の控除があり、別紙で税金1,540円、住居費17千円、水道光熱費1万円と記されている。雇用保険料、社会保険料はゼロで、国保や国民年金等は本人の直接払いとしている。個人事業の農家なので、社会保険に入っていない。すなわち加入が国民年金、国民健康保険、労災保険と明示されていて、この他、雇い入れ時の健康診断、初回の定期健康診断のことが述べられている。なお昇給、賞与、退職金は無いとされている。

　賃金から控除する金額は28,540円、欠勤や時間外労働がないとして、手取り額が86,498円となっている。

　こうした条件を、雇用者、労働者ともに周知し、記録もしっかりと残すように同社は指導している。

注

（1）2016年の夏の時点の情報である。フィリピンは海外に行く労働者（日本の技能実習生を含む）をPOEA（フィリピン海外雇用庁）が管理しており、実習生も手厚く保護されていて、実習生の負担はほぼゼロである。もっとも面接のためにマニラに来る費用など、本人負担は全くのゼロではない。
　　いずれにしろ、その分、日本側が負担していることになる。負担内容は、フィリピンでの教育費（約3か月分）、その間の日当、保険料、来日渡航費、これらの合計は12万円となる。なお本書の中国、ベトナム等の章でも触れているが、政府の規定以上の額を労働者が負担するケースが述べられており、そのための多額の

第 12 章　政府の規制強化が効果を上げるフィリピン　203

借金が失踪・事件や事故の背景にあると考えられる。

（2）長野県南牧村野辺山地域で、新たにほうれん草を雨除けハウス（250棟）で大規模に取り組むT氏はその代表であり、すでに技能実習生を年間雇用（現在9名）している。他に正社員7名、パートタイマーが60人いる。2016年末の時点で隣接県に農地を借り農業の冬の仕事をそちらで確保しているので、年間雇用が可能になっている。

（3）野辺山地区の旧開拓農協系の農家はフィリピンからの実習生を長く受け入れている。2016年末の時点で78戸の農家が1戸平均2名の実習生を受け入れ、この年は3月末に相次いで入国した。当初は3月15日全員入国の予定だったが、フィリピン側の要請する書類が間に合わず対応が遅れ、またパスした時点で飛行機の予約が可能になるシステムに変わり、そうしたことが遅れにつながって、バラバラの入国にもなった。なお3年雇用できる農家や法人はまだ数戸にとどまっている。

（4）この受け入れ監理団体の指導を見ると、三六協定もひな形を示して、農家側に就業規則をはじめ雇用契約等に関わる対応を求めている。三六協定により、1日5時間が最大に延長できる労働時間であり、1か月では最大45時間までだが、協定に特別条項を付加して、1か月最大80時間まで、1年にこれを6回までを限度として延長できる旨を書き加えている。1日5時間を72回続ければ年に360時間になる。最大時間や休日労働日数等を労使で協定し届け出を行なっている。こうすることで割増賃金は払いながら、野菜の収穫・出荷の農繁期を技能実習生と家族員で乗り切っているのである。

　なお労基法の一部は農業には適用しないという原則があるからか、労基署に協定書を持参しても正式な受付はせず、机に置いてくるような対応のようである。しかし農水省の指示で技能実習生は労基法もフル適用であり、作業計画もその前提で書いて届けるので、入管等はこれに基づいて確認や指導を行ってきている。

第13章
派遣労働者を急増させるベトナム
―中国に代わるベトナム・急増の背景と受入れの実際―

軍司 聖詞

1. 序論

　外国人技能実習生の給源国として近年にわかに注目を集めているのがベトナムである。入国管理統計を再確認すれば（**表13-1**、**図13-1**）、2013年には42,199人と最多だった中国人の在留資格「技能実習1号ロ」取得者は、15年に36,186人にまで減少した一方、13年には9,323人だったベトナム人は、15年に31,629人と2年間で約3.4倍の急増をし、第2位ではあるが中国人とほぼ同数となっている。

　表図によれば、ベトナム人受入れは2011年の時点ですでに、中国に次ぐ第2位の年間6千人規模となっており、ベトナム人受入れの急増は、中国からのシフト先を探していた監理団体や実習実施機関が、比較的受入実績のあったベトナムに注目したものと第一義的には理解できる。しかし、表図からは、次の2つのことも読み取れる。第1は、ベトナム人の急増は、中国人の減少分以上のハイペースであることである。すなわち、これまで中国人実習生を受け入れてきた実習実施機関の多くがベトナム人実習生受入れにシフトしたのみならず、新たに実習生を受け入れはじめた実習実施機関あるいは受入実習生数を増やした実習実施機関の多くもまた、ベトナム人を選択したということである。第2は、アジア諸国の中でおおむねベトナム人実習生のみが急増しているということである。他のアジア諸国も、2013年から15年の間に数千人規模の増加をみてはいるが、2万人規模の急増をみたベトナムには遠く及んでいない。もし、これまでの受入実績が給源国シフトの中心的な理由であれば、2013年の時点でベトナムの半数程度を送り出していたフィリピンやインドネシアの15年時点でのプレゼンスは、より大きなものとなっていて然るべきであろう。アジア諸国の中で、ベトナムに特徴的にみられる何らかの要因が、ベトナム人実習生急増の背景にあるものと推察される。

第13章　派遣労働者を急増させるベトナム　205

表 13-1　在留資格「技能実習 1 号ロ」取得者数（2015 年上位 7 か国）

(単位：人)

	2011	2012	2013	2014	2015
中国	46,560	46,343	42,199	41,672	36,186
ベトナム	6,100	6,739	9,323	18,564	31,629
フィリピン	3,184	3,638	4,081	6,130	8,875
インドネシア	3,046	3,415	3,656	5,328	6,631
タイ	1,104	1,049	1,544	2,031	2,441
カンボジア	245	227	325	1,099	2,078
ミャンマー	41	13	65	643	1,719

出典：入国管理局（2015）をもとに筆者集計。
注：第 11 章表 11-1 を再掲。

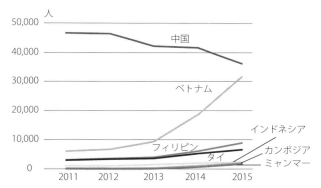

図 13-1　在留資格「技能実習 1 号ロ」取得者数
　　　　（2015 年上位 7 か国）

出典：入国管理局（2015）をもとに筆者集計。
注：表 13-1 をグラフ化したもの。

　そこで本章は、第 1 にベトナムの国勢と日本のベトナム人実習生受入れに関する基本的なデータを確認した後、第 2 にベトナム人農業実習生の斡旋・監理を行っている日本の代表的な監理団体（一次受入機関）と同団体斡旋実習生受入農家（実習実施機関）、そして同農家受入実習生に対してヒアリング調査を行い、ベトナム人実習生斡旋・受入れの実際と特徴を明らかにするとともに、その斡旋・受入れ理由を考察する。

　そして第 3 に、ベトナム人農業実習生を送り出しているベトナム国内の送出し機関（国際人材派遣会社）に対してヒアリング調査を行い、ベトナム人実習生送出しの実際を明らかにするとともに、日本への出稼ぎ希望者の意向や動向の背景を考察し、訪日実習希望者が急増している理由を明らかにする。

2．ベトナムの海外出稼ぎ労働力と日本のベトナム人実習生受入れの概要

（1）ベトナム国の概要

　ベトナム社会主義共和国は、インドシナ半島の東部に位置し、東と南を南シナ海、北を中国、西をラオスとカンボジア、そしてタイランド湾に囲まれた仏教国である[1]。32.9万km²の国土に人口約9,270万人を有しており、その約86％がキン族で、言語はベトナム語である。

　ベトナムのGDPは約2,019億ドル（名目；2016年）、1人当たりGNIは約1,990ドル（2015年）であり、1996年のGDP約246億ドル、1人当たりGNI約310ドルから発展著しく、現在も実質GDP成長率6.7％（2015年）と着実な発展を続けている。しかし、産業構造は、サービス業その他が43.4％、工業が38.5％、農業が18.1％（対GVA比：2014年）となっているものの、就労人口比率は農業が46.8％、サービス業その他が32.0％、工業が21.2％（2014年）と、農業者が半数弱を占めている[2]。

　この農業者約2,440万人が、国土の約32.8％を占める農用地約1,087万ha（うち永年作物を除く耕作地は約641万ha：2013年）を耕作している。主要農作物はコメ（籾：約4,404万トン）、さとうきび（約2,013万トン）、キャッサバ（約976万トン：2013年）等である。農業者の所得水準は、統計から確認することは困難だが、都市部の1人当たり所得は月額約160万ドン（約64ドル）、農村部は約76万ドン（約33ドル；2008年）であり[3]、都市人口率は33.6％（2015年）であることから、1人当たりGNI約1,990ドルの半額に満たないものと推察される。堀江（2015）によれば、ベトナムでは近年、所得格差問題が顕在化しているものの、ジニ係数は近隣諸国に比して低く[4]、近隣諸国ほど所得格差は深刻ではない。しかし、貧困削減の効果が現れておりその割合は低下しているものの、約6割弱が1日2.5ドル以下の生活費で生活している貧困層となっている現状もある。すなわち、発展を続けるベトナム経済の中にあっても、農村部の農業者の所得水準は未だに低く、訪日実習による実習賃金の獲得が実習希望者にとって、大きな魅力となっているものと推察される。

（2）ベトナムの教育水準

　ベトナムの教育水準は、アジア諸国の中でも高まりつつあることが知られており、教育水準の高さはベトナム人労働者の大きな特徴の1つである。リクルートワークス研究所（2013）によれば、ベトナム政府による高等教育改革計画（2006〜20年）が開始されてから、高等教育の機会が増加しており、2000年に178校だった高等教育機関数は11年に419校に、約90万人だった入学者数は約220万人に増加した。しかし、2009年の大学進学率はわずか10％程度であり、シンガポールを除くASEAN諸国内ではタイ（37.1％：2010年）、フィリピン（25.1％：2008年）、マレーシア（18.3％：2012年）、インドネシア（17.8％：2010年）、カンボジア（13.2％：2011年）、ミャンマー（12.9％：2011年）、ブルネイ（10.3％：2012年）に次ぐ最低水準となっている[5]。すなわち、高等教育の機会は増加しているとはいえ、労働者全体からみればまだまだ一部の教育水準が高まっているに過ぎず、アジア諸国に比較すればその比率は低い。しかし、高等教育を受けている若年層は必ずしも多くないとはいえ、ベトナムの労働市場は現在、高等教育を受けた大卒・短大卒者の供給過多・労働機会の需要不足の状態にあり、大卒・短大卒者にも単純作業に従事するものが少なくなく、単純労働が中心の海外出稼ぎを希望するものも多い[6]。

　一方、単純労働を行う海外出稼ぎ労働力、特に農業実習生の中心と見込まれる低学歴層の教育水準は、決して低いわけではない。井出（2014）によれば、2012年の小学校純就学率は98.6％であり、これはASEAN諸国ではカンボジア（98.4％）に次ぐ高水準である[7]。また、国立教育政策研究所（2017）をもとに、15歳時におけるベトナムの学習到達度の平均点を比較すると（**図13-2**）、ASEAN諸国の経済を牽引するタイを大きく上回っており、科学的リテラシーと数学的リテラシーの平均点はOECD平均よりも高い。すなわち、農村部の低学歴層であっても高い学習到達度を達成しているため、ベトナム人農業実習生は他のアジア諸国出身者に比して、受入農家とのコミュニケーションが比較的しっかりと取れる人材であり、重用されているものと推定される。

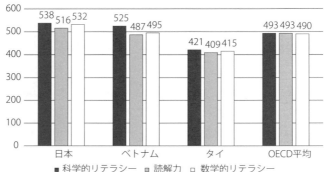

図 13-2　OECD 学力到達度調査（PISA2015）平均点
出典：国立教育政策研究所（2017）をもとに筆者集計

(3) 日本のベトナム人実習生受入れ

日本で受け入れられているベトナム人実習生数を正確に把握する統計はないが、ベトナム人の在留資格「技能実習1号ロ」取得者数は**表13-1**の通り31,629人（2015年）である。これは、同取得者数の約32.0％を占めており、中国（36,186人：約40.0％）に次ぐ高水準となっている。ベトナム人実習生の受入業種も、正確に確認できる統計はないが、技能実習2号移行申請者数をまとめた国際研修協力機構（2016）（**表13-2**）によれば、ベトナム人実習生が最も受け入れられているのは建設（26.8％）であり、機械・金属（20.7％）、食料品製造（11.1％）、繊維・衣服（9.8％）に次いで農業（9.4％）は5位となっている[8]。都道府県別にみた**表13-3**によれば、ベトナム人実習生を最も受け入れているのは機械・金属業の盛んな愛知（11.2％）であり、埼玉（5.5％）、大阪（5.2％）、広島（4.7％）、千葉（4.4％）と続いている。以下は、兵庫、岐阜、東京、神奈川、茨城となっており、ベトナム人実習生は主に、受入上位業種の多い都市圏で受け入れられていることが分か

表 13-2　2015 年度産業別技能実習 2 号移行申請ベトナム人数・割合

産業	農業	漁業	建設	食料品製造	繊維・衣服	機械・金属	その他	合計
人数（人）	2,370	107	6,750	2,787	2,477	5,217	5,385	25,093
割合（％）	9.4	0.4	26.8	11.1	9.8	20.7	21.4	100.0

出典：国際研修協力機構（2016）をもとに、筆者集計。
注：産業によって、技能実習2号移行職種・作業に含まれていないもの、産業特性によって技能実習2号移行が困難なもの（農業分野の寒冷地の畑作・野菜など）があるため、あくまで受入産業の傾向を示しているにすぎない。

第13章　派遣労働者を急増させるベトナム　209

表13-3　上位5都道府県2015年度技能実習2号移行申請ベトナム人数・割合

都道府県	愛知	埼玉	大阪	広島	千葉
人数（人）	2,832	1,385	1,315	1,195	1,126
割合（%）	11.2	5.5	5.2	4.7	4.4

出典：国際研修協力機構（2016）をもとに、筆者集計。
注：表13-2注に同じ。

表13-4　上位5都道府県2015年度技能実習2号（農業）移行申請ベトナム人数・割合

都道府県	熊本	茨城	北海道	愛知	長崎
人数（人）	348	277	178	135	123
割合（%）	14.6	11.6	7.5	5.6	5.1

出典：国際研修協力機構（2016）をもとに、筆者集計。
注：表13-2注に同じ。

る[9]。これを、農業実習生に限定した**表13-4**によれば、ベトナム人農業実習生を最も多く受け入れているのは、全産業ベースでは16位（594人：2.3%）の熊本（14.6%）であり、茨城（11.6%）、北海道（7.5%）、愛知（5.6%）、長崎（5.1%）と続いている[10]。

3．ベトナム人実習生斡旋監理の事例

（1）協同組合エコ・リード（茨城）の事例

　以上をもとに、本節では、2017年時点ではベトナム人農業実習生受入数が最多と目される茨城から協同組合エコ・リードと、1年以下の短期実習が行われている寒冷地を代表する長野県南牧村の旧八ヶ岳高原事業協同組合を捉え、ベトナム人農業実習生斡旋・監理の実際を、特にベトナム人が選ばれた背景を中心に考察する。

　協同組合エコ・リード（以下、エコ・リード）は、茨城県水戸市の茨城県JA会館内に所在する、ベトナム人実習生斡旋監理専門[11]の事業協同組合である。エコ・リードの設立母体はJA茨城県中央会であり[12]、エコ・リードの実習生斡旋は基本的に、受入農家を管轄する単位JAの仲介に基づく。実習生斡旋事業の開始は2014年10月であり、本稿執筆時点では3年間の実習を修了した帰国者を輩出していない。職員数は、役員2人・職員2人の計4人であり、実習生の斡旋時期は2月・8月の年2回である（以上、2017年3月現在）。実習生の斡旋人数は、

161名であり、うち1号100人・2号61人である。国籍別では、ベトナム人141人・中国人20人となっている。受入農家は75戸で、1戸当たり平均約2.1人の斡旋である（以上、2016年10月現在）。

　JA茨城県中央会が設立したエコ・リードによるベトナム人実習生斡旋の背景には、次の3点がある。第1点は、茨城県内における実習生給源国のシフト意向が高まったことである。茨城県内、特にJA斡旋実習生の受入農家では、これまで主に中国人が受け入れられてきたが、第1に中国国内の経済発展によって訪日実習希望者が減少し、第2に東日本大震災時の実習生大量帰国騒動によって、茨城県内の中国人実習生が大量帰国したことから、茨城県内では給源国を中国からシフトさせる機運が高まっていた。この状況下で、ベトナム人実習生の受入れの道を開いたのが、JA茨城県中央会が設立したエコ・リードであった。

　第2点は、単位JAが実習事業に対して様々な意向を持っていたことである。第1点の通り、実習生の給源国を中国からシフトさせたいと考えていた単位JAはもちろんのこと、入国管理局による斡旋停止措置を受けて実習事業から撤退せざるを得なかった単位JAや、本来業務に注力するため実習事業を分離したかった単位JAなど、単位JAには、必ずしもベトナム人には限るわけではないものの、実習事業を県中央会に移管したいものが少なくなかった。

　第3点は、上述の通り、茨城県とJA茨城県中央会の意向があったことである。筆者によるエコ・リードやエコ・リード斡旋実習生受入農家に対するヒアリング諸調査によれば、ベトナム人実習生は真面目で日本語が比較的できる傾向があるものの、体格が小さく、他国の実習生に比べ必ずしも農業労働力として優れているわけではない。しかしながら、JA茨城県中央会が監理機関としてベトナム人斡旋に特化した事業協同組合を設立したのは、茨城県とベトナムとの友好関係のためであり、政治的背景のためである。

　以上から、茨城県におけるベトナム人実習生受入れ急増は、茨城県内の給源国シフト意向と単位JAの動向に、茨城県とベトナムとの政治的状況がマッチしたためであると推定される。

（2）旧八ヶ岳高原事業協同組合（長野）の事例

　旧八ヶ岳高原事業協同組合（以下、旧八ヶ岳高原事組）は、長野県南牧村の

JA長野八ヶ岳本所内に所在した、事業協同組合であった。旧八ヶ岳高原事組の設立母体は、JA長野八ヶ岳であったが、入国管理局から5年間の斡旋停止措置を受けたため、2016年5月に清算された。旧八ヶ岳高原事組は、長野県を代表する一大監理団体であり、2013年時点の長野県内の農業実習生数は約2,500人、うち農業実習生は約2,000人だが、旧八ヶ岳高原事組はその約1/4にあたる約500人を斡旋していた[13]（軍司 2015）。長野県は寒冷地であり、受け入れられる実習生のほとんどは農繁期に8か月程度の実習しか行わない技能実習1号である。実習生は一度帰国すると再入国が基本的に認められず、この約500人は毎年、更新される必要があるため、旧八ヶ岳高原事組は、この大量の労働力需要を毎年満たすために、中国のみならず、フィリピン・ネパール・カンボジア・タイ等、様々な国から実習生を受け入れていた。ベトナムがこれに加わったのは2014年であり、当初の受入人数は23人と、多様な給源諸国のうちの1つに過ぎなかった。

八ヶ岳地域でベトナム人受入れが主流となった契機は、この旧八ヶ岳高原事組が入国管理局からの斡旋停止措置を受け、清算されたことである。清算当初は、JA長野八ヶ岳等の地元団体が監理機関となって旧八ヶ岳高原事組の実習事業を引き継ぐ案が検討されたが、いずれの地元団体からも拒否されたため、旧八ヶ岳高原事組に実習生を仲介していたA組合（広島）・B組合（東京）の2つの事業協同組合に実習生の斡旋・監理を移行することになった[14]。この2事組が主に取り扱っていたのが、中国とベトナムであり、折からの中国人実習生への忌避感から、ベトナム人実習生の受入れが急増したのである[15]。

すなわち、長野県におけるベトナム人実習生受入れの急増は、旧八ヶ岳高原事組が斡旋停止措置を受けて清算され、中国人とベトナム人を斡旋する監理機関が八ヶ岳地域の実習生需要の受け皿となったが、トラブルが多発していた中国人実習生の受入れへの忌避感から、ベトナム人が多く選ばれたためとみられる。

（3）茨城県結城市・長野県南牧村のベトナム人実習生受入農家の事例

本章は、茨城県全域にベトナム人農業実習生を斡旋しているエコ・リードの受入農家の中から、結城市の5戸と、旧八ヶ岳高原事組の受入農家で現在はA組合から斡旋を受けている、南牧村の4戸を捉え、それぞれの農業経営の概況とベトナム人実習生に対する評価についてヒアリング調査を行った。

212 第3部 海外—送り出し国の実状と短期労働者が期待するもの

表13-5 茨城県結城市・長野県南牧村ベトナム人実習生受入農家経営概況

	農家番号	経営面積（畑：ha）	労働力（人）				売上（万円）	実習生受入年数（年）	うちベトナム人受入年数（年）	主要作付作物
			家族	日本人常雇	外国人実習生	日本人臨時雇				
茨城	1	2	1	0	1	1	2,500	7	0.5	Hトマト Hキュウリ レタス 白菜
	2	7	NA	NA	1	NA	2,000	0.5	0.5	Hトマト 白菜 レタス
	3	18	3	1	6	3	8,000	10	1.7	葉物 生姜 小松菜
	4	12	3	0	5	1	9,000	13	3	レタス 白菜 トウモロコシ
	5	18.5	3	0	6	3	15,000	12	2	白菜 トウモロコシ
長野	6	10	3	1	3	0	6,000	12	4	レタス 白菜 キャベツ
	7	5	2	0	3	0	5,000	10	4	白菜 キャベツ レタス
	8	6.6	3	0	3	0	4,000-6,000	13	3	レタス キャベツ ブロッコリー グリーンリーフ
	9	4.5	4	0	1	0	3,000	6	3	ブロッコリー レタス

注：ヒアリング調査時（茨城2016年11月、長野2017年5月）現在。主要作付作物のH印はハウス、無印は露地。3番農家の外国人実習生のうち、2人は中国人（ベトナム人に切替中）。4番農家の経営面積のうち、露地6haは休耕中。

うち、各受入農家の経営概況は、**表13-5**の通りである。2番農家を除き、いずれも実習生受入開始当初は中国人を受入れ、ベトナム人受入れに変更したものである[16]。各受入農家はいずれも、中国人からベトナム人受入れに変更したことで、経営面積や作付体系に変更はなく、また実習生の作業内容も特に変更はないとしている。

第3章に用いた分類で各受入農家を区分すると、1～2番農家は資本集約的な施設園芸野菜作中心の小規模家族経営、3～8番農家は労働集約的な重量露地野菜作の中規模家族経営、9番農家は労働集約的な重量野菜作の零細な小規模家族経営となる。うち、重量露地野菜作の中規模家族経営は茨城・長野に共通しているが、茨城の3～5番農家は実習生5～6人を調達し、日本人労働力と合わせて9～13人で12～18.5haを耕作し、8,000万～1億5,000万円の売上をあげる意欲的経営を行っているが、長野の6～8番農家は実習生が3人、日本人労働力と合わせて5～7人で5～10haを耕作するにとどまり、売上は4,000～6,000万円程度

第13章　派遣労働者を急増させるベトナム　213

表13-6　受入農家の評価：中国人・ベトナム人受入れのメリットとデメリット

	メリット	デメリット
中国人	農業技術が高い 体格が良い 力仕事に向いている 農作業が早い 漢字でコミュニケーションできる	学習・労働意欲が低い 怠ける・サボる 団体交渉する 高圧的・荒っぽい 途中帰国が出やすい 既婚者が来ない 若年層が来ない
ベトナム人	学習・労働意欲が高い 真面目・勤勉 日本語が上手	農業技術が未熟 仕事が遅い 体格が小柄 既婚者が少ない

注：ヒアリング対象9農家の実習生評価を筆者整理。

となっている。家族労働力は茨城・長野の受入農家ともに大きな違いはみられないものの、茨城は比較的日本人臨時雇も調達できていること、長野は寒冷地のため技能実習1号しか調達できないことが影響して、この経営の違いが生じているものとみられる。

　一方、受入農家による中国人とベトナム人に対する評価は、**表13-6**の通りである。表によれば、総じて、中国人は体格面でも経験面でも農業労働力として優れているが、農家の指示に十分に対応しないこともあり、ベトナム人は体格面では小柄だが、農家の指示に従って真面目に仕事をこなすと評価されている。

　表13-5からは、ベトナム人実習生が従前の中国人実習生同様の役割、すなわち経営規模拡大・維持のための単純労働力としての役割を果たすことができていると理解できるが、**表13-6**の中国人・ベトナム人に対する評価を勘案すれば、従来の中国人実習生とは異なる役割がベトナム人実習生に期待されていることが分かる。すなわち、外国人労働力の雇用に不案内な家族経営が中心の農業では、実習生の調達は、不足する農業労働力の補完として、単純労働・農作業を得意とする人材を採用するフェーズから、被用者として基本的な資質を備えている人材を調達して、実習を通じて農業労働力としての適性を身に付けさせるフェーズへと移行しつつあり、受入農家はベトナム人実習生に、実習制度の本旨である「真面目な学生」であることを期待しはじめているものとみられる。

（4）茨城県結城市・長野県南牧村のベトナム人実習生の事例

　本章は、受入農家に加え、両事組斡旋ベトナム人実習生に対してもヒアリング

214 第3部 海外─送り出し国の実状と短期労働者が期待するもの

調査を行った[17]。その概要は、**表13-7**の通りである。

　表からは、全体として、幅はあるもののおおむね20歳代程の若年労働力が数十万円程度の借金をして訪日し、年間100万円前後の送金をしている様が読み取れる。また、特にベトナム人農業実習生に特徴的にみられる点として、次の4つが挙げられる。

　第1は、比較的、学歴が高いことである。各実習生は農村出身だが、他国の農業実習生のような中卒者はみられず、回答者の半数以上は専門学校卒以上であり、大卒者や大学院卒者もある[18]。他国からの実習生に比べれば、語学力が高く、トラブルを起こしにくい海外出稼ぎ向きの人材が訪日実習をしているものと推察される[19]。

　第2は、農業を元職とし、帰国後にも農業を営むものが多いことである。例えば第11章のカンボジア人は、農村部の農業者が訪日実習を経て都市部日系企業に就業していたが、本章のヒアリング対象であるベトナム人には就農するものが多い。またこれを反映して、第3に、賃金の使い道として家を建てたり起業したりするとしたものは必ずしも多くなく、預金のほか、農地や農業用機械の購入に充てるとしたものがみられること、第4に、日本を選んだ理由として、高給であることのほか、日本式農業の習得を挙げるものが多いことがある。

　以上から、ヒアリング調査を行ったベトナム人農業実習生は、他国の農業実習生のように、農村部の低学歴層が実習賃金を獲得して家を建てたり起業したりしようとしているのではなく、主に農業系学校を卒業して農家になる農業エリート層が、日本式農業技術を習得したり、実習賃金によって預金のほか農地や農業用機械の購入などを行っているものと理解できる。上記の通り、ベトナム人農業実習生は、受入農家から、農業技術は未熟だが学習・労働意欲が高いと評価されているが、農業系学校を卒業したものの実践に乏しい若年農業エリート層が、実習を通じて日本式農業を真摯に習得しようとしていることから、その評価の正しさが傍証されよう[20]。

表 13-7　茨城県結城市・長野県南牧村ベトナム人実習生概要

番号（農家-実習生）	来日時期	年齢	婚姻	学歴	元職	帰国後職業見込み	実習のための借金額	借金相手	日本を選んだ理由	総金額	賃金使途（借金返済除く）
1-1	2015/NA	31	既	大卒	農業	農業	50万円	親	高給	120万円/年	農業用施設建設
2-1	2015/2	31	未	高卒	農業	農業	70万円	親	日本式農業習得	110-120万円/年	両親に贈与、預金
2-2	2016/2	23	未	高卒	農業	農業	50万円	親	日本式農業習得	80万円/8か月	両親に贈与、預金
2-3	2015/10	25	未	高卒	無職	電気店経営	50万円	銀行	日本式農業習得	100-110万円/年	店舗設立
2-4	2016/2	21	未	高卒	軍隊→農業	農業	50万円	銀行	日本式農業習得	70万円/8か月	―
2-5	2014/10	36	既	高卒	台湾出稼ぎ	会社経営	30万円	銀行	日本式農業習得	120-130万円/年	生活費、養育費、預金
3-1	2015/8	30	既	NA	電気建設	農業	50万円	銀行	高給、他国より景気良い	100万円/年	自家・実家建築
3-2	2016/8	25	未	NA	農業	畜産	75万円	銀行	日本式農業習得	10万円/2か月	膝購入、隊舎建設
3-3	2015/8	26	未	専門卒	専門生	農業	60万円	銀行	日本語・日本式農業習得	100万円/年	預金、家・土地購入
3-4	2015/8	25	未	専門卒	専門生	農業	65万円	銀行	日本語・日本式農業習得	100万円/年	農地購入
4-1	2016/6	30	既	大卒	大学生	会社経営	45万円	家族	高給	40万円/4か月	店舗建設
5-1	2016/10	26	未	NA	農業	農業	50万円	銀行	高給、他国より景気良い	15万円/1か月	―
5-2	2015/10	26	未	NA	農業	農業	50万円	親	日本が好き	50万円/年	農業用機械購入
5-3	2015/10	25	未	NA	農業	運転手	50万円	銀行	高給、他国より景気良い	50万円/年	預金
5-4	2016/8	20	未	NA	無職	店舗経営	70万円	銀行	元実習生の紹介	15万円/2か月	預金
5-5	2015/10	22	未	NA	軍隊	農業	75万円	銀行	高級、他国より景気良い	52万円/年	預金
5-6	2016/8	31	未	NA	建設	会社経営	60万円	銀行	高給	16万円/2か月	預金
6-1	2017/3	23	未	大中退	大学生	音楽学生	20万円	送出し機関	高給	80万円	学費
6-2	2017/3	19	未	高卒	農業	店舗経営	20万円	送出し機関	高給	80万円	店舗建設
6-3	2017/3	23	未	大学卒	大学生	韓国出稼ぎ	20万円	送出し機関	農業技術が高い	80万円	農業用機械購入
7-1	2017/3	23	未	大学生	大学生	韓国出稼ぎ	20万円	銀行	高給	75万円	韓国渡航費
7-2	2017/3	23	未	大学生	大学生	大学生	20万円	親	高給	80万円	―
7-3	2017/3	23	未	大学院卒	研究職	技術者	20万円	親戚	農業技術・経験獲得	80万円	博士課程学費
8-1	2017/3	23	未	高卒	縫製	縫製	20万円	親	農業技術・日本式計画の習得	80万円	―
8-2	2017/3	23	未	大卒	大学生	日系企業	20万円	親	高給、日本語習得、キャリアアップ	75万円	日本語学校学費

注：全て男性。長野の総金額は、8か月実習合計見込み。

216　　第3部　海外─送り出し国の実状と短期労働者が期待するもの

4．ベトナム人実習生送出し機関の事例

（1）C社（元国営：ハノイ市）の事例

　農業以外も含め、ベトナム人若年労働力の海外出稼ぎ動向とベトナム人実習生送出しの実際を確認するため、本章はベトナム国ハノイ市の送出し機関（国際人材派遣会社）3社に対して実地ヒアリング調査を行った。

　C社は、ハノイ市郊外に所在する、元国営[21]の国際人材派遣会社である。1990年の設立、1993年の海外労働力派遣の開始から、日本・韓国・台湾・マカオ・チェコ・ロシア・ウクライナ・ルーマニア・中東（リビア等）に約50,000人の労働力を派遣してきた、ベトナム国内第3の国際人材派遣会社であり、うち、日本への送出しは、日本事務所の設立が2011年、送出し開始が12年である。2017年5月末現在、実習生送出し総数は483人、うち現在日本に滞在しているのは約320人、うち農業実習生は約170人である。A社社員は110人（A社の付属訓練学校の職員を含む）おり、人材派遣部の日本担当者10人が訪日実習生の送出しを行っている。

　C社の海外出稼ぎ応募者は、主に2つのルートから得られている。1つは、海外在住経験者の紹介であり、もう1つは、ウェブサイトやSNS、新聞記事などの情報を見た希望者が自ら応募してくるものである。C社担当者によれば、3〜4年前までは前者のルートが多く、このルートの応募者は紹介者の滞在経験国のみを希望したが、現在は後者のルートが多く、このルートの応募者はどの国で出稼ぎをするべきか応募前に吟味しているという特徴がある。

　C社の募集に応募する海外出稼ぎ希望者は、「高給であること」「安全であること」「帰国後の就職可能性」の3つを重視する傾向があり、ベトナム国内に日系・韓国系企業が増えていることから、近年は日本・韓国への出稼ぎが人気となっている[22]。しかし、韓国では受入者が出稼ぎ者に暴行を加えたり、給料の未払いがあったりするリスクがあることが応募者に広まり、日本はこの両面でも安全であると認識されているため、特に訪日実習の人気が高まっている[23]。

（2）D社（民営：ハノイ市）の事例

　D社は、ハノイ市中心部に所在する、民営の国際人材派遣会社である。2004年

の設立、06年の海外労働力派遣の開始から、日本・台湾にこれまで約1,000人の労働力を派遣してきた[24]。うち、日本への送出しは、2011年に免許を取得し、12年に30人からスタートした。これが年々増加し、2017年には日本への送出し人数は年間400人程度、うち農業実習生は年間40〜50人程度となっている。D社社員は約110人（D社付属の職業訓練学校・日本語学校の職員を含む）おり、日本事業部15人が訪日実習生の送出しを行っている。

　D社の訪日実習応募者は、主に３つのルートから得られている。１つ目は、日本在住経験者や、現在訪日中の実習生からの紹介、２つ目は、ウェブサイトからの応募、３つ目は、D社募集部のスタッフ35人が各地方で開催する、海外出稼ぎ希望者募集イベント[25]での応募である。

　D社会長・担当者によれば、日本が出稼ぎ先の中で一番人気となり、D社が５年間で年間400人規模の送出しを達成することができるようになったのは、日本が、ベトナム人出稼ぎ者が求める「高給であること」「受入者が暴力的でないこと」「語学習得によって帰国後に良い就職先が見つかりやすいこと」を全て満たしているためである。海外出稼ぎ希望者には、日本・韓国・台湾が比較的人気だったが、韓国は残業が多く高給になりやすいものの、受入者が暴力的であるケースがあることが広まり、台湾は長期間・複数回の就労が可能だが、必ずしも高給ではなく、また工場内の労働が中心であるため、訪日実習の人気が高まった。

（３）E社（民営：ハノイ市）の事例

　E社は、ハノイ市郊外に所在する、民営の国際人材派遣会社である。2010年の設立・海外労働力派遣の開始から、日本・マレーシア・台湾・中東に労働力を派遣してきた。うち、日本へは、2011年に免許を取得し、12年から送出しを開始し、17年５月までに約1,600人を送り出した。日本への送出し人数は増加傾向にあり、2015年は年間300人程度だったが、16年は年間500人程度、うち農業実習生は約70人となった。E社社員は約110人（E社付属の職業訓練学校・日本語学校の職員25人を含む）おり、日本への実習生送出しは、４つの日本事業部が管轄地域を分けて担当している。

　E社の訪日実習希望者は、主に２つのルートから得られている。１つは、E社の設立に協力した国内婦人団体の紹介であり、もう１つは、村役場等の紹介であ

218 第3部 海外—送り出し国の実状と短期労働者が期待するもの

る[26]。

　E社日本事業部長によれば、ベトナム人実習生が急増している背景には、次の3つの要因がある。1つ目は、ベトナム人の海外出稼ぎ希望者からみて、日本以外の受入れ国の受入環境が必ずしも芳しくないことである。例えば、韓国は5年受入れのため人気だが、受入人数に上限があるため出稼ぎしにくく、台湾は薄給であり、マレーシアは受入トラブルが多発していることが、出稼ぎ希望者の間で知られている。2つ目は、訪日実習が帰国後の就職に有利となるためである。在ベトナム韓国系企業も増加しているが、工場勤務の場合、韓国系企業だと月給400ドル程度であるのに対し、日系企業の場合は月給600ドル程度を得ることができる。あるいは日系企業に就職せずとも、訪日実習帰国者は待遇の良い現地企業に就職することができ[27]、日本語検定合格者であれば、N2取得で月額25,000〜30,000円程度、N3取得でも月額10,000円程度の手当てが給与外に得られるのが通常である[28]。3つ目は、周囲の東南アジア諸国よりもベトナムの方が訪日実習向けの人材を確保しやすいことである。タイはベトナムより3〜4割程度、給与水準が高いため、ベトナムより訪日実習を希望する人材が少なく、ラオスとカンボジアは技術者が少ないため、機械を扱う産業に実習生を送り出すことが難しい。そのため、東南アジア内ではベトナムが最も良質な人材を多く送り出しやすい状況になっている。

5．結論と展望

　ベトナム人実習生の受入れ・送出しの実際は以上の通りだが、特にベトナム人実習生急増の背景を中心にまとめると、次のようになる。

　大規模なベトナム人農業実習生受入れを行っている茨城・長野の事例から、両県では実習生給源国を中国からシフトさせようという動きがあったことを基礎としつつも、中国に代わってベトナムが選ばれたのは政治的理由、あるいは消極的理由であったことが理解された。中国人の方が農業労働力としては評価されているが、ベトナム人は教育水準が高く、真面目で実習意欲が高いことから、受入農家レベルでは十分な評価を受けている。実際に訪日している農業実習生は、比較的学歴があり、帰国後は就農予定である農業系エリート層であり、単に実習賃金

目当てではなく日本式農業技術の習得に意欲的なものが多い。

　農業以外も含め、ベトナムが良質な実習生を多く送り出すことができているのは、訪日実習が安全かつ高給であり、競合各国に比べ出稼ぎ先として優位性があると認識されていることを基礎として、ベトナム国内の労働需要不足と、訪日実習経験による日系企業・国内優良企業への就業機会の獲得がその背景にある。

　他の給源各国にないベトナムの特徴とは、教育水準が高く真面目な若年労働力が、日本での実習経験を通じて就農、あるいは日系・国内優良企業に就業するメカニズムがあることであった。これは、逆に言えば、ベトナム農業者にとって有益な農業技術が習得される、あるいは在ベトナム企業が積極的に採用しようとする人材育成が訪日実習によって行われる必要があることを意味する。中国人に代わってベトナム人を受け入れはじめた、日本の農家をはじめとする実習実施機関には、実習生を単なる単純労働力として捉えるのではなく、未熟な実習生を一人前の農業労働力・熟練工へと教育する、実習制度の本旨に即した意識と行動が求められる。

注
（１）以下、ベトナムに関するデータは、外務省（2017）、日本貿易振興機構（2016）（2017）、The United Nations Statistics Division（2017）、The World Bank（2015）、日本総合政策研究所（2010）、農林水産省（2016）に基づく。
（２）大久保（2015）によれば、2013年の産業別就労者数上位5産業は、順に、農林水産業（約2,444万人）、加工・製造業（約728万人）、小売・流通・修理サービス業など（約654万人）、建設業（約325万人）、ホテル・飲食業（約221万人）となっている。
（３）ただし、筆者による送出し機関担当者に対するヒアリング諸調査（2017年）によれば、ハノイ市の一般市民の平均月給は20,000～25,000円程度、農村部住民は10,000～15,000円程度である。
（４）鹿庭（2015）によれば、アジア諸国のジニ係数は、マレーシアが46.2（2009年）、フィリピンが43.0（2012年）、中国が42.1（2010年）、タイが39.4（2010年）、ベトナムとインドネシアが35.6（2012、2010年）、インドが33.9（2009年）、日本が32.1（2010年）となっている。筆者による送出し機関担当者に対するヒアリング諸調査によれば、ベトナムでは都市部と農村部に所得格差はあるものの、都市部の生活費が高いため、可処分所得額はあまり変わらない。
（５）ベトナムを除くASEAN各国の大学進学率データはUNESCO Institute for Statistics（2014）に基づく。なお、シンガポールの大学進学率は30％程度とみら

220 第3部 海外──送り出し国の実状と短期労働者が期待するもの

れる。

（6）筆者による送出し機関担当者に対するヒアリング諸調査によれば、ベトナムの単純労働者の雇用主は仕事に対する不満等をSNSに掲載されることを嫌い、あえて高学歴者を採用しない傾向があるため、大卒・短大卒者は高卒者を装って、単純労働の職に就くケースも多い。また、後述の通り、訪日実習者はベトナム国内優良企業・日系企業ともに有利な条件で就職しやすいため、このキャリアアップを狙って単純労働が中心でも訪日実習を希望する高学歴者が少なくない。

（7）マレーシアが97.0％、ラオスが95.9％、タイが95.6％、インドネシアが93.7％、ブルネイが97.1％、フィリピンが88.2％となっている。

（8）その他（21.4％）を除く。

（9）ただし、**表13-2**注の通り、技能実習1号のみの受入れが勘案されていないことに注意が必要である。すなわち、ほとんどが3年受入れを行う建設業等に対し、農業では寒冷地などを中心に技能実習1号のみの受入れを行っている地域も少なくなく、全産業中の農業実習生の比率は、実際にはもっと高いことが推定される。同様に、農業実習生受入れの多い北海道・長野は、寒冷地であるためほとんどの農家が技能実習1号のみを受け入れているが、**表13-2 ～ 4**にはこれが反映されていない。筆者による諸ヒアリング調査によれば、長野では南牧村などを中心として、ベトナム人実習生受入れが進んでおり、実習生全数では、これら寒冷農業地域も比較的上位に位置するものと推定される。

（10）ただし、国際研修協力機構（2016）は2015年現在のデータであり、2016年4月の熊本地震の影響が現れておらず、また後述の通り茨城ではJA茨城県中央会が計画的にベトナム人受入れを進めていることから、17年現在では茨城が最多となっていることが考えられる。

（11）後述の通り、一部、中国人実習生も斡旋している。これは、エコ・リードが単位JAの実習事業を引き継ぐ形で斡旋を行っているためであり、実習事業から撤退した単位JAが実習生を斡旋していた中国人実習生受入農家の一部が、中国人受入れの継続を希望しているためである。

（12）エコ・リードが設立されたのは、茨城県知事とベトナム農業農村開発相との間で交わされた「茨城県とベトナム農業農村開発省による、ベトナムの地方自治体と茨城県の農業における協力関係強化に関する覚書」に基づく、JA茨城県中央会会長とベトナム労働傷病兵社会省海外労働管理局局長との間で交わされた「茨城県におけるベトナム人農業技能実習生受入に関する協定書」によるものである。エコ・リードは、実習事業からの撤退や給源国の変更を企図する単位JA等の実習事業を引き継ぐ形で、主にベトナム人実習生の斡旋を行っている。

（13）2013年の旧八ヶ岳高原事組の斡旋実績は、267戸に580名である（うち1号554名）。

（14）ただし、フィリピン人を主に受け入れていた野辺山地区の受入農家群は、斡旋停止措置前に独自の事業協同組合を設立して旧八ヶ岳高原事組から独立していた。

（15）茨城県事例同様、中国人の訪日実習希望者が減少し、実習生の質の低下がみられ

第13章 派遣労働者を急増させるベトナム 221

ていたが、長野県は短期実習であるため温暖地に比べ優良人材がさらに集まりにくく、中国人実習生によるトラブルが多発していた。八ヶ岳地域でも農業労働力としては中国人実習生の方がベトナム実習生より評価されていたが、ベトナム人実習生の方が真面目で実習意欲の高い若者が多いことから、トラブルを回避したい受入農家を中心に選ばれたものとみられる。

(16) 1年以下の短期実習を行う長野では、受け入れている全実習生の給源国を翌年から切り替えることができるが、3年間実習を行う茨城では、切替開始から受入全数が切り替わるまで3年かかる。

(17) ヒアリング対象の各実習生の受入農家は、受入農家ヒアリング対象農家とは必ずしも一致しない。

(18) 彼らの出身校（高校・専門学校・大学）は、おおむね農業系である。

(19) 筆者によるこれまでのヒアリング諸調査によれば、長野はこれまで、短期実習による総賃金の少なさから、3年実習の温暖地では採用されない比較的劣悪な人材しか集まらなかった。しかし2017年のヒアリング調査によれば、長野で受け入れられているベトナム人実習生の多くが、本国での次のキャリアの準備としてあえて短期実習を選ぶ高学歴層となっている。実習生が高学歴化したことで、寒冷地の短期実習にもインセンティブが生じたものとみられる。

(20) ただし、筆者が聞き取る範囲では、他産業で受け入れられているベトナム人実習生も、おおむね真面目で労働意欲が高いと評価されているものの、失踪者も多く（より好条件の就労先に移りやすい）、失踪者を中心とした軽犯罪組織が形成されている地域もあるとの指摘もある。

(21) ベトナムの送出し機関（国際人材派遣会社）には、労働傷病兵社会省が設立して民営化した元国営のものと、民営のものとがある。元国営送出し機関の経営陣は元労働傷病兵社会省の官僚であり、C社担当者によれば、ベトナム全土に10社弱の元国営送出し機関がある（国際人材派遣免許を他社に貸し出すのみで、送出し事業は行っていないものもあるため、正確な数は不明）。C社は、2015年に民営化（株式会社化）され、会長・社長・副社長2人の計4人の元官僚が中心となって経営されている。

(22) C社が送り出した訪日農業実習の帰国者のうち、就農者は約6割で、残り約4割が農業外に就職、その一部が日系企業に就職している。ハノイ市内の一般企業の平均月給は20,000〜25,000円程度だが、訪日実習帰国者の日系企業就職者は月給35,000〜45,000円程度を獲得しており、この機会獲得のために訪日実習を希望するものが少なくない。

(23) なお、以下のD・F社も含め、ベトナムでは実習希望者に、日本側による採用面接の受験前に、送出し機関の費用負担で、1〜2か月程度の事前講習を受講させるのが一般的である。面接合格者には、日本側の要望によるが、おおむね3〜7か月前後、平均4か月程度の事前講習が課される。面接合格者から送出し機関が徴収できる費用は、ベトナム国内の規制により3,600ドルまでとされているが、C・

D・E社はその限りでないものの、6,000 ～ 7,000ドル程度の徴収を行っているものも少なくない。

(24) 現在は台湾への送出しをやめ、日本への送出しに特化している。

(25) 日本への送出しを行っていない他の国際人材派遣会社と合同で、村落単位で開催している。

(26) 婦人団体からは主に、関連学校等の紹介を受け、担当者がリクルート活動を行っている。村役場には人材の紹介を受けるため、担当者が出向いている。

(27) E社の訪日実習帰国者の日系企業就職率は1割程度だが、これは帰国者の1割程度しか日系企業に就職できる能力がないのではなく、実習帰国者は出身地域に帰郷して就職することが多いためである。逆に、日系企業がある地域では、当該日系企業への就職を目指す若者が多いため、訪日実習希望者が集まりやすい。

(28) E社日本事業部長によれば、日本以外の海外出稼ぎ帰国者が訪日実習をするケースはみられるが、訪日実習帰国者が他国への出稼ぎをするケースはみられないとのことである。なお、上記のベトナム国内における高学歴者の就職状況の悪化と、訪日経験者優遇の就職状況から、日本の大学に進学・留学する若年層が増加している。

参考文献

井出和貴子（2014）「ASEANにおける教育の充実と経済成長」大和総研ウェブサイト

大久保文博（2015）「エリアリポートベトナム」『ジェトロセンサー』2015年8月号

外務省（2017）「ベトナム社会主義共和国基礎データ」外務省ウェブサイト

鹿庭雄介（2015）「平均像では見えにくいアジア消費市場」『三井住友信託銀行調査月報』2015年1月号、三井住友信託銀行

軍司聖詞（2015）「大規模経営における労働力調達とJAの役割」全国農業協同組合中央会編『協同組合奨励研究第四十輯』家の光出版総合サービス

国際研修協力機構（2016）「都道府県別・国籍別・職種分野別技能実習2号移行申請者の状況（2015年度）」『業務統計』国際研修協力機構ウェブサイト

国際貿易振興機構ハノイ事務所（2015）「ベトナム教育産業への進出可能性調査」国際貿易振興機構ウェブサイト

国立教育政策研究所（2017）「OECD生徒の学習到達度調査のポイント」国立教育政策研究所ウェブサイト

日本総合政策研究所（2010）「ベトナム農業の現状と農業・貿易政策」『主要国の農業情報調査分析報告書（平成22年度）』農林水産省ウェブサイト

日本貿易振興機構（2016）「ベトナム一般概況」日本貿易振興機構ウェブサイト

――（2017）「概況ベトナム」日本貿易振興機構ウェブサイト

入国管理局（2015）「国・地域別新規入国外国人の在留資格」『出入国管理統計』2015年、入国管理局ウェブサイト

農林水産省（2016）「ベトナムの農林水産業概要」農林水産省ウェブサイト

堀江正人（2015）「ベトナム経済の現状と今後の展望」三菱UFJリサーチ&コンサルティング

リクルートワークス研究所（2013）「アジア9カ国の人材マーケット」『教育・進学』リクルートワークス研究所ウェブサイト

General Statistics Office of Viet Nam(2016), Statistical Data, General Statistics Office of Viet Nam Website

The United Nations Statistics Division(2017), Viet Nam, UN data, United Nations Website

The World Bank(2015), Vietnam, Data, The World Bank Website

UNESCO Institute for Statistics(2014)「Higher Education in Asia」UNESCO Institute for Statistics Website

その他、C・D・E社については、各社ウェブサイトを参考にしている。

第４部
海外

受け入れ国における
短期外国人労働者の実状と意義

第14章
違法滞在とH-2Aビザが支える米国カリフォルニア農業

堀口 健治

１．越境して来る人を先ず受け止める「回転ドア」のカリフォルニア農業

　2010年時ではカリフォルニア農業に雇われた人は35万人、うち農場の直接雇用は17万人、残りが請負業者雇用の18万人となっていて、違法滞在者雇用の責任を農場主から請負業者に転嫁させる動きは強い。そして越境者は米国の生活に慣れると、より高い賃金を求め都会に移住しサービス業等の仕事に就く。違法滞在者はこのように米国の単純労働力の大きな供給源になっているのである。

　違法滞在労働者をまず受け入れるのが農業だから、農業はそうした人にとって「回転ドア」（カリフォルニア大学デイビス校のマーティン教授の表現）である。カリフォルニア農業はそれに依存し、農業を経由して都会に出たものを補充するために、引き続き若者が越境してくることを期待する。

　共和党支持者が多い白人農場主は、メキシコ国境に塀を設け越境者を阻み、国内にいる違法滞在者の出身国への送還といったような、極端な政策を掲げたトランプ大統領の動きに注目している。実際にそうしたことは難しいのではないかと思いながらである。

　こうした回路を絶ち違法滞在を防ぐためにも、そして必要な雇用者を確保するため、単純労働力の受け入れの例外措置として３年間のH-2A就労ビザが農業で使われている。同じようにレストランやホテルの分野でもH-2B就労ビザを限定的に出し労働力を確保している。単純労働でも、レストラン等のH-2Bビザには年間発行人数の制限があるが、農業には上限人数の制限は無く、最低賃金では米国人に就労希望者がいない農業に外国人を積極的に受け入れる姿勢が示されている。ただし移民には繋がらない出稼ぎ労働者の受け入れであり、３年間を上限としてその後はメキシコに帰国させる。米国に来る回数は何回でもよいが、日本の

技能実習生と同様、入国前に雇用先を決めていなければならない。そして韓国や日本と同じで滞在中の雇用先変更を認めていない。

だが最低賃金を上回る地域の実質賃金の適用、無料の宿泊施設の提供等の義務を求められるが、これを農場経営者は嫌がって、H-2Aビザは全米で10年9万5千人の数にとどまり、多くの経営者は違法滞在者への依存を継続している。

ただし著名な企業はこのビザの仕組みを受け入れている。社会への評判もあり、支払い能力もあるので、請負業者を使わず直接雇用を行う。例えばサリナスに本社を置くカリフォルニア州最大の露地野菜会社のタニムラ・アンド・アントル社は、延べ作付面積3万5千エーカー（1.4万ha）を直接雇用の1,800人（ただし多くは期間雇用）が担っているが、その内500人はそのビザで雇用されていた（堀口 2012）。

歴史的に見れば、第2次大戦下で不足した農場労働者のために、Braceroプログラム[1]が設けられ、メキシコから毎年7.5万人未満の労働者が米国に入った。これが1950年代半ばまでに毎年45万人の流入にも上っていた。そして1959年の政府の調査では、このプログラムは農場の雇用賃金を下げさせ、その結果としてビザを取得したメキシコ人は、このプログラムで入国して来る人達との競合を避けて、都市に多く移動する傾向があることを指摘している。なおこのプログラムは1964年に終了し現在に至っている。

そして1970年代遅くには違法滞在のメキシコ人が増加し始め、農場主はこれらの労働者に依存する度合いを高めた。というのはプログラムで米国に来たメキシコ人が労働組合に組織化され、これらの労働者を避けて経営者側に有利な条件で雇用できる違法滞在者に農場主達は目を向けたからである。そのために、直接の雇用ではなく、こうした違法滞在者を斡旋する請負会社への依存を深めた。

1980年代当初にペソの平価切下げ（デノミ）があり、これによりメキシコからの米国への大きな移動がさらに見られるようになった。

これを受けて、連邦政府は、他方で違法滞在者を雇用する企業・農場に罰則を設けるとともに、他方、110万人を超える違法滞在者に対して米国での滞在を合法化する政策を1986年に取った[2]。

しかしこれらの正式な滞在ビザを得たメキシコ人は、米国全体に、より有利な雇用条件を求めて散らばり、その結果、不足する農場労働者を再び越境して来る

メキシコからのnewcomerに求めることになったのである。

2．最近の農業における違法者の大きさとH-2Aビザの労働者の数

直近の状況をMartin教授の論文で確認しておこう。AAEA（Agricultural & Applied Economics Association）刊行のCHOICES（1st Quarter 2017・(1)）に載った彼の論文「Trump, Immigration, and Agriculture」である。

2014年の米国には4,300万の外国生まれの住民がおり、3.2億人の国民の13％を占めている。農業では雇われた労働者の70％は移住してきた人と見られる。他方、今の米国には1,100万人の違法滞在者がおり、上記の数の中に入っている。

この違法滞在者の内の800万人が働いており（図14-1）、その内、100万人が農業に雇用されているとみられる。

そして果樹を含む耕種農業に絞ると、耕種農業で働く人の半分は違法滞在とみられる。180万人とみられる耕種農業で働く人の70％はメキシコ生まれであり、また180万人の内、海外で生まれた人の70％は違法滞在とみられる。

畜産では70万人が働くが、同じくメキシコ生まれであり違法滞在が多いとされている。酪農では働く人の半分が海外生まれでありまた違法滞在者が多い（これらを合計すると上記の100万人の農業で雇われる違法滞在者数を超えてしまうと思われるが、ダブって働く人もおりそれぞれの数は概数とみてよい）。

他方、1952年に始まったH-2Aは、当初はサトウキビやリンゴ栽培に導入され

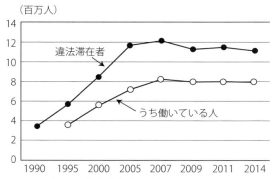

図14-1　米国の違法滞在者及びそのうち働いている人数
資料：Pew Research Center

たが、2016年度で16.5万人がこのビザで働いているとのことである。この5年の間で2倍になった。しかし違法滞在者数と比べれば未だ少数である。

　他方、カリフォルニアの最低賃金が2016年の時給10ドルから22年に15ドルに上がり、この賃金上昇は農業の各種の機械化を進展させているようである。

　大統領になったトランプの政権の下で、米国への越境による流入は以前と比べ減ってきているようだが、農場経営者は皆、国境への塀の設置や違法滞在者への対応について、今後の動きに注目しつつ対応策をいろいろ考えている。

　そして今の対応としては、既存の違法滞在者の雇用継続・H-2Aビザ保持者の雇用増加・導入可能な労働節約的な農業機械導入、この3つの方策でカリフォルニアの農業経営者は今の難しい時期を乗り越えようとしているようである。

　さらにマーティン教授のCHOICESの論文だが、同じ時に発行された「Theme Overview: Farm Labor Issues in the Face of U.S. Immigration and Health Care Reform」も利用し、最近の状況をさらに確認しておきたい。それによると、The U.S. Bureau of Labor Statistics（労働統計局）の情報だが、農業に雇われる労働者はこの10年で8％増加し2015年現在120万人に達している。食品製造業では2％増加し150万人である。

　そして農業の雇用者の内、4分の3が耕種農業で雇われており、その数90万人のうち、農場が直接に雇用する数は4％増加し2015年56.1万人、請負会社等が斡旋する労働者数は14％増加して32.4万人となっている。食品製造業ではその3分の1が解体や加工に関わっているが、この10年間で3％減少しているものの48.6万人もの数である。

　なお米国の労働者の半分以上は雇用側負担の健康保険でカバーされているが、耕種農業で働く労働者の場合は3分の1に過ぎず、多くが私営の診療所や地域診療所に自費負担でかかっているようである。

　Krumel博士によれば、米国の食肉加工業における外国生まれの労働者の役割はさらに大きくなっている。そして米国生まれの労働者に比べ、より不安定な条件でも農業関連の仕事についている状況があるとしている。食肉加工業は1960年代、70年代、消費者に近い都市から畜産が盛んな地域に移動した。そのことは移動先の地域の低い賃金水準に合わせることになる。そしてその低下した賃金でも応募してくるのは外国生まれの労働者であり、彼らを従来以上に多く雇用するこ

とになる。

　少なくとも100万人とみられる違法滞在者が農業に雇われ、低い賃金でもそれを受け入れて働いている。特に米国の西部諸州の耕種農業は、永く、季節的な仕事に従事する労働者を、他に仕事が無いnewcomer（越境者が多いであろう）に求めてきた。これらの流れが2008～09年の米国の不況の下でメキシコからの越境者がやや減少したときに、農場経営者は、今の労働者の継続雇用のためにより有利な条件を示したり、労働生産性を上げる農業機械を労働者に提供したり、あるいは可能なら労働者に置き換わることが出来る農業機械の導入を図ったり、H-2Aビザの労働者を導入するなど、複数の方法で今まで対応してきた。今後も、トランプ政権の動きを見ながら、これらの対応を強めることになろう。

　しかしこれだけの数の違法滞在労働者に今も依存する農業の現実・その仕組みから見て、違法滞在者を多く送り返すことは米国経済の構造を変えることになりかねず、政策の大きな変更は難しいと見ているものが多いようである。

注

（1）このプログラムは、アメリカに渡るメキシコ系ゲストワーカーのことを指す。第二次世界大戦期の労働力不足を補うため、合法的にアメリカで出稼ぎをするメキシコ系短期労働者のことである。「ブラセロ（bracero）」はスペイン語の「腕（brazo）」に基づくもので、アメリカに出稼ぎに向かうメキシコ人を指す呼称として使用された。なお外国人労働者をゲスト・ワーカーともいうが、これは短期の就労ビザで一定期間のみ居住・就労が認められる短期労働者を意味しており、単純労働などの低賃金労働に多く従事する。

（2）「シンプソン・マゾーリ法あるいは移民改革管理法として知られる86年移民法である。この移民改革管理法によって、アメリカ史上初めて不法移民であることを承知の上で人を雇った雇用者への罰則が法制化され、一方、一定の期間不法にアメリカに居住していたことを証明することができた移民への、通称アムネスティ（恩赦）とも呼ばれる合法化が実施された。これによって、280万人の不法移民が合法化の対象となったが、その圧倒的多数は中南米系移民であり、ことにメキシコ人が70％以上を占めた。」安藤幸一（2006）「アメリカの移民政策」『大手前大学社会文化学部論集』7巻、2006年3月、p.74。

参考文献

堀口健治（2012）「カリフォルニア農業の今・第1回・違法滞在者に依存する農業」『農村と都市をむすぶ』2012年7月号

第 15 章

英国の外国人短期農業労働者受け入れ制度の評価と展望

内山 智裕

1. はじめに

　我が国の農業分野には、技能実習制度が広く活用されている。これまで行われてきた制度改正は、受入の拡充を目指すものであったが、我が国全体の少子高齢化の状況に鑑みれば、農業分野における労働力不足を解消するために、外国人労働力に依存する必要性が今後高まることは不可避であり、農業分野により適した制度設計の検討が重要である。

　本論では、季節性の強い農業分野における外国人労働力の受入制度を我が国が設計するにあたっての含意を導くことを目的として、イギリスにおける非熟練外国人季節農業労働者受入計画（Seasonal Agricultural Workers Scheme: SAWS）の変遷を報告する。予め現況を示すと、本計画は2013年をもって廃止された。参照する資料は、本計画の存廃の是非をとりまとめたMigrant Advisory Committeeにより2013年に公表された「外国人季節労働者（Migrant Seasonal Workers）」報告書（MAC報告）および筆者による現地調査である。SAWSの制度の概要や変遷は、専らMAC報告に依っている。

2. イギリスにおける農業雇用

　イギリスには、①古くから大規模経営が発達し、伝統的に農業雇用を多く抱えていた結果、農業被雇用者の就業条件の法的整備が進んだ、②植民地支配という歴史的経緯から英連邦諸国からの移民の受入には寛容であったが、経済の停滞が深刻になるに伴い、非熟練労働力の受入は徐々に厳格化された、といった特徴が見られる。

232 　第4部　海外―受け入れ国における短期外国人労働者の実状と意義

表 15-1　農業賃金指令における農業労働者の級・カテゴリー分類の基準（概略）

級	定義（概要）
1 級（初級）	下記のいずれにも該当しない場合
2 級（標準）	指定された職業資格（vocational qualification）を少なくとも 1 つ保有しているか、監督者なしで主に作業に従事する・家畜と共に働く・機械やトラクターの運転・操作ができる
3 級（先導）	指定された職業資格を保有し、かつ、過去 5 年間のうち 2 年間は農業に従事していたか、指定の職業資格を得てから同じ雇用主の下で少なくとも 6 か月間継続的に雇用されている
4 級（技能）	指定された職業資格を保有し、かつ、過去 5 年間のうち 2 年間は農業に従事していたか、指定の職業資格を得てから同じ雇用主の下で少なくとも 12 か月間継続的に雇用されている
5 級（監督）	日々の農業労働の監督および意思決定の全てもしくは一部に責任を負う、もしくは従業員の指導・監督に責任を負う
6 級（経営）	農場全体もしくは独立部門としての一部の経営責任を負う、もしくは従業員の採用（解雇）、訓練に責任を負う（従業員の解雇に関する雇用主への直接的な助言を含む）

出所：Agricultural Wages Board for England and Wales "Agricultural Wages Order 2008", Defra 2008

　そこでイングランドの農業分野における就業条件を眺めると、農業賃金審議会（Agricultural Wages Board）と呼ばれる独立組織が、農業分野における被雇用者に対する最低賃金の決定や、休日や疾病手当といった雇用に関する様々な法的条件について、雇用側および被雇用側の意見を聴取し決定する機能を果たしてきた。同審議会の決定は、農業賃金指令（Agricultural Wages Order）として毎年発行されてきたが、2013年以降は、産業一般の最低賃金制度に統合されている。

　農業賃金指令による賃金水準は、被雇用者の技能に応じて設けられた6つの級に基づき決定する仕組みとなっていた（**表15-1**）。級の分類基準は、雇用契約の内容、経験年数、責任の程度および保有資格により決定されていた。

　このように、イングランドでは農業分野における就業条件が早くから整備されていたが、ここで問題になるのがかつての「1級」に相当する非熟練労働力の確保である。すなわち、季節的に必要となる単純労働力を国内のみから調達することは難しく、一定程度は海外に依存せざるをえない。そして、海外からの季節農業労働力を受け入れる制度として機能してきたのがSAWSである。

3．SAWS の歴史

　SAWSは、第二次大戦以後、農繁期の農業労働力を得るために、ヨーロッパの

第 15 章　英国の外国人短期農業労働者受け入れ制度の評価と展望　　233

若者の移動を促すために設計された。同時に、若者の文化交流の機会としても設計されたが、後に政治情勢を含めた労働力の需要と供給の動向に応じて変更が加えられ、今日に至る。

　第二次世界大戦中、土地や建物の修復を支援し、収穫のピーク期に働くボランティアを、多くの団体が組織した。戦後、英国のボランティアたちはヨーロッパの復興を支援するために海外に行き、海外からのボランティアが英国に受け入れられた。彼らは多くの場合学生であり、18歳から25歳の若者であったという。

　参加資格や割当数、計画の運営には多くの変更が加えられてきたが、計画の基本は、労働者（多くの場合、学生）が、英国に短期間滞在し、専ら農繁期の農場で生活し働くことを可能にするものである。多くの斡旋団体が計画の運営団体となり、参加者を採用し、雇用主のもとに振り分け、支払いや就業条件を監視する役割を担ってきた。

　本計画の下、英国で働くことのできる人数の年毎の割当は、その時々の事情に応じて変更されてきた。近年の割当数は、1990年代初頭の5,000人から2004年の25,000人へと増加した後、2005年には16,250名に削減されたが、2009年には21,250名へと再び拡大した。2009年以降は、2013年の廃止に至るまでこの割当数が維持された。

　2005年以降のいずれの政権においても、施策の基本方向はSAWSの段階的廃止であった。2005年における割当数の25,000人から16,250人への削減は、2004年のEU加盟8か国（A8）の国籍者が、2003年におけるSAWSの3分の2を占めていたことを検討した結果である。EU加盟後、これらA8の国籍者は制限なしに農業分野で働くことができたため、特別の制度がなくても（少なくとも短期的には）働き続けると想定されたのである。

　以前の政権では、SAWSを含む既存の国外からの低熟練労働力の割当計画を、段階的に廃止する意向が表明されていた。その理由は、低熟練労働力に対する需要は、EUの労働市場が拡大することで充足されうるためである。このような背景の下で、ブルガリアとルーマニア（A2）がEUに加盟した際に、SAWSの対象者から非EEA（EEAとは、EU加盟国にアイスランド、リヒテンシュタイン、ノルウェーを加えた国・地域）国籍者が排除され、A2国籍者に限定されることとなった。これは、EUの労働市場の状況を踏まえ、本計画を段階的に廃止するという

234　　第4部　海外─受け入れ国における短期外国人労働者の実状と意義

基本方向と一致する。すなわち、A2国籍者に限定するという施策は、EU拡大後
最大7年間とされたのである。

4．SAWS の充足状況

　表15-2は、2004年から2012年にかけて、SAWSの割当数に対し、実際に労働カー
ドが発行された枚数を示している。なお、2007年は、SAWSの対象がブルガリア・
ルーマニア国籍者に限定される前である。これらのカードは、農場にSAWS労働
者を採用するために発行されなければならない。このデータを見ると、計画の充
足数は82 〜 100％で推移していたことが分かる。

表 15-2　SAWS 労働カードの発行枚数（2004 年〜2012 年）

年	SAWS カード発行数	SAWS 割当数	充足率（%）
2004	20,544	25,000	82
2005	15,611	16,250	96
2006	16,171	16,250	100
2007	16,796	16,250	103
2008	16,461	16,250	101
2009	20,179	21,250	95
2010	19,798	21,250	93
2011	20,035	21,250	94
2012	20,842	21,250	98

資料：MAC 報告。
注：2007 年から 2008 年にかけて、SAWS 制度が変更されたため、直接の比較は必ずしも
　　適切ではない。また、カード発行枚数が割当数を上回っているのは、英国入国管理局
　　から運営団体に対するカードの発行（採用活動を円滑化させるために、割当年度開始
　　の 3 か月前から開始）と、実際のカードの発行との間にタイムラグがあるためである。

5．廃止前の計画の概要

（1）労働カードの発行

　2013年の廃止前のSAWSは、英国内の農業経営者が、短期・低熟練の農業労働
のためにブルガリア・ルーマニア国籍者を採用することを認めていた。労働者は
18歳以上でなければならないが、年齢の上限はない。申請が通れば、当該労働者
は、特定の雇用主の下で、最大6か月間英国内で働く許可を与える労働カードを
受け取る。この期間が過ぎた後も、ブルガリア・ルーマニア国籍者は英国内に留
まることが出来るが、一部の例外を除き、被雇用者として働くことは認められな

第15章　英国の外国人短期農業労働者受け入れ制度の評価と展望　235

表 15-3　SAWS 割当数の運営団体別割合（2013 年）

	SAWS 運営団体名	年労働カード割当数
複数運営団体 （複数の農場のために採用活動）	Concordia (YSV) Ltd	8,125
	HOPS Labour Solutions Ltd	8,100
	Fruitful Jobs Ltd	620
	Sastak Ltd	300
単独運営団体 （自身の農場のために採用活動）	S&A Produce (UK) Ltd	1,500
	Barway Service Ltd	1,225
	Haygrove Ltd	575
	R&J M Place Ltd	525
	Wilkin and Sons Ltd	280
	合計	21,250

出所：英国入国管理局

かった。

　SAWSは、英国入国管理局のために9つの認定された運営団体により管理されていた。各団体は、毎年労働者に発行できる労働カードの数が定められ、割当数のカードが全て発行されると、その年の計画は終了し、以後の申請は受け付けられない仕組みである。

　SAWS労働カードは、自身の農場のために採用活動を行う団体（単独運営団体：sole operator）と複数の農場のために採用活動を行う団体（複数運営団体：multiple operator）とに割り当てられていたが、それぞれの団体に配分されている労働カード数には、大きなばらつきがあった（表15-3）。

　SAWS運営団体は、労働力の提供団体であり、複数運営団体は労働者派遣免許機関（Gangmasters Licensing Authority: GLA）に登録する必要があった。単独運営団体のGLAへの登録は任意であり、彼らの採用方式（子会社のための採用活動を行うか否か）などによる。登録された運営団体は、GLAによる検査を受けることもあった。これに加え、英国入国管理局が、SAWSを利用する農場および運営団体に対して年次検査を実施した。

　SAWSにより農業労働者を雇用する農業経営者は、次の7点を満たす必要がある。すなわち、①仕事が季節的かつ農業のものであること、②その仕事が最低5週間は継続すること、③労働者が十分な賃金を得るだけの仕事量があること、④労働者の数にふさわしい清潔で衛生的な住居が用意できること、⑤労働者が健康および安全に関する法を遵守できること、⑥労働安全を確保できる環境にあること、⑦労働者が何ら差別を受けないこと、である。

236 第4部 海外─受け入れ国における短期外国人労働者の実状と意義

SAWSにより農業労働者の雇用を希望する場合、任意の運営団体に申し込む。運営団体は、当該農場を訪問し、SAWSにふさわしい条件を整えているか評価を行う。SAWSへの参加が決まると、運営団体との間で書面での契約を交わす。運営団体は、農業経営者に対して団体ごとに定めたサービス料金を請求できる。これらの運営団体による検査は、農場がSAWSを利用する前に行うことが義務付けられており、農場が計画の利用を継続する場合は、毎年少なくとも一度は実施された。

（2）SAWS労働者により実施される職務の概要

SAWS労働者は、労働に従事する農場を指定される。彼らは農場を変更することがあるが、それは運営団体の許可があった場合のみであった。彼らが行う仕事は、相対的に低熟練のものであり、具体的には、1）作物の植え付けや収穫、2）農場内での作物の加工および出荷作業、3）家畜の世話、などがあった。

労働の大部分は、収穫もしくは箱詰め作業により構成されている。労働は、基本的に手作業、繰り返し型で、物理的負荷が高く、しばしば快適とは決して言えない条件下で行われる。若い世代に向いた仕事といわれるゆえんである。

季節労働者の勤務シフトは、天候に左右されるため、予定が立ちにくい。作業は、しばしば早朝（特に気温に敏感な柔らかい果実の場合）に始まり、最盛期には収穫および箱詰め作業を24時間体制で行うため、夜間労働も要求される。そして、SAWS労働者は他の産業セクターで働くことを認められていないため、原則としてシーズンの間ずっとその農場にとどまることになった。

表15-4は、品目別にSAWS農場の分布を示したものである。2012年において、20,521枚のSAWS労働カードが514農場において発行された。これらのデータは、2012年の全てを網羅していないため、**表15-2**に示された20,842枚という数字とは異なる。同一の農場が別の品目を生産している可能性もある。したがって、SAWSを利用した農場数と、品目別のSAWS利用農場数が一致しないことはありうる。同様のことが、SAWS労働カードの発行枚数や発行対象となった農場数にもいえる。

得られたデータからは、SAWSを利用する農場の多くは園芸、主に柔らかい果実、サラダ、野菜、果樹であったことがわかる。

第 15 章　英国の外国人短期農業労働者受け入れ制度の評価と展望　　237

表 15-4　農業における SAWS 利用（2012 年）

SAWS を利用した農場数	同左（品目別）		SAWS 労働カード数	同左（品目別）	
コンコルディア（Concordia）					
285	サラダおよび野菜 柔らかい果実 果実 花・植物 家畜 その他	129 97 61 43 2 1	8,156	サラダおよび野菜 柔らかい果実 果実 花・植物 家畜 その他	8,156
ホップスレイバーソルーションズ（HOPS Labour Solutions）					
170	柔らかい果実 サラダおよび野菜 果実 ポテト 花・植物 家畜	77 45 30 19 16 5	8,381	柔らかい果実 サラダおよび野菜 果実 ポテト 花・植物 家畜	5,856 1,603 1,541 489 152 38
フルーツフル・ジョブズ（Fruitful Jobs Ltd）					
9	柔らかい果実 花・植物 酪農 ポテト 果実	6 2 1 1 1	682	柔らかい果実 花・植物 酪農 ポテト 果実	667 46 46 14 1
サスタク（Sastak Ltd）					
16	花・植物 ポテト サラダおよび野菜 柔らかい果実 果実	16	312	花・植物 ポテト サラダおよび野菜 柔らかい果実 果実	312
シロップシャーグループ（Shropshire Group）					
22	サラダ及び野菜	22	1,153	サラダ及び野菜	1,153
ヘイグローブ（Haygrove Ltd）					
6	柔らかい果実	6	598	柔らかい果実	598
アールアンドジェイ　エム　プレイス（R&J M Place Ltd）					
1	柔らかい果実	1	494	柔らかい果実	494
エスアンドエイ　プロデュース（S&A Produce Ltd）					
1	柔らかい果実 サラダおよび野菜	3 2	769	柔らかい果実 サラダおよび野菜	769
ウィルキンアンドサンズ（Wilkin and Sons Ltd）					
1	柔らかい果実	1	213	柔らかい果実	213

資料：MAC 報告

（3）SAWS労働の季節性

　SAWSにより、労働者は最長6か月間英国に滞在することができる。園芸部門では、特定の品目において、収穫期に極めて大きな労働需要が発生する。新品種の開発や技術の改良により、収穫期が長期化しているものもあるが、主に6月〜10月に集中している。

238　第4部　海外—受け入れ国における短期外国人労働者の実状と意義

ある研究によれば、繁忙期における農場労働需要は、閑散期の4.5倍に達する。この結果は、季節的な増援に頼ることなく、最も高い労働需要期に対処するに十分な常時雇用者を維持するほど、園芸部門には十分な仕事が存在しないことを示している。

6．SAWS労働者の特質

第二次世界大戦直後の関心は、ヨーロッパから英国に若者を連れてくることにあったが、SAWSに参加する者の国籍には東方への移動が見られた。2004年から2007年にかけて、SAWS労働者の81 ～ 96％が東欧から来ており、主に、ウクライナ（東欧の33％、以下同じ）、ブルガリア（23％）、ロシア（15％）、ルーマニア（11％）、ベラルーシ（9％）、モルドバ（6％）の6か国であった。

SAWS労働者の大半は、18歳から35歳で、約4割が女性である。2004年以降、SAWS労働カードの95％は、この年齢層に対して発行された。

SAWS利用者の最も重要な特質の1つは、リピーターの多さである。何年間かのうちに何度か（しかもしばしば同じ農場に）戻ってくる労働者の存在である。これは入国管理局のデータではなく、多くの生産者や運営団体が証言していることであり、高い割合（ときに50％を超える）の労働力が、以前に従事していた者が戻ってきたケースであるという。例えば、SAWS利用団体の1つであるヘイグローブでは、2011年に従事していたSAWS労働者の62％が2012年に戻ってきたという。この事実は、生産者には大きなアドバンテージになる。というのも、これらの労働者はより効率的に働くことができるし、研修の時間が短くて済むからである。生産者の中には、戻ってきた労働者に追加の週給制などのインセンティブを提供している者もいる。

7．SAWSに対する利用者の評価

SAWSを利用している関係者の多くは、計画を支持していた。雇用主および運営団体はともに、計画の成功要因は、雇用主に対して、柔軟で信頼でき、着実でパフォーマンスの高い労働力を提供してきたことにあったとしている。

第15章　英国の外国人短期農業労働者受け入れ制度の評価と展望　　239

　　"SAWSによる労働力は、大きな柔軟性、信頼性、確実性を生産者に提供
　する。収穫期の労働需要は予期することができない。SAWS労働者は、通常
　その農場に居住し、労働需要のピークと谷間に迅速に対応することができ
　る。"（全国農業経営者連盟：NFU）

　これは、SAWS労働者は農場に居住し、働き、賃金を得るために農場にいると
いう事実に裏打ちされている。労働者たちは、英国内では他の雇用に移動するこ
とができないという事実（SAWSを運営している農場間での移動を除く）も、大
きなアドバンテージになっている。農業経営者や生産者にとっては、彼らの季節
労働力の一定部分は信頼性が高く、天候不順で労働時間が短い場合や、条件が特
に厳しい場合においても、他の仕事への移動が起こりにくいことを意味する。実
際、SAWS労働者の労働期間は、他の季節農業労働者と比べて長い。
　もう1つの側面は、農場に仕事がないと決定された場合、SAWS労働者は運営
団体によって別の農場へ移動することができる。これは、労働者にとっても生産
者にとってもメリットとなる。

8．SAWSの制度変化

　SAWSは、労働者側の参加資格の点で、2007年から2008年にかけて大きな変更
が加えられている。2007年までの旧SAWSは主に学生を対象にしたものであった。
すなわち、第一にSAWS参加時に18歳以上であること、第二に母国で高等教育機
関のフルタイムの学生であること（農学または英語学を専攻する者）、第三に申
請手続き中にイギリス国外に留まっていることが参加のための要件であった。こ
れは、イギリス国外に居住する学生が長期の休み期間などを利用してイギリス国
内の季節農業労働に従事することを意図しており、提供される労働力は若く、季
節労働の経験が教育的効果（語学または農学）につながることが想定されていた。
　この参加資格は、2008年に大きく変更された。新たな参加資格は、第一の年齢
要件は同様であるが、それ以外の条件は全て撤廃され、代わりに「ルーマニアも
しくはブルガリア国籍の者」となった。すなわち、従来の学生を対象とした制度

240　　第4部　海外─受け入れ国における短期外国人労働者の実状と意義

から、旧東欧の2か国からの短期労働者受入制度へとその内実を大きく変容させた。

　これら2か国は2007年1月にEUに加盟した。イギリスでは、2004年に東欧諸国がEUに加盟した際、想定以上の移住者により労働市場に混乱を引き起こしたことから、上記2か国の加盟に際しては2004年のような問題を避けるため、2か国向けの労働許可プログラムを整備した。その一環として、SAWSも上記の制度へと変更されたのである。

9．SAWS実施団体の事例分析

　表15-3でみたように、SAWS実施団体には、国内の多くの農場に季節労働者を斡旋するタイプと自らの労働力需要を満たすタイプのものがある。本論では、前者としてConcordia（以下：C社）を、後者としてHaygrove（以下：H社）を取り上げる。

（1）C社におけるSAWS実施状況

　C社は、若者の国際就業経験や異文化理解といった国際交流の促進を目的とする非営利団体である。SAWS実施団体としての活動も、国際交流促進活動の一環として行ってきており、SAWS実施団体としては最大の紹介・斡旋数を誇っていた。

　C社がSAWS労働者を紹介している農業経営の特徴をみると、労働集約的な野菜作・果樹作が多く、畜産や穀作は少ない。また、一経営当たりの導入数は、500人以上の農場から2～3名のところまで多様な構成であった。

　農業経営側からSAWS労働力の導入希望を受けた場合、C社はまず農場の現況確認を行う。SAWS労働力受け入れ農場としての要件を満たしていない場合は改善勧告を行い、改善を確認してから契約の締結に至る。要件を満たさない典型的事項は、労働者用の住居の状態が悪いケース、街や商店などとの距離が大きく、何らかの支援なしには労働者の日常生活に支障をきたす恐れがあるケースなどである。また、具体的にどのような農作業をやらせようとしているかも重要な確認項目となっている。農業経営側から受領する手数料は、1年の登録料が100ポンド、

さらに紹介１件当たり約63ポンドとなっている。

　一方、SAWSに参加する労働者側についてみると、2009年度における割当は8,250人であった。この割当に対し、どの程度の応募があるのかC社では正確に把握していないが、倍率は「２倍以上」であったという。実際の労働者の選考や派遣先の農業経営の決定は、各国の代理店に委託している。選考は、C社が作成したガイドラインに沿うことが求められる。ガイドラインによれば、①英語力、②申請者の希望に合致した農場があるか否か（希望する期間に労働力を必要とする農業経営があるか、その作業に必要な農業経験や語学力のレベルが本人に合致するかなど）、③健康状態、④申請者が学生の場合は学業に支障がないことの確認といった作業の後、代理店からC社に対して推薦がなされる流れになっている。紹介先農場の検索は、C社でデータベースを作成し、外国の代理店がアクセスできるシステムを整えている。

　英国にて農業従事を始めたSAWS労働者については、住居の状態が良好に維持され、賃金が規程どおり支払われているかといったことをC社が適宜（少なくとも各農場に年１回）検査している。政府からの農場監査も抜き打ちで入るため、C社は自らが農場を監視・指導していく立場であると同時に、政府から監視される立場にもなっている。

（２）H社における外国人季節労働力活用状況の分析

　H社はイングランド西部ヘレフォード州に所在するいちご・ラズベリーや果樹などを生産する有限責任会社形態（LLC：合同会社）の農業経営であり、イングランド５か所で合計120haの農場を経営している。年間の生産量はいちご1,200トン、ラズベリー 540トンなどとなっている。農産物の売上高は約１千万ポンドであり、その約半分を有機農産物が占め、有機農産物市場において支配的な地位を確立している（数字はいずれも2007/08年）。

　H社の労働力構成は、農業生産部門で常時雇用が110 ～ 120名、季節労働者が約750名となっている。生産部門はエリア制で運営されており、常時雇用者がエリアマネジャーとして季節労働者の現場管理を行っている。

　H社では、2004年よりSAWS実施団体となり、季節労働者の受入を行ってきた。その理由は事業の急速な拡大による労働力不足の解消にあり、「イングランド国

内からの確保は不可能」であったためである。受入数は350人前後で推移している。季節労働者の総数750人に対し、約半数をSAWSで確保していることになる。

労働条件は、1日8時間、週6日勤務と日曜休日が原則である。収穫作業はエリアマネジャーの指導の下で行う。労働者の住居はトレーラーハウスが準備されており、他の労働者との同居を条件に貸し出される。使用料は週30.10ポンド、水道光熱費の使用料金として週6.95ポンド、その他に保証金として50ポンドが請求される。また、労働者の生活に関しては、トレーラーハウスにて定期的に会議を開き作業計画などを連絡するとともに、労働者から意見を収集したり、労働者の中から班長（warden）を選出し労働者間のコミュニケーションを促進することで、彼らが不満を溜めることのないよう配慮しているという。

労働者の採用は、H社の担当者が少なくとも2名で当該国を訪問し、作業内容や住居などの条件の説明を行った後、1人15分程度の面接を行い決定していた。旧SAWSでの主な採用対象国は、ブルガリア、ルーマニア、ウクライナ、ロシアなどであった。

2007年から2008年にかけてのSAWSの制度変更がH社にもたらした最も大きな影響は、労働者の質の変化である。旧SAWSでは、若い者が多く、農学の専門知識もしくは英語力が一定程度担保されていた（農学または英語学を専攻する高等教育機関の学生であったため）ことなどから、労働の質も高かった。実際、学生時にH社で季節労働に従事し、本国での学卒後H社に正規採用された者も少なくない。現在のエリアマネジャーは全員がウクライナ、ルーマニア、ブルガリア、ポーランドなどを母国とするSAWS出身者であり、彼らは基本的に英語と母国語を含む2か国語以上を話すことができるため、外国人労働者との意思疎通にも役立ってきた。

しかし、新SAWSにより労働の質が低下したという。具体的には、30～40歳代の者や農学・英語学の専門知識を持たない者が増え、SAWS労働者の約半分を占めるようになった。その対応策として、年齢の高い者はいちご収穫など労働強度の高い作業から外し、選別作業や他品目の収穫作業に回すといった特別の配慮が必要になっている。また、H社の将来の人材育成の観点からみても、旧SAWSのように季節労働者から正規採用・昇進へと至るキャリア構築は困難になってしまったとしている。

10. おわりに

EUでは単一市場政策の下、労働者は域内を自由に移動できるのが原則である。2007年以降のSAWSは、暫定的な労働力移動規制として機能してきたが、2013年のSAWS廃止後の英国農業では、EU域内の労働者が自由に就業することができ、現状では従前と同様、東欧地域からの労働者が季節労働力の主たる部分を担っているとされる。

伝統的に雇用労働力を多く抱えてきたイギリス農業は、農業労働者に対する賃金などの就業条件が法的に整備されている。そして、単純労働力の確保が難しくなる中、海外からの季節農業労働力の受入制度としてSAWSが準備され、旧SAWSでは季節労働力を必要とする農業経営者および農業や英語の実践機会を得たい学生の双方にとって一定の役割を果たしてきたといえる。

本論の分析から導かれるのは、我が国が外国人の季節労働制度を導入する場合、イギリスの旧SAWSは、①割当制度とすることで労働者の大枠が政府の管理下に置かれている、②対象を農学または英語学を専攻する高等教育機関の学生に限定することで、労働者にとっても教育的効果の高い仕組みがセットされるとともに、労働者には一定期間後に高等教育機関卒業に向け本国に戻るインセンティブが存在するために不法滞在のリスクが低い、といった点で我が国が参考にすべき取り組みであることである。一方、英国のSAWSをもってしても、①紹介・斡旋業務に必然的に伴う季節労働者側と雇用側とのミスマッチ問題が解消できるとはいえない、②外国人労働者を2～3名のみ雇用する小規模農場で就業条件に関する法令順守を徹底させる仕組みが必要である、という点では課題を残している。2つの点とも我が国農業における将来的な外国人季節労働力受入制度にかかわる大きな問題であり、イギリスなど諸外国における実態や解決の方向性などを解明することが求められる。

また、周知のように、英国では2016年の国民投票によりEU離脱に向けた手続きが始まりつつある。SAWSの廃止は、EU加盟を前提としたものだっただけに、EUからの離脱により、英国が外国人農業労働力問題をどのように再設計していくか、今後の動向にも注視が求められる。なお、この点に関しては、2016年3月

にNFU（全国農業経営者連盟）が、「学生労働者」の新たな計画（2006年以前の
SAWSと同様の制度）を創設すべきであるとの提言を行い、同年11月には、議会
においてEU離脱と農業部門の労働力の問題についての討論がされている。そこ
では、「季節労働力については、EUを離脱する時まで、労働力移動に何ら変更は
行われない」こと、「政府は、EU諸国からの労働者の問題は、EU離脱交渉およ
びEUとの将来的な関係構築に関する交渉の中で解決されるべき複雑な問題であ
ると認識」していることが確認されている。

第16章
雇用許可制を導入した韓国の状況と課題

金 泰坤

1. はじめに

　韓国は短い期間に労働力の送出し国から受入れ国へ転換した。西ドイツとの労働者採用協定に基づいて、鉱夫と看護師の送出が始まりであった。鉱山労働者は、1963年から79年まで合計7,932人、看護師は1966年から76年まで10,226人の派遣が行われたのである。目的は、当時の国内の失業問題の解消と外貨獲得であった[1]。また、1960年代半ば以降はベトナムへ、1970年代半ば以降は中東地域の建設ブームの影響で建設労働力の送出が行われた。

　しかし、このような状況は急変した。韓国は急速な経済成長と人口の高齢化を経て、1980年代後半から単純労働者の不足に直面する。1990年代初頭の外国人産業研修生制度をきっかけに労働力の受入れ国へと転換した。産業研修生制度は、現場での人権問題や不法滞在などの問題が提起されることにより、2003年に雇用許可制が導入され、産業研修生制度の改善が行われた。この雇用許可制も、業界からの要望をはじめとして、市民団体の人権問題の提起、外国国籍同胞の違憲決定、結婚移民者の増加などの韓国の特殊な事情を反映して、継続的に制度の改善が行われている。

　そして、雇用許可制に加えて、中国や旧ソ連に居住する外国国籍同胞を対象とした特例雇用許可制が導入され、労働市場の柔軟性が拡大された。また、農漁業労働需要の季節性を軽減するために、結婚移民者と連携した外国人季節勤労者制度が導入され、全国で実施されている。

　韓国は少子化と高齢化が急速に進んでおり、同時に青壮年失業問題が深刻化している。このような状況で、中小企業や農漁村地域では、外国人労働者の役割が期待され、また海外の外国国籍同胞の存在と多文化家庭の増加などのような、特殊な事情が雇用許可制に反映されてきている。

246　　第4部　海外─受け入れ国における短期外国人労働者の実状と意義

　本章では、韓国での雇用許可制をめぐる状況と制度の改善、このような状況での外国人労働者の効率的な活用と労働者としての権益保護のための課題等について整理する。

2．雇用許可制の問題と改善

（1）制度の導入

　韓国での雇用許可制の前身は、1994年から2006年まで実施された産業研修生制度である。研修資格として1年間就業した後、正式雇用され2年間就業する制度である。産業研修生制度は、発展途上国の労働力を国内に招請し、国内の特定の分野で技術や職業教育を実施することが目的で、単純に外国人を雇用するための制度ではなかった。

　産業研修生制度は事実上の労働の実施や低賃金の問題をはじめ、不適格な送出し業者による過度な入国費用とこれによる不法滞在者の増加や、雇用などの多くの問題が指摘された（安侊炫・崔奇鐘 2011）。また、産業研修生制度については、最高裁判所による違憲判決も下りるなどの要因で、雇用許可制の導入・制度改善が避けられない状況に至った（崔潤哲 2014）。

　雇用許可制は、韓国人労働者の雇用機会の保護の原則の下で、外国人労働者の効率的な雇用管理や労働者としての権益を保護しつつ、中小企業や農家、漁家などの人手不足を解消し、持続的な経済成長を図ることが目的である[2]。

　2004年8月17日雇用許可制が施行され、8月31日にフィリピン労働者92人が入国したのを皮切りに、今日まで制度の改善と特例制度の活用などを通じて、産業現場で根強く普及されている。2004〜06年の間は、雇用許可制と産業研修生制度が並行実施されていたが、2007年から雇用許可制に一本化された。

　外国人労働者に対する雇用及び滞在のサポートは、原則として、雇用労働省、法務省などの国家機関と送出し国（機関）、雇用許可制の業務代行機関、非営利外国人労働者支援団体などがネットワークを構成し担当する。したがって、産業研修生制度で、外国人労働者から事後管理費名目の金品を受けてきた民間営利送出団体は、外国人労働者の管理に介入することができなくなった。外国人労働者も韓国人と同じように勤労基準法違反などの問題発生時には、雇用労働省や労働

委員会、裁判所などを通じて権利救済を受けることができる。また、雇用主は、この業務を担当する韓国産業人力公団と代行機関を通じて、外国人労働者の雇用に関連して事業場内で発生する苦情相談、通訳支援などの様々な利便性を受けることができる。

（2）雇用許可制の特徴

雇用許可制は、産業研修生制度の研修生を労働者として安易に活用したり、不法滞在者を雇用する問題を解決することに優先順位を置いている。このため、国家間の人力送出協約（MOU）を締結し、公共部門で外国人労働者を選定・受入れ・管理を担当する。すなわち、韓国政府（雇用労働省）が、韓国人労働者への求人努力にもかかわらず、労働者を雇用できない中小企業などに、特定の外国人を雇用することを許可する制度である。

この制度によれば[3]、まず協約を締結した送出し国の求職希望者が韓国語能力試験と健康診断を受けた後、送出機関に求職登録をする。同時に韓国の雇用主は、韓国人に求人努力をした後、韓国産業人力公団（公団）に求人登録をする。送出機関は、求職者登録名簿を作成し公団に送付する。公団は、求職者登録名簿を通して雇用者に求職者を斡旋・推薦する。求職者を決定した雇用主は公団を通じて雇用契約書を求職者に送付する。求職者は送出機関を通じて雇用契約書を確認し、契約を締結する。雇用主は査証発給認定書を申請・受領して求職者に通達する。求職者は非専門就業ビザ（E-9）を申請する。入国準備が終わった求職者は送出機関の関係者の引率の下、団体で仁川空港に入国し、就業教育機関関係者に渡され、求職者は16時間（2泊3日）以上の就業教育を受ける[4]。教育が修了すると、雇用主は、就業教育機関を訪問し、外国人労働者と初対面し、事業場に配置することで、就業が開始される。ただ、就労開始日は仁川空港への入国日になる（**図16-1**）。

雇用許可制は、国内の雇用主と海外労働者の間に両国の政府機関が介入して施行される点が産業研修生制度とは異なる点である。産業研修生制度では、中小企業協同組合中央会をはじめとする民間団体が送出し国の送出業者と契約して事業を進める過程で、副作用が多く発生した[5]。

韓国の雇用許可制とは、外国人労働者の調節と統制単位を、雇用主の雇用とい

248　第4部　海外―受け入れ国における短期外国人労働者の実状と意義

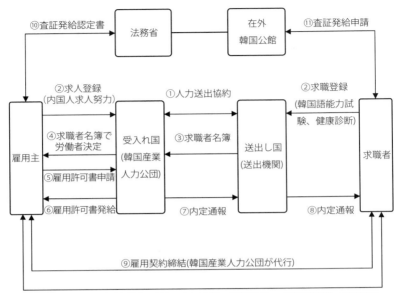

図16-1 韓国の雇用許可制の概念図
出所：筆者作成

う側面に基づいて行う制度である。雇用許可制を実施すると、雇用主の労働需要に労働を提供する労働者が従属する程度が強くなる[6]。したがって、雇用許可制が外国人労働者に対する雇用者の統制力を強く保障する側面があると同時に、国は雇用者の統制を通じて労働者の管理が容易にできる。この目的のために、韓国は雇用許可制を導入したのである（崔潤哲 2014）。

（3）特例雇用許可制の拡大

　韓国の雇用許可制は二つに区分される。一つは、前述したように、外国人求職者を対象とした一般雇用許可制であり、もう一つは、外国国籍同胞を対象とした特例制度としての特例雇用許可制である。

　特例制度は、主に中国の東北地域の朝鮮族や旧ソ連地域に居住する同胞が対象とされ、これらについては、雇用主と労働者の雇用簡素化と就業業種拡大を図っている点に特徴がある。特例制度の入国手続きは、外国国籍同胞が在外韓国公館

第 16 章　雇用許可制を導入した韓国の状況と課題　　249

表 16-1　一般雇用許可制と特例雇用許可制の比較

	一般雇用許可制	特例雇用許可制
滞在 （就業期間）	非専門就業ビザ（E-9） １次３年 ※雇用主の要請時、再雇用可能	訪問就業ビザ（H-2） １次３年 ※雇用主の要請時、再雇用可能
対象要件	韓国語能力試験・健康診断などの手続きを経て求職登録をした者	中国や旧ソ連地域に居住する外国国籍同胞
就業許可業種	製造業、建設業、サービス業、農業、漁業など外国人力政策委員会で定める業種	左同。 一部のサービス業種を追加
就業の手続き	韓国語能力試験→雇用契約→非専門就業ビザ（E-9）で入国→就業教育→事業場配置 ※事業場の変更に制限	訪問就業ビザ（H-2）で入国→就業教育→雇用支援センターの斡旋または自由求職選択→雇用契約後就職 ※事業場の変更に無制限
雇用主の雇用手続き	韓国人の求人努力→雇用支援センターに雇用許可申請→雇用許可書発給→雇用契約後雇用 ※　就労開始の申告義務なし	韓国人の求人努力→雇用支援センターに特例雇用可能確認書発給→雇用契約→勤務開始と就労開始申告 ※就労開始の申告義務あり

出所：外国国籍同胞就業教育ホームページ(http://eps.hrdkorea.or.kr/)

から訪問就業（H-2）査証の発給を受け入国し、90日以内に法務省に外国人登録を申請した後、就業教育を受け職業安定機関に求職申請をし、自由就業が可能になる。外国国籍同胞は他の外国人とは異なり、業種間の自由な事業場の移動も可能である。

　韓国の外国人雇用許可制度は二重性を持つ。外国人労働者に対しては、事業場の変更や移動を制限する雇用許可制を基本としながら、外国国籍同胞に対しては、これを可能にする労働許可制の要素を加味して実施されていると言える。両制度の違いは、**表16-1**の通りである。

（4）雇用許可制の改善

　雇用許可制は、一般雇用許可制と特例雇用許可制の両面で改善が行われている。まず、一般雇用許可制の改善点は誠実な労働者の「再入国就職特例制度」がある。この制度は、雇用期間満了者の不法滞在を防止すると同時に、熟練労働力の継続使用を希望する雇用主の要望に対応したもので、2012年から施行されている。再入国手続きの簡素化を確保しており、規模は年間１万人から1.3万人程度で推移している。

250　第4部　海外──受け入れ国における短期外国人労働者の実状と意義

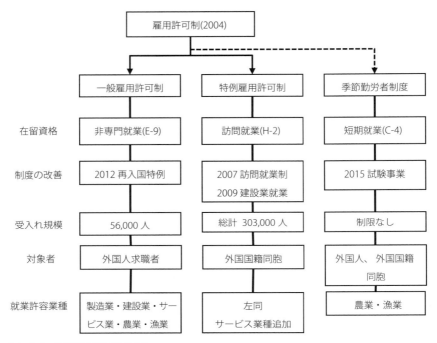

図16-2　雇用許可制の改善
出所：筆者作成

　次に、特例制度の改善を見ると、外国国籍同胞に対しては、初期には就業管理制として実施された。訪問同居ビザ（F-1-4）で入国、雇用センターを通じて就職し、就業許可業種は飲食店業、事業支援サービス業、社会福祉事業、個人介護、家庭内での雇用活動などのサービス業に限定された[7]。これが外国人雇用法の制定以来、「2004年外国人人力需給計画」によって、就業管理制は外国人労働者の雇用特例制度に吸収されるとともに、就業許可業種に建設業が追加された。
　2007年3月、外国国籍同胞の就業手続きと雇用主の外国国籍同胞の国内雇用の手続きなどの簡素化を図る「訪問就業制」（H-2）が施行された。従来の雇用許可書の代わりに「特例雇用可能確認書」へ改正、雇用センターを通じた求職申請、就業業種の拡大、勤務先変更の許容など、経済活動の自由度が高まる措置が講じられた。

一方、建設業への就業許可と関連して、2009年5月「建設業就業登録制」という措置が追加された。訪問就業制が実施されて以来、建設業種に就職した外国国籍同胞が韓国人の雇用を代替するという問題が提起され始めた。これによって、建設業に就業できる同胞の数を制限するために導入されたのが、建設業就業登録制である。毎年、建設業に就業する同胞の適正規模を算定し、その範囲内で建設業の就業教育を履修した外国国籍同胞に対し建設業就業認定証の発給を通じ、就業規模をコントロールしている。

（5）労働期間の延長

一般と特例の両者とも労働期間は基本的に1次に限って3年だが、2012年に再入国就業制が導入されて以来、最長9年8か月まで可能になった。つまり、一定の資格を備えた外国人労働者は、入国した日から3年の範囲内で就業活動が可能である（1次就業）。ただ、出国する前に、雇用主が再雇用を希望する場合は、1回に限り、2年未満の範囲で就業期間の延長が可能である（雇用延長）。また、就業期間が満了し、出国した労働者は、出国の日から6か月（または3か月）経過すると、再就業が可能である（再入国就業3年、雇用延長2年未満）。したがって、外国人労働者が韓国に入国して出国するまで労働できる期間は、最長1次に4年10か月、再入国就業まで含むと9年8か月になる。このように設定されたのは、国籍法上の国籍取得の申請のための最小限の居住期間が5年であることを勘案し、外国人の国内定住を防止するために考慮されたものである。

3．外国人労働者の受入れの現況と特徴

（1）一般雇用許可制の受入れ規模

当該年度の外国人労働者の受入れ規模は前年度末に「外国人政策委員会」で決まる。これによれば、2017年の雇用労働省が受入れる一般外国人労働者（E-9）は56,000人である。新規労働者43,000人、再入国者13,000人で、前年に比べて、新規は3,000人減、再入国は1,000人増、計2,000人が減少した。また、新規の中でアルファ（α）としての2,000人の枠を設定し、雇用許可書の発給の時、業種別に申請需要を反映して弾力的に配分する余分を残しておいた（雇用労働省 2016）。

252 第4部 海外─受け入れ国における短期外国人労働者の実状と意義

　業種別労働者を見ると、製造業が42,300人＋αとして全体の78％に達し、その次が農業6,600人＋α、漁業2,600人＋α、建設業2,400人＋α、サービス業100人＋αの順である。2012年から施行されている再入国就業者13,000人は製造業12,100人、農業730人、漁業150人、建設業とサービス業にそれぞれ10人ずつ割り当てられる。製造業の分野で熟練労働者の必要性が反映された結果である。

　新規労働者の割当時期は、製造業は上・下半期（1、4、7、10月）4対6の割合で割り当てられ、季節性の高い農業は1、4月、建設業は1、4、7月、漁業は1、4、7、10月、サービス業はすべて1月である。また、再入国者は、要件を備えて申請する場合、随時雇用許可書が発給される。

　農業分野は、作物栽培業と畜産業に区分される。作物栽培は施設園芸・特作、施設キノコ、人参・一般の野菜、もやし・種苗栽培、その他の園芸・特作がある。畜産業は乳牛、韓・肉牛、豚、馬、養鶏、その他畜産である。雇用許可書の発給による新規労働者の割り当ては栽培面積と飼育規模によって2人から4人までである。

（2）特例雇用許可制の受入れ規模

　一般雇用許可制以外の総滞在人数として管理する外国国籍同胞を対象にした特例雇用許可制（H-2）は、滞在人数を最初から30.3万人と決め、この水準を維持している。外国国籍同胞は国内事業場の移動が自由であるため、業種別の滞在規模は別途には定めていない。ただ、建設業就業規模は、2009年から施行されている建設業就業登録制によって2017年外国国籍同胞の訪問就業規模を5.5万人と限定している。

表16-2　2017年度一般雇用許可制の受入れ規模（人）

	計	製造業	農業	漁業	建設業	サービス業
一般（E-9）	43,000 (41,000＋α(2,000))	30,200＋α	6,600＋α	2,450＋α	2,390＋α	90＋α
再入国	13,000	12,100	730	150	10	10
合計	56,000 (54,000＋α(2,000))	42,300＋α	6,600＋α	2,600＋α	2,400＋α	100＋α

出所：雇用労働省（2016）。

第 16 章　雇用許可制を導入した韓国の状況と課題　　253

表 16-3　雇用許可制の年度別受入れ規模（人）

	合計	製造業	建設業	サービス業	農業	漁業
2004	79,000	40,000	26,000	4,000	4,000	5,000
2005	18,000	12,000	3,000	2,000	1,000	—
2006	105,000	69,000	10,300	18,900	2,500	4,300
2007	109.600	69,300	14,900	20,600	3,600	1,200
2008	132,000	76,800	18,000	31,000	5,000	1,200
2009	34,000	23,000	2,000	6,000	2,000	1,000
2010	34,000	28,100	1,600	100	3,100	1,100
2011	48,000	40,000	1,600	150	4,500	1,750
2012	57,000	49,000	1,600	150	4,500	1,750
2013	62,000	52,000	1,600	100	6,000	2,300
2014	53,000	42,250	2,350	100	6,000	2,300
2015	55,000	42,400+α	2,300+α	100+α	6,000+α	2,300+α
2016	58,000	44,200+α	2,500+α	100+α	6,600+α	2,600+α
2017	56,000	42,300+α	2,400+α	100+α	6,600+α	2,600+α

出所：法務省外国人雇用管理システム(http://www.eps.go.kr)
注：2009 年までに特例雇用許可者を含む。

（3）再入国就業者の規模

　一般雇用許可制の制度改善の一つとして、誠実な労働者の「再入国就業特例制度」がある。この制度は、雇用期間満了者の不法滞在の防止と熟練労働者の継続使用を希望する産業界の要望等に対応したもので、2012年から施行されている。再入国手続きの簡素化が保障され、規模は年間 1 万人から1.3万人程度である。

（4）外国人滞在の増加

　韓国の外国人滞在者数は2015年現在、190万人に達する。総人口に比べ、2005年1.55％から2010年2.50％、2015年3.69％に増えた。これは1992年の韓中国交正常化以来、中国籍同胞をはじめとする外国国籍同胞の流入、留学生や専門家、雇用許可制による外国人労働者、結婚移民者及びこれに関連する人口流入などの増加が背景にある。最も顕著な現象は、外国国籍同胞の増加である。その次が雇用許可制に関連した非専門就業（E-9）と訪問就業（H-2）、結婚移民などに関連する流入の増加などである。2015年現在、外国人滞在者を国籍別にみると、中国が50.3％を占め[8]、続いてアメリカ7.3％、ベトナム7.2％、タイ4.9％、フィリピン2.9％、日本2.5％、インドネシア2.5％などである。

254 第4部 海外―受け入れ国における短期外国人労働者の実状と意義

　外国人滞在者の中で外国国籍同胞が急速に増加している。韓国政府の樹立前に、外国に移住した者やその直系卑属として、主に中国や旧ソ連地域に居住する移住同胞を外国籍同胞法から除いたことに対する憲法裁判所の違憲決定⁽⁹⁾を契機に、外国国籍同胞の国内就業と自由往来が拡大された。外国国籍同胞の国内滞在は、2005年19.4万人から2015年75.4万人へ増加した。これを国籍別に見ると、2015年現在、中国が85.9％と圧倒的に高く、その次がアメリカ（6.2％）、ウズベキスタン（2.7％）、カナダ（2.0％）、ロシア（1.1％）などの順である。

　2004年の雇用許可制の実施後、本格的な非専門就業（E-9）の労働者と産業研修生の流入が増えた。2009年特例雇用許可制と関連した訪問就業（H-2）が施行されることにより、外国国籍同胞の流入が急速に増え、両者（E-9、H-2）が、外国人滞在者の30％に達する。

　一般雇用許可制の非専門就業（E-9）の27.6万人の中では、ベトナム（44,154）、カンボジア（35,409）、インドネシア（33,793）、ネパール（25,761）、スリランカ（24,175）、フィリピン（25,503）などが多数を占めている⁽¹⁰⁾。

　特例雇用許可制の訪問就業（H-2）の28.5万人の内訳は、中国国籍同胞が26.8万人で94.0％を占め、ウズベキスタン（14,106）、カザフスタン（1,509）、キルギスタン（743）、ウクライナ（659）、ロシア（105）、タジキスタン（63）となっている。

　結婚移民者は、これまで急速に増加してきたが、最近停滞している。2015年結婚移民者は15.2万人であり、国籍別では、中国が38.8％で最も多く、次いでベトナム（26.9％）、日本（8.5％）、フィリピン（7.5％）、カンボジア（3.0％）の順である。性別では、女性が全体の84.6％、男性が15.4％である。1990年代までは、宗教団体と関連した日本の女性が多数だったが、2000年初めから中国とフィリピンの増加が目立ち、ベトナム、カンボジア、モンゴル、タイ等へと多様化している（法務省 2005、2010、2015）。

　特に農村地域では結婚移民者が増えるのを期に結婚移民者の外国人家族を対象とした季節労働者制度が導入されるなど、結婚移民者と農村の雇用との関係についても注目する必要がある。

第 16 章　雇用許可制を導入した韓国の状況と課題　　255

（5）不法滞在者の相対的な減少

　就職や観光、訪問などの外国人入国者や滞在者の増加に伴い、不法滞在という問題が現れる。特に韓国は産業研修生や非専門就業者の不法滞在が継続的に問題として指摘されてきた。政府はこれまでに出国支援プログラムや再入国就業などの制度改善、そして取締り活動を通じ不法滞在を減らす努力をしてきた。その結果、不法滞在者数は2005年以降増加したが2007年の22.3万人をピークに、減少している。2015年には再び増加しているが、不法滞在率は、2005年24.2％から2015年11.3％へと減少している。

　不法滞在を在留資格別にその大きさを見てみよう。2005年非専門就業滞在は11.3万人いる。他方、その52.0％にあたる5.8万人がそのまま韓国に残留している不法滞在者であった。産業研修滞在者は6.3万人のうち39.5％にあたる2.5万人が不法滞在者であった。しかし、不法滞在率は2015年になると、非専門就業17.8％、訪問就業2.4％へと改善された（法務省 2005、2010、2015）。

表 16-4　外国人滞在者の現況（千人）

	2005	2010	2015	備考
総人口	48,294	50,516	51,529	
外国人滞在者	747	1,261	1,900	総人口の 1.55％から 2.50％、3.69％に増加
非専門就業（E-9）	113	220	276	2015 年不法滞在率 17.8％
訪問就業（H-2）	229*	287	285	訪問就業管理限界（303 千人）には未達成
結婚移民（F-6）	94	142	152	男性結婚移民も含む
外国国籍同胞	194	477	754	中国 85.9％、米国 6.2％、ウズベキスタン 2.7％など
不法滞在者	181	169	214	不法滞在率 24.2％から 13.4％、11.3％に減少

出所：法務省（2005、2010、2015）。
注：*は訪問就業制が始まった 2007 年の数値である。

４．季節勤労者制度の導入と拡大

（1）制度の導入と経過

　雇用許可制と関連した新たな動きがある。農業や養殖漁業は、労働需要の季節性が強いのが特徴である。農業は、特に耕種農業は播種期や収穫期に労働力が集中する。しかし雇用許可制による農業労働力は、主に畜産や施設農業に集中する

256　第4部　海外─受け入れ国における短期外国人労働者の実状と意義

あまり、耕種部門の労働ピークへの対応は足りないという指摘があった（金2014）。

　農漁業界の要望に応じて法務省は2015年10月、農繁期求人難の解消と結婚移民者家族の交流等を目的に、90日間の短期雇用ができる季節勤労者制度の試験実施を決定した。実施地域に忠北槐山郡と報恩郡を指定し、中国人の移住労働者を割当て、運用したことがある。そして、法務省は2016年には、全国6か郡に200人に拡大実施し、成果と問題点を把握し、全国実施の可能性を探った。

　一方、法務省の全国実施をひかえ、政治や労働団体、人権団体などが共同記者会見で「外国人季節勤労者制度の実施中断」を要求した。つまり、90日未満の超短期雇用であるため、勤労基準法の未適用、30〜55歳の年齢制限は、雇用上の年齢差別禁止違反などとし、制度の改善を促している。特に労働界は季節勤労者制度が不法滞在の防止のみに焦点を当て、人権侵害の問題などについては改善されず、全国に実施することについて反発している（労使政ニュース 2017）。

　一方、雇用主農家の満足度、多文化家庭の反応、当該自治体の評価などを考慮し、法務省は雇用労働省の反対にもかかわらず、2017年2月に外国人季節労働者制度を全国に拡大実施することを決定した。この制度は、「外国人雇用法」ではなく、法務省の「外国人季節勤労者導入運営計画」（2017年2月）に基づいており、今後法的根拠を用意しなければならない課題を残している[11]。

（2）事業の概要と問題点

　農業労働需要の季節性に柔軟に対応するため、外国人に90日間の短期滞在を可能にする短期就業ビザ（C-4）をもって、短期間外国人労働者を雇用する制度が季節勤労者制度である。この事業は、短期間の外国人雇用によって農村の季節的な人手不足を解消することが目的であり、自治体は2つのタイプで指導をしている。一つは、国内の自治体と送出し国の自治体が協約を締結し団体で入国、農家に配置され、一定期間の労働をした後、また団体で出国する方式である。もう一つは、当該自治体に居住する結婚移民者が母国の外国人家族を招いて直接寝食をともにしながら、雇用する方式である。

　対象者は、30歳以上55歳以下の男女であり、結婚移民者の外国人家族は、両親と兄弟姉妹、兄弟姉妹の配偶者である。滞在期間は90日以内で、延長は不可能で

第 16 章　雇用許可制を導入した韓国の状況と課題　　257

ある。ただ、次の農繁期の再入国は可能である。

　季節勤労者制度は、両国の自治体間の協約による雇用管理という点と結婚移民者の家庭を媒介とした「家族共同体」による管理という点などから韓国の従来の雇用許可制とは異なるアプローチである。特に後者に関連しては最近、農村現場では結婚移民者が増え、母国の両親や兄弟姉妹を招待して寝食をともにしながら、自分自身や隣の農家の農作業を助ける事例が拡散されてきた。このような現場の状況を考慮した自治体の提案に対し、法務省が容認したという意味もある。

　2017年度季節勤労者の受入れ規模については、法務省は、具体的な規模を明らかにしていないが、昨年の農家当たり 2 名以内であった人数制限を今年は 4 人に増やすと同時に、全国実施に伴う参加自治体の拡大、結婚移民者家庭の参加等により大幅に増えるとみられる。

　一方、高齢化する農村社会で地域農業を維持するためには、人手の調達が最優先課題として台頭している。労働力の需要は多いが、機械に代替する可能性が低い畑作農業地帯では、規模拡大の制約要因は、今は農地ではなく、労働力の影響がより強くなっている。現場での世論は、季節勤労者制度の必要性は認めるが、問題点も強調されている。

　季節労働者制度を全国に拡大施行するが、試験実施に現れた人権侵害に対する制度的改善が見えないという指摘もある。雇用労働省は、雇用許可制を通じ農漁村に外国人労働者を雇用しており、副作用が懸念される季節勤労者制度については、慎重にすべきだとしている。労働市場への影響の評価と勤労基準法の遵守装置などの対策を用意した後、最小限の範囲内で実施しなければならないという立場である（韓国農政新聞 2017）。

（3）忠清北道永同郡の実施

　忠北永同郡が2017年、初めて外国人季節勤労者制度を実施する。永同郡は中山間地域で果樹や畑作農業が中心であるが、高齢化により労働力の不足が深刻な状況である。農繁期の人手不足の支援の一環として、結婚移民者の母国の家族を招待し、短期雇用することができる「多文化家庭（結婚移民者）の外国人家族の季節勤労者」事業の実施を去る 2 月決定した。

　永同郡は結婚移民者の女性の精神的な支援と定着意志を高めるという点も考慮

258　第4部　海外─受け入れ国における短期外国人労働者の実状と意義

し、母国の家族として35歳以上50歳以下の親、兄弟姉妹やその配偶者を対象とする[12]。申請資格は、永同郡に住所をおいて実際に居住している結婚移民者の母国の家族に直接寝食提供が可能な多文化家庭である。永同郡はベトナム、カンボジア、インドネシア、中国など多文化家庭の外国人家族21人の申請者のうち、適格者15人に対して法務省に短期就業ビザ（C-4）承認要求をした。が、このうち14人が承認され、5月15日〜8月12日までの90日間郡内の桃、プラム、ブドウなどを経営する農家に割り当てられる。永同郡は入国者に対して1人当たり50万ウォンの航空運賃を支援する計画だ。不法滞在者の防止のため、団体で入国と出国を指導する。

　労働条件は、賃金は最低賃金基準の日当5.2万ウォン以上（最低賃金時給6,470ウォンを基準）、勤務時間1日8時間の原則、月2日以上の休日を保障する。90日の滞在期間の中60日以上の労働活動などの条件を満たす場合、航空運賃を支援する（永同郡農政課 2017）。

　居住や食事については、永同郡に居住する多文化家庭が宿泊や朝食と夕食を提供し、雇用農家が昼食や間食を提供する。通訳や翻訳サービスについては、多文化家庭の結婚移民者、あるいは永同郡多文化家族支援センターが支援するようにしている。

5．結論と課題

　韓国の労働市場は、3K業種の労働力不足、他方、専門業種の供給過剰、青年の雇用難などの複合的な問題を抱えている。特に深刻な雇用難に直面している地方の建設業や製造業、農業、漁業などの分野で雇用許可制への期待は高い。

　韓国の雇用許可制は、産業研修生制度を経て受入れ規模が拡大される過程で提起された労働者の人権問題と不法滞在などについて、人権団体や政界の影響により徐々に改善されてきた。民間団体による産業研修生制度とは異なり、雇用許可制は、国又は公共機関による運用に切り替えられることから、労働者受入れプロセスの透明化と送出コストの軽減などが行われ、就業期間の延長と再入国就業機会の提供、雇用手続きの簡素化、外国国籍同胞の訪問就業制の導入などへの制度改善が行われている。

第 16 章　雇用許可制を導入した韓国の状況と課題　259

　外国人労働者の受入れと活用をめぐる制度の改善と韓国人の外国人に対する意識が変化するなかで、雇用許可制に対する雇用主と外国人労働者、雇用終了後の帰国者などの評価は高まっている（佐野孝治 2015）。

　韓国で外国人労働者が急速に増えていく背景には、労働力の需要と供給の両面からいくつかの特徴がある。まず、高度成長と所得向上の影響で内国人不在の3K業種で外国人の雇用需要が増加してきた点である。また、供給面では中国や旧ソ連地域の外国国籍同胞と結婚移民者の外国人家族などが主な供給源となっている。すなわち、韓国は豊かな外国人労働者の供給源を持っているといえる。これを基盤にして韓国の雇用許可制は、外国人労働者に対する雇用許可制、外国国籍同胞に対する労働許可制という性格を持つ。

　外国国籍同胞に対しては、憲法で保障される平等の原則に基づいて、出入国と経済活動の自由度が高くなった。2015年現在、訪問就業（H-2）28.5万人と在外同胞（F-4）32.8万人、専門就業等、すでに国内滞在の外国国籍同胞は75.4万人に達している。今後、在外同胞や季節勤労者の短期就業等は引き続き増加すると思われる。また15.2万人を超えている結婚移民者もすでに農村地域では、母国の家族を招待し、農作業に参加する事例が増えている。これを契機に、季節勤労者は短期就業ではあるが、就業の機会は拡大されている。

　韓国の労働市場では外国国籍同胞と結婚移民者、外国人求職者等が増加するなか、雇用許可制が内国人労働者の雇用機会の保護の原則の下で、外国人労働者の権益を保護しつつ、中小企業と農村地域での雇用難を解消するための課題を提示する。第一に、地域経済の再生における中小企業の役割が重要である。労働力の確保に深刻な状況に直面している中小の製造業や建設業、農業、漁業などにとって、生産基地を安定的な労働力の確保が可能な海外に移転することは困難である。労働力を海外から調達し、地域での生産活動を継続することが避けられない。このため、雇用許可制を活用し、かつ現在までの制度改善の延長線上で、人権問題をはじめ、労働条件や不法滞在などが引き続き改善されていかなければならない。

　第二に、グローバル化とともに、雇用をめぐる国家間の障壁が緩和され、労働力の国家間の移動は、普遍的な現象となっている。外国人労働者の受入れ国の立場から、自国の経済や国民、地域社会への影響などを考慮し、労働力の熟練の程度や需要の時期等をもきめ細かい分析の上で慎重なアプローチが必要である。外

260　　第4部　海外─受け入れ国における短期外国人労働者の実状と意義

国人労働者との共生と地域共同体の形成などの観点から、制度の改善や意識改革の努力が求められる。市民団体も、外国人労働者の人権問題に対する告発だけでなく、外国人労働者との共生を考える企業の事例を探し出して広報し、外国人と肯定的な関係を維持する努力が必要である（崔潤哲 2014）。

　第三に、特に高齢化が普遍化されている農業分野では雇用労働力の安定な確保策が緊急である。雇用許可制による割り当ての労働力は「6,600人＋α」である。農業部門が要求する1.2万人の半分に過ぎない。現在、農村労働力の需給は、農協中央会の市郡農政支援団と市郡段階の自治体の農産業人力支援センターを通じて調達されているが、これを拡充していくことが根本的な解決策になる。ただ、季節勤労者制度については、結婚移民者家族を対象とした滞在期間の延長や在外同胞（F-4）[13] で入国した外国国籍同胞にも農業分野の雇用許容など、現場での要求がある。これも農業雇用難の解消に役立つ。

　最後に、送出し地域の労働力の減少による構造変化への関心も必要である。労働力の送出し地域の農業構造も急速に進んでいる。たとえば、中国吉林省の図們市月晴鎮馬牌村の事例を見てみよう[14]。この地域は多い時は、人口が1,390人に達したが、2016年140人に減少し、しかも多くの人は高齢者で1人世帯である。

　地域の州級龍頭企業である晴宇農民専業合作社が移住者の農地を賃借し、6次産業化で所得の向上と地域農業の振興には成功した。隣の漢族地域は構造変化が遅滞していることとは対照的である。外国国籍同胞の送出地域では過度な労働力の移住により地域の農業構造は改善されたが、将来には地域の空洞化という懸念も予想される。韓国の雇用許可制は、外国国籍同胞の送出し地域に空洞化問題を起こしている。送出し地域と受入れ地域の共存する接近方法までもが求められる。

注

（1）1963年12月派独鉱夫1次募集の際には500人募集に対し大卒を含む46,000余人が申込むほどであった。

（2）「外国人労働者の雇用などに関する法律」（外国人雇用法）（2003年8月）。

（3）これは一般雇用許可制の場合である。

（4）就職教育費は、一般雇用許可制の場合（外国人労働者）は雇用者が負担し、特例雇用許可制の場合（外国国籍同胞）は事業場の移動の自由があるため、本人が負担する。そして、韓国語能力試験と健康診断の費用は本人が負担する。

（5）産業研修生制度は、中小企業協同組合中央会などの民間機関が人力を送出する国

第16章　雇用許可制を導入した韓国の状況と課題　　261

の送出業者と直接契約を締結するようにしている。この過程で、民間機関と送出業者との間の送出不正が発生すると同時に、研修生の管理不良と研修生の事業場を離脱する滞在管理の問題が頻発した（崔潤哲 2014）。

（6）一方、比較される制度としての労働許可制は、一定の要件を備えた外国人が国内に就業できる労働許可が事前に発給され、入国後、自分が希望する事業場に志願して労働する制度である。両制度の違いは、外国人労働者の事業場変更や移動の任意性にある。

（7）法務省（2002）「訪問同居者の雇用管理に関する規定」2002年12月。

（8）中国が95.6万人であり、この中に韓国系が62.7万人で65.6％を占めている。

（9）「外国国籍同胞の出入国と法的地位に関する法律」（1999年8月）が外国国籍同胞を「韓国政府樹立後に国外に移住した者の中で韓国国籍を喪失した者とその直系卑属」で定義したことについて、2001年11月、憲法裁判所（最高裁）が憲法第11条の平等の原則に違反すると決定した。これを契機に640万人の外国国籍同胞は他の外国人とは異なり、自由な出入国と経済活動を確保するようになった。

（10）その次は、タイ（23,732）、ミャンマー（16,899）、ウズベキスタン（16,296）、バングラデシュ（9,978）、モンゴル（7,099）、中国（6,601）、パキスタン（3,778）、キルギスタン（1,086）、カザフスタン（71）など、主にアジアと旧ソ連地域の国々である。

（11）この事業は、法務省の管轄である。雇用労働省の「外国人雇用法」に基づく雇用許可制ではないが、法務省は雇用許可制を補完する制度として全国実施を推進している。

（12）法務省の「計画」は、30歳以上55歳以下であるが、永同郡は試験実施の年齢基準によって制度を準備した結果、従来どおり35歳以上50歳以下で実施している。

（13）外国国籍同胞が対象であり、出入国が自由で滞在期間は5年である。しかも単純労働以外の就業活動が許容されている。中国同胞を中心に訪問就業（H-2）から在外同胞（F-4）へのビザ転換も行われている

（14）2016年8月26日、現地の竜頭企業の聞き取り調査の結果である。この地域は典型的な労働力の送出地域である。地域は農地230haで、米とトウモロコシの産地である。人口は2010年1,390人（558戸、すべてが朝鮮族）から、韓国へと移住した結果、2016年140人へと減少した。地域の合作社が移住者の農地を借入れ、170ha（うち、米130ha）へと規模拡大に成功、米農業に集中し有機生産－直接調製－ブランド化－直接販売等の農業産業化経営（6次産業化）により所得向上を実現したという。

参考文献

安侊炫・崔奇鐘（2011）「外国人雇用許可制の問題点と中小製造企業の発展戦略」『公共政策と国政管理』第5巻第1号、檀国大学校社会科学研究所、2011年6月

外国国籍同胞就業教育ホームページ（http://eps.hrdkorea.or.kr/h2/h2empl/

empPermComp.do)

韓国農政新聞（2017）「外国人の季節労働者制度、全国に拡大実施」2017年3月11日

金斗年（2014）「外国人労働人材法制の問題点と改善策：農漁業分野の活用方案を中心に」『法學研究』第54輯、韓国法学会、2014年6月

雇用労働省（2016）「外国人政策委員会の決定事項の発表」2016年12月29日

佐野孝治（2015）「韓国における「雇用許可制」の社会的・経済的影響－日本の外国人労働者受入れ政策に対する示唆点－」『地域創造』第26巻第2号、福島大学、2015年2月

崔潤哲（2014）「韓国の外国人労働者関連の立法と政策」『立法政策』第8巻第2号、韓国立法政策学会、2014年12月

法務省（2002）「訪問同居者の雇用管理に関する規定」2002年12月

──（2005、2010、2015）『出入国・外国人政策統計年報』

──（2017）「外国人季節勤労者の受入れ運用計画」2017年2月

法務省外国人雇用管理システム（http://www.eps.go.kr）

労使政ニュース（2017）「外国人の季節勤労者制度、即刻中断しろ」2017年3月8日

永同郡農政課（2017）「2017年多文化家庭外国人家族の季節勤労者事業推進要領」2017年2月

第17章

結婚移民を主とする台湾農業分野の外国人労働者

長谷美 貴広

1. はじめに

　本稿では、台湾南投縣農村における臨時雇用労働力の現状と、台頭する結婚移民について述べたい。

　台湾では、1991年に外国人労働者（外籍労工）の受入れが解禁された。現在、労働力不足に悩む農業分野、特に、畜産、花卉、茶業において外籍労工の受入れは喫緊の課題とされているが、政府内での調整に難航し、現在に至るまで農業分野では認められていない。

　外籍労工導入の論議の背景には、農村人口の急速な減少があるが、近年、特に、状況が切迫しているのは、「精緻農業」政策が導入・推進されたことの影響が大きい。精緻農業政策とは「健康農業」、「卓越農業」、「楽活農業」の3つの政策目標からなる。「健康農業」は、化学物質の汚染のない環境のもとで、農業生産と生態系の調和により、国民に安全な農産物を供給する。「卓越農業」とは、最先端技術を用いた農業を推進する。「楽活農業」は農山漁村の景観整備、条件不利地域経営の「休閒農場」（レジャー農場）への転換推進、国外輸出も視野に入れた「農業精品」＝優れた農産物加工品の商品開発・生産を行い、Made in Taiwanの国際的認知を目指している[1]。生態系の活用、手作業での丁寧な収穫調整による農産物の高付加価値化の実現は、雇用労働力への依存を余儀なくしている。

　台湾の社会経済的動きを、行政院主計総處統計、内政部戸政司統計、同部移民署統計に基づき簡単に確認する。少子高齢化、人口の海外流出にともない、労働力の減少が続いている。2014年末現在、人口は2,343万人、人口増加率は1997年の1.01％から、14年0.26％へと鈍化している。合計特殊出生率は、2010年0.895％、

11年1.01％、12年1.27％、13年1.07％、14年1.17％と低水準で推移している。65歳以上人口／ 0 ～ 14歳人口×100で示される「老化指数」は、14年で85.70を示し、近い将来、若年層人口を上回ると予測される。実質賃金指数の動向をみると、2011年基準で、2014年は100.16（過去20年間の最高は03年の106.12）と低迷している。こうした国内経済情勢を背景に、高賃金を求める人口の流出が続き、2013年末現在、 1 年以上の国外在住者は、550,227人にのぼる。

　政府は、マネジメント能力の高いホワイトカラー層や高度専門技術者の流出を問題視し、高度能力を持った人材の教育・育成に力を注いでおり、その反動として単純労働者の減少が深刻化している。政府は1991年に、外籍労工の受け入れを開始し、2014年末時点で551,596人の外籍労工（単純労働者）を受け入れ、台湾では、専門的高賃金労働力＝台湾人、低賃金労働力＝外籍労工という国内労働市場の二重構造化が進んでいる。

　また、高学歴化による女性の晩婚化・非婚化が進み、嫁不足も深刻で、ベトナム、インドネシアなど東南アジアからの結婚移民が増加している。結婚移民は、主に、国内の低学歴・低所得層と結婚し[2]、家計の必要から労働に出なければならない。安定した労働の場を確保できない彼女たちの多くは農家の収穫作業などの臨時雇に労働の場を求めており、彼らは農村臨時雇用労働力の中心的存在として地位を固めつつあるのが現状である。

2 ．南投縣農業と事例農家の概況

　本稿の調査地は南投縣、調査年は2015年である。南投縣は台湾中部内陸に位置する農業縣で、中央山脈を擁する。縣面積417,644haのうち、平地4.78％、台地・丘陵地31.13％、山地63.8％である。南投縣は、その地理的制約から大河川沿いの狭小な平野部に水田および畑作、山地、傾斜地には果樹、茶業、高原野菜地帯が展開している。

　表17-1は事例農家の経営概況である。A農家の圃場は信義郷玉山山麓神木村の塔塔加茶区、1,700mの高標高地にある。ここは1979年から開発の始まった新興茶区であり、「玉山茶」の名で知られる。A農家は、2007年に新規参入した。経営面積は0.7甲、経営地は台湾大学演習林からの借入地で、貸借期間は40年の長

期契約。演習林の造林作業への労働供出の報酬として貸借契約され、地代は無料。栽培品種は青心烏龍茶、収穫は、春、秋、冬の3期で、1期の生産量は生茶葉ベースで900kgである。これを自家製茶工場で加工し、全量自家ブランドで販売する。生茶葉は製茶すると1/6＝150kgに縮小する。春、秋、冬の3期合計450kgの製品ができる。A農家の茶園は高標高地にあるため生産量は少ないが、付加価値は高い。販売金額は200万元。1斤（600g）当たり2,666元の高級茶である。

　B農家は名間郷の茶農である。名間郷は標高200〜400mの八卦台地上に展開する台湾最大の茶業地帯であり、「松柏嶺茶」の名で知られ、機械化が進んでいる。比較的発酵度の低い大衆向けの国産低価格茶を生産していたが[3]、2000年代に入って、安価なベトナム茶、中国茶が流入し、厳しい価格競争を強いられてきた。しかし、近年、手摘み収穫、有機栽培、無農薬栽培によって、付加価値を高める戦略を採用する農家が増え始め、高級茶需要の高まる中国向けの輸出を積極的に進めている。

　B農家の経営面積は1.8甲。圃場は標高380〜400m附近、3か所に分散している。栽培は四季春（1.0甲）を中心に、金萱（0.3甲）、翠玉（0.2甲）、烏龍茶（0.3甲）の計4種を栽培している。全品種、年4期の収穫で、四季春の収量は春〜秋6,000kg／1甲、冬＝3,600〜4,200kg／1甲、金萱は春〜秋＝4,800kg／1甲、冬＝3,600kg／1甲、翠玉は春〜秋＝4,800kg／1甲、冬＝3,600kg／1甲、烏龍茶は春〜秋＝4,800kg／1甲、冬＝3,600kg／1甲である。収穫法はすべて手摘みである。機械摘みを止めた理由について、機械摘みが製品ベースで500元／1斤の価格であるのに対して、手摘みは1,000〜2,000元／1斤と、2〜4倍の価格がつくためである。烏龍茶は0.3甲のうち、0.1甲を有機・無農薬栽培にしている。年間生産量は900kgで、通常の栽培法の半分であるが、有機・無農薬栽培による付加価値がつく。自家ブランドを設立、直営の製茶工場を持ち、烏龍茶、緑茶、紅茶などに加工する。B農家は加工技術が高く、品評会で多くの受賞歴を持つ。中国大陸との「三通」が認められている金門島に代理店、アモイ、中国大陸の支店を置いている。製品の70％は中国大陸、30％は台湾国内で販売される。

　C農家、D農家は南投縣水里郷玉峰村の果樹農家である。水里郷は濁水溪沿いの中流部に位置する。C農家、D農家とも柳橙という柑橘類を栽培する果樹農家である。

266 第 4 部　海外─受け入れ国における短期外国人労働者の実状と意義

表 17-1　調査農家の経営状況

	作物	品種	作付面積	1 甲あたり収量	生産量	販売量
A農家	茶	青心烏龍	0.7 甲	1,000kg	900kg	全部
B農家	茶	金萱（手摘）	0.3 甲	春＝4,800kg	1,440kg	全量
				夏＝4,800kg	1,440kg	全量
				秋＝4,800kg	1,440kg	全量
				冬＝3,600kg	1,080kg	全量
		四季春（手摘）	1 甲	春＝6,000kg	6,000kg	全量
				夏＝6,000kg	6,000kg	全量
				秋＝6,000kg	6,000kg	全量
				冬＝3,600〜4,200kg	3,600〜4,200kg	全量
		翠玉（手摘）	0.2 甲	春＝4,800kg	960kg	全量
				夏＝4,800kg	960kg	全量
				秋＝4,800kg	960kg	全量
				冬＝3,600kg	720kg	全量
		青心烏龍（手摘）	0.3 甲	春＝4,800kg	960kg＋240kg	全量
				夏＝4,800kg	960kg＋240kg	全量
				秋＝4,800kg	960kg＋240kg	全量
				冬＝3,600kg	720kg＋180kg	全量
C農家	柳橙		1.5 甲		3 トン	全量販売
	タケノコ	麻竹	2 甲		6 トン	一部販売
D農家	柳橙		0.5 甲		15 トン	全量販売
	竹材	桂竹	0.5 甲		0	販売無し
E農家	梅（竿採）	胭脂梅	4 甲	10,000 kg	40,000kg	全量
		二青梅	6 甲	10,000kg	60,000kg	全量
		軟枝梅	6 甲	10,000kg	60,000kg	農会、加工工場向け、一部自家販売
		青貢梅	3 甲	10,000kg	30,000kg	農会、加工工場向け、一部自家販売
	梅（手採）	大青梅	5 甲	10,000kg	50,000kg	全量
	タケノコ		5 甲	10,000kg	50,000kg	全量自己販売

資料：筆者の聞き取り調査による。聞き取りによるため、必ずしも正確な数値ではない。調査日時は以下の通り。A農家：2015 年 4 月 26 日、B農家：2015 年 11 月 8 日、C農家：2015 年 5 月 3 日、D農家：2015 年 5 月 3 日、E農家：2015 年 10 月 4 日。

販売先・販売方法、国内向け・輸出の別	販売金額	備考
生茶葉 1 期＝900kg。加工→150kg（1/6）に縮小。春、秋、冬の三期製品合計 450kg。自家ブランドとして全量販売	販売総額＝200 万元。販売価格は、4,444 元/1 kg、2,666 元/1 斤（600g）	圃場標高：1,700m
自家販売。ブランド名「天岳」。中国向け輸出。金門→アモイ→中国大陸に中継の支店を持つ。中国大陸の販売量 70％。四季春、翠玉が中心。残り 30％は台湾で販売。販売は、ネット販売を中心に考えていく。 製品加工によって、1000～2000 元/1 斤（600g）。機械摘みは 500 元/1 斤だが、手摘みは1,000～2,000 元/1 斤になるため、手摘みにした。	金萱（緑茶用）600 元/1 斤（生茶葉ベース）金萱（夏のみ紅茶に加工）800 元～/1 斤 販売金額＝2,250,000 元	圃場標高：380～400m
	四季春 500 元/1 斤（生茶葉ベース）販売金額＝9,125,000 元	
	翠玉 500 元/1 斤（生茶葉ベース）販売金額＝1,500,000 元	
有機栽培あり。烏龍茶を 0.1 甲。1 年間、1,500 斤（900kg）生産。1,600 元/1 斤。有機栽培は収量が減る。	販売金額＝2,000,000 元 販売金額＝400,000 元（有機）烏龍茶合計＝2,400,000 元 全販売額合計＝15,275,000 元	
柳橙は産銷班を通じて高雄市場に販売	20 元/1kg、60,000 元	
	900kg 販売、3,000 元	
柳橙は産銷班を通じて高雄市場に販売	20 元/1kg、60,000 元	竹林は竹材用で 5 年に一度の収穫。
	販売無し	
酒用（取引相手は C 社）	1kg＝22 元、880,000 元	農会 50％／酒造会社 10％／加工工場 25％／生鮮市場 15％。
砂糖漬け用	1kg＝15 元、900,000 元	
搾汁用（ジュース・梅精用）。	1kg＝36 元、2,160,000 元	A 農家は梅園を 12 月から 2 月にかけて花見用の梅園として開放。
	1kg＝36 元、1,080,000 元	
梅干し用、生食用	1kg＝50 元、2,500,000 元	ウメ販売額＝7,520,000 元
梅園で経営しているレストランで使用。土産物などにも。自宅で加工		

268　第4部　海外—受け入れ国における短期外国人労働者の実状と意義

　C農家は3.5甲の農地を所有している。経営主（68歳）は20歳で就農。その後、消防署勤務（兼業）を経て、60歳で退職後に専業となった。経営主妻、後継者予定の三男（41歳）がいずれも専業で農業に従事する。経営地はすべて自己所有。三男は退役軍人である。経営主、三男とも年金を受けている。C農家は1.5甲に柳橙を栽培し、2.0甲が竹林である。現在、レモンに転換中で、圃場の50％以上をレモンの幼木が占めるため、柳橙の収穫量は3トンと少ない。生産物は高雄や台中の市場に生鮮果実として産銷班を利用し、出荷している。柳橙の販売金額は60,000元である。販売単価は20元／1kgである。柳橙をレモンに転換した理由は、柳橙価格低迷のためである。柳橙の価格は、2011年11.73元、12年14.73元、13年19.49元、14年19.56元、15年19.61元である。これに対して、レモンは11年33.40元、12年44.39元、13年40.92元、14年48.19元、15年34.35元と、柳橙価格の2倍以上の水準で推移している。C農家は5年後の黒字化を目指している。

　D農家も柳橙を基幹作物とする果樹農家である。兼業農家で経営主（65歳）は農会に勤務している。農作業は経営主1人が中心となり、経営主妻が農繁期に約10日手伝う。子供は男子2人、女子1人で、全員他出しており、後継者はいない。D農家は0.5甲で柳橙の栽培を行い、0.5甲が竹林である。柳橙の収穫量は15トンで全量を販売で、出荷は産銷班を利用。販売額は300,000元である。レモンへの作付転換の意思はない。

　E農家は、信義郷のウメ農家である。信義郷は濁水系上流域の山村で、果樹生産が盛んである。E農家は24甲の梅林、5甲の竹林を持つ大規模経営で、冬期にはウメの花見の名所としても知られる観光農場である。場内ではレストランを経営し、有機・無農薬栽培にも取り組んでいる。ウメは生鮮食用、加工用に対応した品種を栽培している。竹林から収穫されるタケノコは、主として場内のレストランで利用されている。5種のウメを栽培している。胭脂梅4甲、二青梅6甲、軟枝梅6甲、青貢梅3甲、大青梅5甲である。

　ウメは竿採り・手採りの収穫法がある。竿採りは加工用、手採りは生鮮食用、梅干し用である。竿採りの胭脂梅は梅酒用でC社と取引している。生産量は10トン／1甲、価格は22元／1kgである。二青梅は砂糖漬け用で、生産量は10トン／1甲、価格は15元／1kgである。軟枝梅、青貢梅は搾汁及び梅精用。生産量は両者とも10トン／1甲、価格は36元／1kgである[4]。手採りの大青梅は梅干し用、

生鮮食用で、生産量は10トン／１甲、価格は50元／１kgである。手採りは竿採り
の１kg当の価格動向をみると、2012年：手29.39元、竿9.17元、13年：手35.75元、
竿12.34元、14年：手36.08元、竿9.09元と、価格が３〜５倍になるため、政府で
は市場評価の低い竿採りウメから、手採り収穫の容易な樹高の低い矮性種の導入
を奨励している[5]。

３．労働調達方法と臨時雇用の実態

現在の南投縣農業の臨時雇用労働力で中心的な役割を果たしているのは、①結
婚移民、②台湾人、③原住民である。農家の臨時雇用労働力募集には二つの方法
がある。第１は農家自身が周辺に居住する技術者、高齢者、女性に声をかけるケー
スで、製茶技術者、圃場管理作業者、４〜５人の労働者の雇用で足りる果樹経営
などで見られる。第２に「工頭」と呼ばれる労働者仲介派遣業者に依頼して労働
者を集める方法で、20人以上のまとまった人数の労働者を必要とする茶業農家や
ウメ農家などを中心に見られる。

筆者の聞き取りでは、工頭には、農業分野に対応するものと、土木・建築分野
の緊急的な臨時労働力需要に対応する工頭がある。土木・建築分野の工頭は、労
災に対する補償などの必要から当局の管理を比較的強く受けるが、農業系工頭は
未登記の業者で、工頭と労働者の間には雇用契約を伴わない。政府関係者も工頭
の実態を把握していない。

表17-2は工頭の労働者派遣の方法についてまとめたものである。工頭には原
住民を派遣するものと、台湾人および結婚移民を派遣するものがある。原住民を
派遣する工頭は原住民、台湾人および結婚移民を派遣する工頭は台湾人である。
原住民の工頭は自らも労働する。原住民の仲介はビジネスではないので、仲介料

表 17-2　工頭による労働者派遣システム

	作目・経営	工頭の族群	派遣手数料・仲介料等関係費用	送迎
結婚移民・台湾人高齢者	茶（低山）	台湾人	連絡通信費：500〜1,000 元	なし
	茶（中標高及び高山）	台湾人	仲介費：200〜350 元／１人日（仲介料は送迎費用込み。金額は通作移動距離により異なる）	あり
原住民	ウメ・ブドウ	原住民	約束金：6,000 元	なし

注：筆者の聞き取りによる。

270　第4部　海外─受け入れ国における短期外国人労働者の実状と意義

は取らない。E農家によれば、原住民グループを1シーズンの間、専属的に雇用するために、工頭に対し「約束金」として6,000元を支払う。工頭はこれをグループ内で等分する。原住民は長距離の移動を嫌い、信義郷内と隣接地域に限られた、特殊な労働力である。

　臨時雇用労働力として広範囲に活躍しているのは、台湾人の女性高齢者と結婚移民である。工頭は、自らの居住地周辺の住民や友人・知人に対して声を掛け、労働者を募集する。工頭に対して農家は労働者1人当たり200～350元／1日の手数料を支払う。手数料額は台湾人高齢者、結婚移民、性別に関係なく、一律である。手数料は通作距離に応じて変化し、工頭が労働者を1～2台の大型車でまとめて送迎する。工頭は現場で採茶工の監督をする。

　また、近年、機械摘みを行っていた低山茶業地帯の名間郷を中心に付加価値の追求のための手摘みが増加した。低山帯の茶業農家は地元の工頭に依頼する。労働者は指定された時間、場所に自ら参集する。送迎はないので、手数料は要求されない。代わりに労働者募集にかかる連絡通信費として、1度の依頼につき、500～1,000元を支払う。

　表17-3は調査農家の雇用状況について示したものである。A農家の経営面積は0.7甲であり、採茶工を雇用する期間もその分短くなるという。春、秋、冬それぞれの収穫期間は各3日間である。労働者の派遣は同じ縣内の竹山鎮、名間郷の工頭に依頼するという[6]。派遣人数については工頭が圃場の実地検分に基づいて決める。農家側は派遣人数や労働者の人選に一切関与しない。派遣される労働者の人数は20～30人。派遣される労働者の約9割が台湾人女性高齢者で、時により男性高齢者も入っているという。東南アジア系の結婚移民は2～3人にとどまる。結婚移民の人数は、工頭が募集の声掛けを行なう地域の事情によって決まる。工頭の派遣する採茶工には、まれに、不法就労者が紛れ込んでいる[7]。

　A農家によれば、派遣される採茶工の人数20～30人とは茶園1甲（1.03ha）当たりに派遣される採茶工の1チームの標準的人数である。約20人の場合、1日の標準作業単位は約0.1甲である。工頭は派遣相手先農家の経営規模に応じて、採茶工の人数を調整し、農家一戸当たり4～5日で作業を完遂させる。A農家の場合は0.7甲であるから作業期間は3日となる。農家は、採茶工に朝食、昼食、飲料の支給を行う。作業時間はAM6：30から、PM3：00までにほぼ完了する。

第 17 章　結婚移民を主とする台湾農業分野の外国人労働者　　271

採茶工賃は 1 斤（600g）を基本単位とする歩合制である。 1 kg当たりに換算すると、A農家の採茶工賃は、秋茶100元/ 1 kg、春茶・冬茶108元/ 1 kgである。市場評価の低い夏茶は摘まない。この工賃ベースで、台湾人高齢者は、 1 日およそ1,000元の日給を得るのが一般的だという。一方、結婚移民は 1 日およそ2,000元の日給を得る。これは採茶量に換算すると、台湾人高齢者は 1 日当たり 9 kg、結婚移民は18kgを採茶することになる。A農家の場合、 1 日当たり30人の 1 個小隊の採茶量は 9 kg×27＋18kg× 3 人＝279kg、これを 1 日当たり300kgになるよう作業管理し、 1 期900kgの採茶が行われる。

B農家では、名間郷内の工頭に依頼し、30 〜 40名の採茶工を集める。70 〜 80代の台湾人女性高齢者が10人、20 〜 30代のベトナム人を中心に大陸籍を 2 〜 3人含む結婚移民が20 〜 30人。女性高齢者で70 〜 80代が中心というのは珍しい。普通は60代が多い。彼らはB農家の周辺の住民がほとんどである。名間郷のある茶園の傾斜は緩やかで、採茶労働も強度が低いために、70 〜 80代の台湾人高齢者でも作業が可能なのだと思われる。採茶量も台湾人高齢者が12 〜 18kg、結婚移民に至っては36 〜 42kgを採茶する。

C農家、D農家とも柳橙の収穫に臨時労働力を雇用している。両農家とも柳橙の収穫は 1 月上旬、約 4 日間で集中的に行う。雇用する労働者は全員、50歳以上の台湾人中高齢者女性で、集落内の知人に依頼する。工頭は介在しない。現在、C農家の圃場はレモンの幼木が多いため、雇用人数も 3 人と少ない。収穫作業は 4 日間。労賃は日当制で800元。 1 人の労働者が 1 日当たり480 〜 540kg収穫する。D農家では 1 日に10人雇用する場合 4 日間、 1 日に12人雇用する場合 3 日間の収穫作業を行なう。労賃は日当制で900元。

C農家、D農家とも、 3 年前までは臨時雇用者の中に集落内に居住する結婚移民が 3 〜 4 人いたと述べている。彼女たちが柳橙の収穫に姿を見せなくなった理由について、C農家、D農家とも、①出産と育児、②柳橙収穫の臨時雇賃金の相対的低下をあげた。彼女たちは、より歩合の良い農作業や、負担の少ない郷内のレストランに出ているという[8]。水里郷周辺には、柳橙の他、ウメ、採茶などの臨時雇がある。ウメ収穫、採茶は歩合制であり、若い結婚移民ならば 1 日当たり1,000元以上の歩合賃金を手にすることも可能である。

一方、台湾人高齢者は 1 日当たり1,000元弱であり、柳橙の日当とあまり変わ

272　第4部　海外—受け入れ国における短期外国人労働者の実状と意義

表 17-3　調査農家の雇用状況

	作目	雇用形態	族群	雇用人数	性別年齢	作業内容・効率	募集方法
A農家	茶	臨時雇	台湾人	2人	男	做青	工頭
			台湾人	4人	男	炒青	
			台湾人	4人	男	揉捻	
		臨時雇	合計	20～30人/1日			竹山鎮、名間郷の工頭に依頼する。
			台湾人	18～27人（68～72歳）	女性（男性1名）	採茶	
			新移民	2～3人（30歳位）	女性		
B農家	製茶・茶園管理	臨時雇	台湾人	3人	男	製茶／炒青	
			台湾人	6人	男	製茶／揉捻−烘焙（行程一貫）	
			台湾人	2人（50歳以上）	男	施肥	
			台湾人	2人（50歳以上）	男	農薬	
			台湾人	2人（50歳以上）	男	除草	
	採茶	臨時雇	合計	30～40人		採茶	工頭
			台湾人	10人（70～80歳）	女		
			新移民	20～30人（20～30歳）	女		
C農家	柳橙	臨時雇	台湾人	3人（50歳～）	女性	収穫	集落内の知りあい。
D農家	柳橙	臨時雇	台湾人	10～12人（50歳～）	女性	収穫	集落内の知りあい。
E農家	梅（兼観光農場）	年雇	台湾人	3人（30～40代）	男	観光客対応、12月～2月／農事	
			台湾人	4人（30～40代）	女		
		臨時雇	台湾人	5人	男	観光／農事	知人経由
			台湾人	2人	男	採梅作業	
			台湾人	10人	女	観光／農事	
			台湾人	1人	女	採梅作業	
		臨時雇	原住民	10人	男	観光／農事	知人経由
			原住民	30人	女		
			原住民	13人	男	採梅作業	原住民工頭に依頼。工頭は原住民労働者仲間のグループで、専門的な派遣業ビジネスではない。4人の工頭に依頼（4グループ）。
			原住民	14人	女		

資料：筆者の聞き取り調査による。調査日時は以下の通り。A農家：2015年4月26日、B農家：2015年5月3日、C農家：2015年5月3日、D農家：2015年10月4日、E農家：2015年11月8日。2015年11月8日。

りがない。それならば、気心の知れた隣人と近所で仕事をした方が良いと判断していると考えられる。

　E農家では観光客対応及び農場管理労働として、常雇で台湾人の男性3人、女性を4人雇用している。彼らは30～40代の比較的若い労働者である。月給制で男女とも45,000元で、台湾における一人当たり月平均賃金38,208元を上回っている。

第 17 章　結婚移民を主とする台湾農業分野の外国人労働者　　273

賃金	期間・日数（労働時間・作業ノルマの有無）
	製茶期間は 2 日間
歩合制：秋 60 元/600g　春冬 65 元/600g、派遣手数料：300 元／1 人、20 人＝6,000 元、30 人＝9,000 元、秋＝900kg/0.6kg×60 元＝90,000 元、春冬＝900kg /0.6kg×65 元＝97,500 元	1 日当たり 1,500 斤の収穫が終了の目安。台湾人高齢者は 1 日 1,000 元程度の手取り。1000÷65×600g＝9230≒9 kg。新移民は 1 日、2,000 元相当を収穫する。2000÷65×600g＝18,461≒18kg
3,200 元／1 日（時間不定）	春 30 日、夏 30 日、秋 30 日、冬 45 日
3,400 元／1 日（時間不定）	
1,500 元／1 日	1 年 2 回
2,500 元／1 日	50 日に 2〜3 回。労賃が高いのは、農薬の危険性を考えてのこと。
1,200 元／1 日	1 年 2 回。手作業。除草剤不使用。草刈り機も使わない。
収穫量は台湾人高齢者の収穫量が、1 日 20〜30 斤。新移民は 60〜70 斤。春夏秋冬、どのシーズンも、35 元／1 斤の歩合制。新移民はベトナム人がほとんど。中国大陸系は 2〜3 人。	採茶工のほとんどは名間郷在住の周辺住民。作業は 1 日当たり 0.2 甲。およそ 5 日間で収穫作業を完了する。ただし、新移民の収穫作業はきわめて雑。台湾人高齢者が一芯二葉を守っているのに対して、新移民は一芯五葉が普通。
日当制：800 元	1 月初旬、4 日間、1 人 1 日当たり 800〜900 斤収穫。結婚移民なし。3 年前まではいた。集落内。
日当制：900 元	1 月初旬、1 日 10 人雇用の場合には 4 日間、1 日 12 人雇用の場合には 3 日間、1 人 1 日当たり 800〜900 斤収穫。結婚移民なし。3 年前まではいた。集落内。
45,000 元／月	1 年
45,000 元／月	
45,000 元／月	12 月〜2 月
1,500 元／1 日、手採＝12 元／1 kg、竿採＝4 元／1 kg	3 月〜5 月
45,000 元／月	12 月〜2 月
手採＝12 元／1 kg、竿採＝4 元／1 kg、竿採＝4 元／1 kg	3 月〜5 月
45,000 元／月	12 月〜2 月
45,000 元／月	
1,500 元／1 日、手採＝12 元／1 kg、竿採＝4 元／1 kg。仕事の依頼は 1 季契約（1 シーズン継続契約）。約束の際に 6,000 元支払う。約束金は仲間で等分。労働者は工頭も含めてやってくる。1 グループ 5 人から 10 人の原住民労働者。弁当は持参。賃金は収穫物の総計を頭割りで等分。大体 1 日 1,400 元の手取り。農園側はおやつの時間に 40 元相当の点心（お茶菓子）とお茶などを供する。	3 月〜5 月

　これに加え、花見シーズンには観光客対応のため、臨時雇で台湾人男性 5 人、女性10人、原住民男性10人、女性30人を雇用している。彼らの雇用期間は12 〜 2 月、月給制で45,000元である。

　収穫作業では、台湾人男性 2 人、女性 1 人、原住民は男性13人、女性14人と圧倒的に原住民の割合が高い。ウメには、手で採取する手採り、竹竿などで実を叩

274　　第４部　海外―受け入れ国における短期外国人労働者の実状と意義

き落とす竿採りの二つ収穫法がある⁽⁹⁾。賃金は歩合制で手採りが12元/１kg、
竿採りが４元/１kgである。手採り梅は外見を重視される梅干用、生鮮食用、竿
採り梅は加工原料用となる。台湾人臨時雇は手採り、原住民労働者はグループで
竿採り作業をする。竿採りは賃金を頭割りに配分する。手採り、竿採りとも、１
日当たり1,400 ～ 1,500元を得る⁽¹⁰⁾。

４．雇用賃金の動向

表17-4はこれまでの筆者の調査で明らかになった農家の臨時雇用賃金の動向

表 17-4　　１日当たり農業労働者の賃金

		労働者族群	2008 年 賃金	2009 年 賃金	作業量	日当	2010 年 賃金	2012 年 賃金	作業量
茶	A農家 茶（高山）	結婚移民							
		台湾人高齢者							
	B農家 茶（低山）	結婚移民							
		台湾人高齢者							
	参考	茶 中標高 結婚移民	春・冬 60 元/1 kg	50 元/1 kg	30～ 40kg	1,500～ 2,000 元	春・冬 45～50 元/1 kg	春・冬 60 元/1 kg	
		台湾人高齢者	夏・秋 30～40 元/1 kg		10～ 30kg	500～ 1,500 元	夏・秋 35～40 元/1 kg	夏・秋 30～40 元/1 kg	
		茶（高山） 結婚移民	高級： 70～80/1 kg				春・冬 70 元/1 kg	春・冬 70 元/1 kg	
		台湾人高齢者	並品： 50～60/1 kg				夏・秋 60 元/1 kg	夏・秋 60 元/1 kg	
柳橙	C農家 柳橙	台湾人高齢者							
	D農家 柳橙	台湾人高齢者							
ウメ	E農家	梅（手採）原住民							
		梅（竿採）原住民							
	参考	梅（竿採）高齢者							
		原住民						10 元	男＝120kg 女＝100kg
		結婚移民							
		梅（手採）男性							
		女性							

資料：筆者の聞き取り及び科研調査団聞き取りによる。調査日時は以下の通り。A 農家：2015 年 4 月 26 日、B 農家：2015 年 5 月 3 日、C 農家：2015 年 5 月 3 日、D 農家：2015 年 10 月 4 日、E 農家：2015 年 11 月 8 日。
参考については次の通り。①2008 年採茶工賃、鹿谷郷林光演氏からの聞き取り（調査日：2008 年 5 月 3 日）。②2009 年鹿谷郷茶農からの聞き取り（調査日：2010 年 3 月 25 日）。長谷美貴広・安藤光義（2014）「台湾茶業の構造変化と雇用労働力の変化」『農業市場研究』第 23 巻第 3 号。③水里郷の工頭からの聞き取り（調査日：2010 年 7 月 7 日）。④2012 年採茶工賃、鹿谷郷林光演氏からの聞き取り（調査日：2013 年 11 月 16 日）。⑤2012 年ウメ採り工賃、科研調査団の調査団聞き取りによる（調査日：2013 年 11 月 17 日）。⑥2015 年ウメ採り工賃工賃。水里郷梅子博物館館長（調査日：2015 年 12 月 31 日）からの聞き取りによる。
注：台湾における収穫量歩合賃金は、通常、伝統的な重量単位である「斤」（600g）を用いるが、ここでは 1 kg 当たりに換算している。

についてまとめたものである。台湾人男性の場合、青壮年から高齢者まで幅広い年齢層から雇用されるのに対し、女性は高齢者が多い。男性の場合、圃場管理などの強度の高い労働、製茶など特殊な技術を必要とする労働に雇用される。一方、収穫労働は一部を除き、主に女性が雇用されている。中標高地帯の鹿谷郷凍頂山山麓（標高700m前後）における2008年時の採茶工賃は、春冬茶60元／1kg、夏秋茶30～40元となっている。2009年には春～冬を通じて50元／1kgである[11]。2010年数字は水里郷の工頭からの聞き取り数字である。中標高地帯では春冬茶45～50元／1kg、夏秋茶35～40元／1kgで、平均40元程度となっている。2012年数字をみると春冬茶60元／1kg、夏秋茶30～40元／1kgである。

日当	2013年			2014年			2015年		
	賃金	作業量	日当	賃金	作業量	日当	賃金	作業量	日当
				100～108元	18～20kg	2000元	100～108元	18～20kg	2000元
					9～10kg	1000元		9～10kg	1000元
				58元			58元	36～42kg	2,100～2,450元
								12～18kg	700～1,050元
	1.5～1.7元	480～540kg	800元	1.5～1.7元	480～540kg	800元	1.5～1.7元	480～540kg	800元
	1.7～1.9元	480～540kg	900元	1.7～1.9元	480～540kg	900元	1.7～1.9元	480～540kg	900元
				12元	100～130kg	1,500元	12元	100～130kg	1,500元
				4元	370kg	1,500元	4元	370kg	1,500元
								100kg	1,000元
1,200元 1,000元							10元	130kg	1,300元
								130kg	1,300元
							5元	200kg	1,100元
								200kg	1,000元

276 第4部 海外—受け入れ国における短期外国人労働者の実状と意義

表 17-5 採茶における作業の質と工賃水準の関係

	高山・中標高	低山	目標金額
台湾人高齢者	作業強度高く、量を稼げないため、雑な作業で量を稼ごうとする	作業強度低く、量も稼げるため仕事が丁寧。	1,000 元前後
結婚移民	歩合給高いため、無理に量を稼ごうとせず仕事が丁寧。	歩合が低いので、量を稼ぐために仕事が粗雑化	1,500〜2,000 元強

資料：農家調査に基づき、筆者が作成。

　調査対象が異なるため一貫した数字とは言えないものの、2010年までは中標高産地の工賃は平均額50元で安定している。2012年になって中標高産地での採茶工賃は上昇傾向に入ったと推測される。低山茶業地帯には2015年に初めて調査に入ったので、採茶工賃の動向については不明だが、低山地帯の採茶工賃（B農家）は58元／1kgであり、2010年頃の中標高茶業地帯の工賃歩合45〜50元を上回る水準となっている。名間郷は、機械摘みによる省力化が進んでいるが、手摘み回帰や有機無農薬栽培の導入が進み、工賃が上昇している。高山茶の工賃をみると、2008年の春冬茶は70元／1kg、夏秋茶は50〜60元／1kgであった。2010年、2012年でも春冬茶70元／1kg、夏秋茶60元／1kgである。ところが、2014年、2015年（A農家）には工賃が春冬茶108元／1kg、夏秋茶100元／1kgへと上昇している。

　春茶シーズンの高山帯は気象が不安定で、降雨があると作業が遅れる。一方、春茶の価格は市場でも高く評価されるため[12]、採茶シーズンを逃せば、農家に莫大な損失が生じることになる。そのために茶農は、少々高い工賃であろうが採茶工の確保を優先する。ここで形成される工賃相場が、採茶工賃をリードする役割を果たすと考えられる。

　表17-5は高山茶業地帯と低山茶業地帯における臨時雇用労働力の作業評価と賃金の関係についてまとめたものである。台湾人高齢女性の場合は、高山茶業地帯での評価は芳しくない。休憩が多く作業がはかどらない、収穫が雑で、木片を混入させるなど、歩合をとるために不正をするという声があった。一方、低山茶業地帯における彼女たちは、作業効率は高くないが、「一芯二葉」を守って仕事は丁寧だという。

　結婚移民は明朗で農家の受けがいい。高山茶業地帯における収穫作業は天候に大きく左右される。短い晴れ間で採茶を行う必要があり作業効率の良く、手先も器用な結婚移民たちは歓迎される。ところが、低山茶業地帯においては、彼女た

第 17 章　結婚移民を主とする台湾農業分野の外国人労働者　　277

表 17-6　調査農家各作目の 1 kg 当り歩合給（2015 年）

茶（高山）	茶（低山）	梅（手採）	梅（竿採）	柳橙
100〜108 元	58 元	10〜12 元	4〜5 元	1.6〜1.8 元

資料：筆者の聞き取り調査をもとに換算。

ちは、作業は早いが、「大きく芽を摘もうとする」ため、評価は高くない[13]。

　中標高地帯、高山地帯の茶業の歩合給を日当に換算すると結婚移民は 1 日1,500〜2,000元以上、台湾人高齢者であれば800〜1,500元に達する。低山茶業地帯の歩合給は58元／ 1 kgであり、かつての中標高産地における歩合給を上回る水準で行われている。ただし、高山茶の歩合給に比較すれば、60%にも満たない。歩合の低い分を、作業の粗雑化で稼いでいると考えられる。

　そこで、ウメの歩合給をみると2012〜15年にかけて竿採4〜5元／ 1 kg、手採10〜12元でほとんど変化がないが、これは、地域に原住民労働力が滞留しているためだと思われる。柳橙をみると、C農家、D農家とも、800〜900元の日当を変えていない。

　表17-6は、茶、ウメ及び柳橙の日当を 1 kg当たりの歩合給に換算したものである。結婚移民は、日当が1,000元に満たないことを理由に、柳橙収穫から撤退する一方で、移動距離の長い採茶や、柳橙と産地が重なるウメ収穫からは、結婚移民は撤退していない。柳橙は収穫量が480〜540kgで、日当800〜900元、歩合換算で 1 kg当たり1.6〜1.9元に止まる。ウメは竿採りで 1 kg当たり 4〜5 元。200〜250kgの収穫で、日当も1,000元に達する。結婚移民たちの間では、家庭の事情とともに、経済関係や労働強度を踏まえ、農業臨時雇用賃金は日当1,000元を相場とする感覚が形成されていると考えられる。

　一方、女性高齢者たちは農業雇用労働力としてのピークを過ぎており、働き口も少ないので、どのような作物の収穫作業でも、 1 日当たり、800〜1,000元の労賃が得られれば、作業を選ばない。高い付加価値をのぞめない経営においては、台湾人高齢者は農業雇用労働力の主力として欠くことができない状態が続くであろう。

278　第4部　海外─受け入れ国における短期外国人労働者の実状と意義

5．結論

　本論文で調査対象とした南投縣では、東南アジア系女性結婚移民、女性を中心とする台湾人高齢者、さらに地域的には原住民が臨時雇用労働力の中心となっている。彼らは、茶業経営、果樹経営の収穫労働を中心に雇用される。賃金は茶、ウメは歩合制、柳橙では日当制を採用している。彼らは、日当換算で1,000元を基準として、それ以上の日当であれば結婚移民が集まる。1,000元を割る場合、結婚移民は撤退し、台湾人高齢者が雇用されていることが確認された。高付加価値の見込める作目は今後ますます結婚移民への依存を深める一方で、高い付加価値を望めない作目では女性高齢者依存を深めると考えられる。

　謝辞

　本調査研究にあたって、徐嘉靜営北国民中学教諭、黄維娉南崗国民中学教諭、王國欽梅子博物館館長に、多大なご協力をいただきました。ここに記して感謝の念を表します。

注
（1）精緻農業政策の政策目標は、台湾行政院農業委員会「『精緻農業健康卓越方案』行動計画」（2009年10月）p.3を参照。「卓越農業」政策は「農業生物技術」、「蘭花育種開発」「観賞魚養殖」、「石斑魚（ハタ）養殖」、「植物種苗の生産・育種開発」、「種禽生産・育種」（pp.10 ～ 12）。「農業精品」開発として、政府は「台湾茗茶」、「農村美酒」、「経典好米」、「竹製精品」、「金鑽水産」、「優質畜産」の6項目を挙げている（pp.19 ～ 21）。本稿で、この政策に関係する作目は、茶、ウメである。
（2）王宏仁（2001：114）。
（3）林木連他編（2003：144）。
（4）「梅精」とは梅を煮詰めて作った水あめ状の健康食品。台湾で人気が高い。
（5）『農政與農情』第251期「竿採青梅廠合作執行結果」（2013）行政院農業委員会全球資訊網http://www.coa.gov.tw/view.php?catid=2447500&print=1（最終アクセス日：2016年1月7日）
（6）A農家によれば、経営者の知る限り竹山鎮、名間郷には30名の工頭がいるという。また、工頭の派遣する採茶工は名間郷、隣縣の彰化縣の労働者が多いという。
（7）近年、不法就労者雇用の摘発が相次いだ。犯罪者を含む「非法外勞」4人と雇用主、合わせて5人が摘発された事例については、2015年4月24日「逃逸外勞採茶赫見

越南偷渡客」http://www.cna.com.tw/news/asoc/201504240240-1.aspx（アクセス日2015年5月26日）。
（8）調査時には、C農家、D農家とも、結婚移民は郷内市街地のレストラン・アルバイトで日当は1,000元と聞いたと述べている。筆者の調査によれば、南投縣内都市地域のアルバイト賃金平均は104元で、農村部の水里郷のレストランで日当（8時間労働）1,000元は難しい。結婚移民のいう1,000元とは、日当の「相場」として提示していると考えられる。
（9）2013年11月17日、本科研調査団での聞き取りによる。
（10）2013年11月17日、本科研調査団での聞き取りによれば、梅の歩合給は10元／1kgで、原住民労働者は1日1,000元程度の金額を手にするという。
（11）長谷美貴広・安藤光義（2014：64）。
（12）春茶の品評会の受賞農家の産品は、市場評価が極めて高くなる。
（13）筆者も実見したが、結婚移民の収穫物には、長さ10cmほどの若枝も散見された。

参考文献
日本語文献
長谷美貴広・安藤光義（2014）「台湾茶業の構造変化と雇用労働力の変化」『農業市場研究』第23巻第3号
外国語文献
Lin, Mu-Lian（林木連）編（2003）『台湾的茶葉』、遠足文化（台湾）
Wang, Hong-Ren（王宏仁）（2001）「社会階層化下的婚姻移民與国内労働市場：以越南新娘為例」『台湾社会研究季刊』No.41

執筆者 （執筆順）

堀口健治　　早稲田大学政治経済学術院名誉教授

軍司聖詞　　早稲田大学地域・地域間研究機構招聘研究員

安藤光義　　東京大学大学院農学生命科学研究科教授

神山安雄　　農政ジャーナリスト・国学院大学非常勤講師

上林千恵子　法政大学社会学部教授

三輪千年　　元水産大学校教授

大島一二　　桃山学院大学経済学部教授

金子あき子　桃山学院大学共通教育機構講師

西野真由　　愛知県立大学外国語学部准教授

佐藤敦信　　青島農業大学外国語学院外籍教師

長谷川量平　鯉淵学園農業栄養専門学校教授

内山智裕　　東京農業大学国際食料情報学部教授

金　泰坤　　韓国農村経済研究院シニアエコノミスト

長谷美貴広　南開科技大學応用外語系助理教授

日本の労働市場開放の現況と課題
農業における外国人技能実習生の重み

2017年11月15日　第1版第1刷発行

　編　者　堀口 健治
　発行者　鶴見 治彦
　発行所　筑波書房
　　　　　東京都新宿区神楽坂2－19 銀鈴会館
　　　　　〒162－0825
　　　　　電話03（3267）8599
　　　　　郵便振替00150－3－39715
　　　　　http://www.tsukuba-shobo.co.jp
　定価はカバーに表示してあります

印刷／製本　平河工業社
©2017 Printed in Japan
ISBN978-4-8119-0520-4 C3033